このUMAは実在する!?

實吉達郎 Saneyoshi Tatsuo
山口敏太郎 Yamaguchi Bintaro
天野ミチヒロ Amano Michihiro

文芸社

◎プロローグ

3人が注目する最新UMA情報

NHKで未確認生物「モノス」が取り上げられる 13
「モノス」を動物学者は戦前から認識していた 14
〝モノスはインチキ〟という時代は終わった 16
ケナガクモザルがモノスのモデルになった可能性 18
南米の動物が日本の妖怪に影響を与えているのでは 20
血塊は南米のサルがモデルか 22
「ぶんぶく茶釜」のタヌキはハクビシンか 23
吉野山に〝オオカミ銀座〟があることがわかってきた 25
ジステンパーを克服した末裔が生き残っている可能性は? 27
奥多摩あたりにはニホンオオカミの交雑種が生存しているかも 29
オオカミでもイヌでもない「自然野生犬」がいた 30

ヤマイヌ＝オオカミと言ってもよい　32
オオカミとイヌの区別には、頭蓋骨が決定的な決め手に　34
絶滅動物とＵＭＡは別のもの。はっきり分けて考えたい　36
タスマニアタイガーは絶滅していなかった！　37
オオフクロトラネコが発見されてもマスコミは関心を示さないだろう　40
オカピが覚えてもらえない理由　42
タスマニアデビルが繁殖を維持する方法がわかった　43
モンゴリアンデスワームはミミズトカゲの類か　44
ドクハキコブラが毒を吐くところを間近で観察　46
ＵＭＡの大きさに関する証言は割り引いて考えるべき　48
ヤマネコも未発見の新種がいるのでは　50
もともと動物は共存していた　52
船橋市内で10年以上生きるオガサワラオオコウモリ　53
日本・中国に吸血鬼がいないわけ　56

第1章 日本のUMA、どれが実在している可能性があるか

UMAを大きく4種類に分類してみた 58
妖怪データを分析すればUMAの過去データが洗い出せる 60
全員一致で「タキタロウはいる！」 62
ツチノコも全員一致で「実在する！」 65
ヒバゴンは「正体はわからないけど何かがいただろう」と二人が実在認定 68
天野氏がイッシーを4位に推すも實吉氏は「順位が高過ぎる」 71
巨大ウナギが電柱をへし折った！ 73
ウナギは底生魚なので巨大ウナギ説は怪しいかも 75
イッシーとクッシー騒動のときは、得体の知れないものはいたのでは 77
「ツチノコはヒメハブの亜種だろう」と實吉氏 81
本州ヒグマが人食いツキノワグマになる可能性は？ 85
ヒグマに防犯スプレーは効果があるか 87
水戸黄門が熊に救われていた 88

熊はやっぱり恐ろしい 90
ヒバゴンの正体をめぐって實吉氏が11の仮説を語る 93
山の民は珍しい存在ではなかった 95
ヒバゴンは「山の民の誤認」説の可能性が高いと意見が一致 97
雪男はネアンデルタール人とクロマニョン人の混雑説も 100
マウンテンゴリラ説・オランウータン説を検証する 102
ケネウィックマンとは何者か 104
實吉氏の意見では「タキタロウは今でも大鳥池に棲息している」 107
交雑が進んで独自形態になっている可能性も 109
淵や沼には主がいてほしいというノスタルジー 110
ナミタロウは昭和のあるとき青年団が流したものか 112
名古屋城の堀にアリゲーターガーがいる 114
日本にも人間を呑み込むくらいの巨大ナマズがいた？ 116
浜名湖の怪獣「ハマちゃん」は警官も目撃して新聞も取り上げた 117
本当の教養・知性とは常識外れの存在を抵抗なく認められること 120
地方紙レベルの報道を調べれば知られざるUMAネタがある 122

江戸時代に妖怪とされたものの一部はUMAでは 125
ゴートマン＝バフォメットではないか 126
UMAを語る前に動物について知ってほしい 128
UMA研究にはキリスト教や幻想文学、民俗学等の知識が必要になる 130
動物の遺伝子上の変化が示す、UMA実在の可能性 131
大蛇は今もどこかにいる可能性が高い 132
一度に20人を呑み込む伝説の大蛇ボイウーナ 136
ヘビとTレックスの退化した手はメスを喜ばせるため 137
ティラノサウルスはどうやって寝ていたか 138
松戸のマッドドンはアザラシか、マスクラットかヌートリアか 140
實吉氏が随喜の涙を流したステラーカイギュウ生存の痕跡 142
ステラーカイギュウをぜひ一度食べてみたい 145
ミニヨコンはステラーカイギュウかも 147
カッパにはいろいろなイメージが集約された 148
信仰が生まれる瞬間 153
皮膚病の人がレプティリアンと誤認されたのかも 155

京都で捕獲されたイノゴンはアルビノ種か　156
白狐が崇拝される理由がわかった体験　157
UMAから生まれるファンタジーが面白い　160
ニューネッシーの死体を捨ててしまったのは何とももったいない　162

第2章　世界のUMA、どれが実在している可能性があるか

ヒマラヤの尾根を人間の子どもくらいの大きさのものが歩いていた！　164
著名登山家も目撃しているイエティが存在している可能性は高い　167
雪男は実在するだけでなく、何種類もいるだろう　170
『北越雪譜』に描かれた異獣は高知能の類人猿か　174
ヒヒの正体は脳下垂体に異常のある猿か　175
シーサーペントの正体はリュウグウノツカイか　177
シーバリー船長の話は眉唾だが、面白い　179
首と尾の長い恐竜が生存していればシーサーペントに見える　182

「スクリュー尾のガー助」誕生秘話　185
「スクリューのガー助」と「スクリュー尾のガー助」の２種類あるわけ　188
カナス湖の巨大魚の正体はアムールイトウか　191
YouTube の動画を見て、「ロビソン」と名づけた　193
メキシコのウルフウーマンと「鍛冶が媼」　195
オオカミという名前でもオオカミではないものがいる　196
国境線に怪物がいるのは情報機関の情報操作か　198
中国人は沙悟浄をカッパにするなと怒っている　201
實吉氏、ミズダコと格闘する　203
20年生存しているタコなら全長10ｍになり得る　205
キャディと馬信仰の接点　208
「恐竜が生き残っているかどうか」は永遠のテーマ　214
ローペンの正体は巨大グンカンドリではないか　216
メガラニアやトカゲの残存種はいる可能性がある　218
「先住民族の伝説にもあった」と説明するときに気をつけるべきこと　219
ＵＭＡにもセンスのいい名前をつけたい　221

イラク戦争のときに巨大なバッジャー（アナグマ）が現れた 223
オーストラリアのドロップベアは進化の途中形態かも 226
ガダルカナルジャイアンツはデニソワ人の末裔か 230
ギリシャ神話や旧約聖書に登場する巨人の話はなぜ生まれたか 233
實吉氏が怪獣ファンとして、モスラやラドンの描き方にモノ申す！ 235
町おこしのために作られた「ホダッグ」 238
損益分岐点を超えると現れるブッシュモンキー 240

第3章 UMA研究の歴史を振り返る

日本初のUMA研究家は蜂須賀正氏 244
オリバーくんは最後は動物保護団体に引き取られた 247
決して全面否定はしない 250
メディアは恣意的に編集する 254
實吉氏、「川口浩探検隊」に協力した思い出を語る 257
犬にかみつかれてもジャガーが我慢する理由 260

中国の裸の「野人」はバナナを持たされた障害者だった 262
中国人は幽霊は否定するが怪物はいると信じている 264
「恐竜が生き残っているわけがない」
と言いながら霊的なものは信じている若者が多い 266
實吉氏、「UMA」という言葉が誕生した経緯を語る 268
「UMA」という言葉はどのようにして知られるようになったか 273
「UMA」という言葉はどんどん世界に広がりつつある 275

第4章 UMAはこんなに楽しい

毎年、新種の生物が発見されているのだから、
「UMAはいない」なんて言えないはず 278
かわいい動物ばかり紹介するテレビ番組を
見ていたら「UMA好き」は育たない 280
UMA出現地を正確に調べると新発見がある 282
北米の東海岸はシーサーペントが多い 285

昔からすぐチョウザメ説を持ち出されてUMAは否定されてきた　288
動物学校で教えてみて感じたこと　289
若い人にはUMAの世界を大いに享受してもらいたい　292
◎エピローグ
UMA好きは派閥もなく、みんな仲よし

巻末付録

日本のUMA450種全解説！（監修・山口敏太郎氏）　301

編集協力　平盛サヨ子
カバー・本文著者写真撮影　長坂芳樹

プロローグ――３人が注目する最新ＵＭＡ情報

ＮＨＫで未確認生物「モノス」が取り上げられる

山口　ＮＨＫスペシャル「大アマゾン最後の秘境　緑の魔境に幻の巨大ザルを追う」（２０１６年6月12日放送）っていうモノスを取り上げた回、ご覧になりました？　あれ衝撃的でしたね。ＮＨＫがアマゾンに探しに行ったんですよ。

實吉　ああ、それなら見ました。あの顎（あご）につっかえ棒で支えているのは「ロイスのサル」っていって、昔から有名なんですよ。とうとうわかったかと思ったら、名前が違っているんだ。あれはケナガクモザルでなければいけないんですよ。

山口　クロクモザルって言っていましたっけ？　でもクロクモザルって、あんなにでかくないですよね。

實吉　クロクモザルはかなり大きいんだけど、テレビで紹介されていたのはそんなに大きくなかったですね。私はちゃんとコスタリカの「マテカンニャ動物園」でケナガクモザルを見ているんですよ。

形はオマキザルなんですよ、尾が下向きに巻いているやつね。真っ黒で怪奇で、でかい。顔もあの顎につっかえ棒で支えているやつにそっくりです。

山口　番組の中でも、1960年代に関係者がカミングアウトして、ペットで持ち歩いていたサルで、病気でしっぽが切れていた。それが死んだ後、ああいうふうにつっかえ棒をして撮影したんだと言ってましたね。

山口敏太郎氏

實吉　生きているようにポーズをとらせて撮ったというんですね。私があの写真を初めて手に入れたのは、小原秀雄さん（動物学者。著書に『日本野生動物記』『現代ホモ・サピエンスの変貌』、訳書にモリスの『人間とサル』など）の動物の本が次から次に出された頃よりもっと前、戦前に写真グラフ全集とか、そういうような非常に珍しい大型のカラー写真も多少入った、当時一流の有名な動物学者がずらっと執筆しているような本でしたよ。

「モノス」を動物学者は戦前から認識していた

山口　では動物学者は戦前から、このモノスに関しては認識していたんですか。

實吉　認識していました。ですから、もうその頃からの謎で、みんなの関心を集めていたものの一つです。それを今やるのかと思って大いに注目して番組を見ていたんですが、とうとう見つかったと言っていたけど、結論は違っていましたね。

山口　モノスとされるサルの一種だと言ってましたね。１２０㎝ぐらいありました。

實吉　１２０㎝ですか。もっとあったような気がするけど。あれ手や足が長いですからね。身長とはおでこから尻の穴までを言うのですから、あの場合は立ち上がったらもっと大きくなります。

山口　１５０㎝以上あったんですかね。

實吉　私は欲目があってすごく素晴らしいものを見たという喜びがあるもんですから、コスタリカの動物園で見たときも興奮していて、もっと大きくて１ｍ50㎝ぐらいに見えたかもしれません。いやあ実に怪奇で、こらすごいと思いました。チンパンジーどころの騒ぎじゃない。

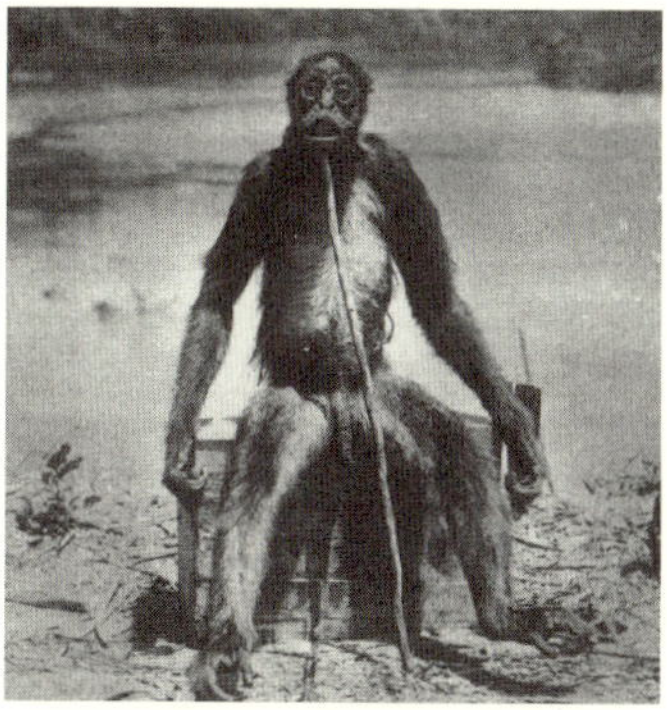

「ロイスのサル」と呼ばれてきたサル

山口　南米にああいう大型のサルがいたとなると、結構、生物界では衝撃が走りますよね。

實吉　本当に。ここのところ十数年、あれぐらいの大型のものは知られていないと思います。同じ灰色のオマキザルの類だと、あれが一番大きかったんじゃなかったかな。

天野ミチヒロ氏

“モノスはインチキ”という時代は終わった

山口　もうモノスをインチキっていう時代は終わったのかなと思いました。

天野　僕もあの番組を見て、また情報を書き換えなければいけないのかなと思いました。あのでかいサルが1匹だったらまだ何かの突然変異とか、ちょっとでっかいやつだろうって思うんだけど、群れでいたんだから、種で生きているっていうことですよね。

山口　異常個体というわけではないでしょうね。群れがいたってことですよね。

實吉　天野さん、ちょっとご注意申し上げますが、突然変異なんてことはあまりお信じにならない方がいいですよ。あれは単に「変異」と言うべきです。英語ではミューテイションでしょう。「突然」って言うから、いかにもショッキングで、自然界の驚異っていうふうにみんな言うんだけど、そんなのないですよ。

山口　そうですね。突然変異って言って、僕も前、怒られた。

天野　みんな使いたがるんですよ。マスコミ的で効果的なキャッチフレーズだから、みんな突然変異、突然変異って言うんだけど「突然」は付けちゃいけないんですね。

實吉　突然変異っていうのはショッキングだからね。普通に「変異」と言えばいい。むしろ異常個体の方がいい。

山口　島嶼化（とうしょか）っていう現象があるじゃないですか。島とか閉鎖された峡谷（きょうこく）のジャングルとか狭い範囲に固定されると、遺伝子のプールが狭くなって特異遺伝子が固定化されてしまうため、極端にちっちゃくなるとか大きくなるとかするという。だから川に挟まれているようなジャングルで、遺伝子プールが縮小化したために、巨大な異常個体群というか亜種というか、そういう個体群ができたということはあり得ますか。

實吉　異常な個体というしかないですね。隔離による変異があって、深い谷でも川でもいいんです。峰や境界線があって、こっちにいる小動物とあっちにいる小動物ではまるで別種としか思えない、そんなことを何十年も研究した人が結構います。「地理的隔離の説」って言っていたな。

その場合でも、例外的には大きいのはいるんですけども、ミンドロスイギュウとかアノアなどのように、その地方、あるいはその島が狭い場合は小さくなるはずですね。

實吉達郎氏

山口　小型のゾウみたいなステゴドンなども島嶼化による影響ですよね。ゾウの変異個体って結構あるんじゃないかと思っているんですけど。

實吉　謎のコビトゾウね。これがまた一大テーマなんですよ。そうすると、もうたくさん話題が出てくる。

ピンクのゾウの個体とかも前に出ていませんでしたっけ？　ときどき頭など体の一部だけが桃色にはげているゾウがありますよ。グロ的な点々、あれは一種の皮膚病だっていうふうに思われているようだけど、結構あるんです。

でも、あれはそんなに珍しいもんじゃない。インドで売買されている飼いゾウの中にもたくさんある。全体が桃色だとすれば超怪異で騒いでいいんだけど、全体っていうのは今までなかったと思いますよ。

ケナガクモザルがモノスのモデルになった可能性

山口　そういうのが後に繁殖して増えていく可能性は？

實吉　ありますけど、あれがちゃんと遺伝しますかね。

山口　なるほど。では今回ＮＨＫで取り上げたものはケナガクモザルとかクロクモザルとかいろいろ言われていますけど、その特異な個体群がいて、それがひょっとしたらモノスのモデルになった可能性があるということですね。

實吉　その可能性はあるでしょうね。ただ、最初のあごにつっかえ棒をした写真には謎が多過ぎましてね。私もケナガクモザルの生きて活躍しているのを檻の中で1時間も見てますからね。

似ているっていえば似ているんだけども、檻の中のサルを見ながら、「そうか、あいつ死んでたのか。死骸を写したのか。だとしたら表情が固定してしまうな。その大きなクモザルならクモザルが活躍していた頃は表情が動くわけだから、あんな顔してんだ」とか、いろいろ自分で修正しながら見てました。

ところが私が見ていたサルは捕らえられてから、そう日がたってないと見えて、檻の中で大暴れしてたんですよ。かなり広い檻でしたけど、その中を上からぶら下がったりして。

山口　死んだらどうなるかっていうのは、見ないとわからないですよね。

實吉　そうです。それにあの写真はしっぽがちょん切れているにしろ、30㎝ぐらいはないと後ろの方へ倒れてしまう。つまり死骸が安定しない。前に安定しないことを心配して、つっかえ棒をしてあるんだけども、後ろにもよくあれだけ安定していますね。

しっぽはあったんじゃないかと僕は見ていて、その頃、ＴＢＳの動物に非常に詳しい小野さんっていう方とも大激論をやったことがあるんですがね。

山口　あのサルの肉をスイスの探検隊の人たちが食ったという話でしたよね。

實吉　あんなもんをよく食うな。あの写真撮った後、「いいから、もう食っちまえ」って言ったら食ったかもしれませんね。あの地方ではサルの肉を食うっていうのはごく一般的なことですから。

山口　なるほど。でも、NHKで未確認生物がこうやって取り上げられたというのは非常に画期的なことだと思います。

南米の動物が日本の妖怪に影響を与えているのでは

實吉　民放じゃないからね。NHKは日にちと資本をゆっくりかけられるんです。

山口　今回は100日以上かけたそうですよ。民放じゃ、とてもできないことですね。

實吉　民放はせいぜい3日、長くても1週間で、急げ、急げですものね。そんな短期間では無理ですよ。だから、例えば私なら自分のツキに頼るようになっちゃうんですよ。

私、結構ツキがある方でしてね。ケツァルコアトルとかバジリスク（水上を走るトカゲ。バシリスコとも）とか、そういうのを3日以内に撮れと言われたら、その地方で生まれた日本人に話をつけて、ガイドをお願いして、そこに行ったら見られるんだっていうところへ案内してもらうんです。

ガイドは「そんなの無理ですよ、常識で考えてごらんなさい」とせせら笑っているわけですよ。ところが、あくる日に会っちゃったりとか、そんなツキがあるんですよ。

山口　あれも生で見られたんですか。

實吉　はい、私たちが撮った写真が初めてですね。その前は動いている映像はなかったと思います。

山口　バシリスクにしてもベルゼブブにしても、空想上の幻獣とリアルな動物を重ねてみるっていう見方があって、僕は南米の動物がずいぶん日本の妖怪に影響を与えていると思っているんですよ。ポルトガル語かスペイン語で何とかワイラっていうのがアリクイの現地の呼称なんですよ。アリクイを翻訳して、鳥山石燕（とりやませきえん）（江戸時代後期の画家・浮世絵師）も描いている日本の妖怪の「わいら」っていうのができたんじゃないかなと思って。

實吉　鳥山石燕の絵ね？　あれは音で聞くと、わいらってのは「おまえら」っていうことだな。

山口　そういう言葉なんですか。

實吉　はい。そういう野郎が出てきたとき、われわれに向かって「おまえら」って言うんじゃないかと。だから「わいら」と付けたんじゃないかと解釈してました。

山口　そうですか。僕は南米の動物が結構入っているんじゃないかなと思っていて。

實吉　それはあるかもしれませんが、わいらはその例であるかどうか。

鳥山石燕『画図百鬼夜行』に描かれた「わいら」

血塊は南米のサルがモデルか

山口　あと、ＮＨＫの特集を見ていたとき、「ウアカリ」っていう顔が真っ赤で体が白いサルが珍種として出てきましたけど、あれ、狂言とかに出てくる顔が真っ赤で体は白の妖怪の猩々（しょうじょう）と似てないですか。

だから**妖怪っていうのはポルトガルとかスペイン船が持ち込んできた南米とか各地の動物の資料とかをもとに創造されたものじゃないかな**と。

編集部　何か百科事典的なものも一緒に持ち込まれたとか？

山口　そうだと思います。海外の動物を動物図鑑的に妖怪図鑑として作ったんじゃないかと思ってます。雷獣なども姿はスカンクに似ていて、実際の獣がモデルになっているんじゃないのかな。

血塊（けっかい）（毛むくじゃらで口鼻が牛に似ているといわれ、出産時に現れるとされる）なども東南アジアのサルじゃないかなと思うんです。

實吉　血の塊って書くやつですね。埼玉県、長野県、神奈川県などに伝わる妖怪。

落雷とともに現れるといわれる妖怪・雷獣（図版は竹原春泉画『絵本百物語』に「かみなり」の題で描かれた雷獣）

山口　ええ。血塊っていう妖怪の絵などは見ると南米のサルじゃないですか。そういう妖怪の絵解きっていうのは動物でできるんじゃないかなって思うんですよ。

『和漢三才図会』とか見ると、妖怪と動物の境目ってないじゃないですか。数百年前の人って、妖怪っぽいもの、例えばカッパなども平気で図鑑に入れちゃうんです。当時は「これは海外の妖怪です」みたいな感じで、日本人にわかりやすく妖怪として紹介したのかなという気はするんですよね。

「ぶんぶく茶釜」のタヌキはハクビシンか

山口　日本の昔話の「ぶんぶく茶釜」には、綱渡りができるタヌキとできないタヌキがいるって書いてあるんですよ。今、日本で繁殖しているハクビシンは綱渡りを教えたらできるらしいんですね。だから、ぶんぶく茶釜の綱渡りってハクビシンにやらせたんじゃないかなと思う。

實吉　確かによく似てるね。

山口　カッパの手形とかカッパの手のミイラとかは、ハクビシンを代表としていろんな動物がモデルになっているんじゃないのかなと思う。手だけ切ればカッパの手になりますからね。

天野　僕、（東京）世田谷区に住んでいるんですが、このあいだ夜、ハクビシンを見ました。最初いやに体の長い、姿勢の低いネコがスーッと歩いているなと思ったら、これ、ネコじゃないわって。

山口　野生動物って、速いですよね。僕も車で走っていてタヌキとか見ましたよ。

（千葉県）船橋ってキジがいるんですよ。裏道の林とか田んぼ道を通ってたらキジが走るんですよ。捕まえてペットにしようかなと思っていたんですけど、すごい速くて、とても一人では捕まらないです。

實吉　いやー、キジは速いでしょう?

山口　すごい速いです。ハクビシンも速くて、さっと逃げちゃうんですよね。

ハクビシン

實吉　ハクビシン、僕のうちの天井に住んでいるような気がする。足音がするんですけど、その足音がネコより重量感があるんです。どうもハクビシンじゃないかと思うんだけども、あいつら全然鳴かないんだよね。

ときどきカリカリっていう音がするんだけど、そのカリカリがかじっているにしてはおかしい、爪でひっかいているにしてもおかしい。それにコウモリとネズミとが一緒に、あるいはそのあたりにいるらしい。

夕方、軒のあたりから出入りしているのかなと思う。コウモリは1㎝2㎜の穴でも入っちゃうんです。ですからコウモリとハクビシンが平和共存してないとも言えん。ネズミとは敵対関係だから、平和共存できないとは思っているんですけどね。

山口　實吉先生の家の天井の上に住むとは、ずいぶんふてえ野郎ですね。動物学者の屋根裏に住もうなんて、いい根性してる（笑）。

天野　当て付けみたいですね。

實吉　毎晩、天井にらんで、どっちだろうな、イタチじゃねえだろうなとか考えてるわけですよ。

山口　ハクビシンは屋根裏に住んでて、今社会問題になっているんです。駆除問題が大変らしくて。もともとあいつら、気持ち悪いですよね。

實吉　気持ち悪いです。実は先ほど申し上げた小原秀雄さんっていう動物学者が、ハクビシンを個人的に飼っておられたことがあって、ですから私は親しく扱ったことがあるんです。あれうっかりかごに手を入れたりしない限りはかみつきませんし、そんなに扱いにくい動物じゃないんです。

でも、おっ放しといたら雑食性ですから、小鳥に害を与えるし、ネズミなんか平気で食っちゃうんですよね。その一方でドングリを食ってもしのげるような、わりと幅の利く動物ですからね。

山口　あれが雷獣のモデルじゃないかと、そんな気がするんですよね。

吉野山に〝オオカミ銀座〟があることがわかってきた

編集部　ところでニホンオオカミは注目度としてはどうですか。

山口　ニホンオオカミ、いいですね。

實吉　ニホンオオカミか。うっかりやると大論争になっちゃうんですよ。われわれ3人の間じゃなりませんけどね。

天野　ニホンオオカミは、明治の初めまで本州・四国などにかなりの数が棲息していたようですね。

實吉　オオカミは明治38年（1905年）だったかな、奈良県の東吉野村っていうところで地元の猟師が、当時イギリスから派遣されていた東亜動物学探検隊員のマルコム・アンダーソンっていうアメリカ人に売ったんですよね。8円50銭だったか、ずいぶん高いこと言うのをそのアメリカ人が買い取った。

そいつの皮を剥いでいるのを、彼らはキセルを吸いながら笑顔で見ていたという。皮は大英博物館で標本にされて、「採集地ニホン・ホンド・ワシカグチ」と記録されてるんだが、「これがその最後のオオカミですよ」なんてテレビで言おうものなら、ニホンオオカミの愛好家からドッと抗議が来るんですよ。

天野　いや、ニホンオオカミの研究者ってすごいのなんの。ちょっと何か言うと、もうガガガッと攻撃が始まるんです。

編集部　そんなにオオカミの研究者って、すごいんですか。

山口　すごいんです。だって、ここにいる3人だって絶滅したとは思ってない人たちだもの。

實吉　思ってないどころか、彼らはもっといるんだ、普通にいるんだと信じているんだからね。吉野のある山には「オオカミ銀座」というのがあるんだ、と平気で指摘する人もいました。

つまり、オオカミがしょっちゅう通るところがあるというんです。それをギャーギャー言うのは新聞記者で小説家だった斐太猪之介（ひだいのすけ）さんなどですよ。

ジステンパーを克服した末裔が生き残っている可能性は？

山口　僕も以前、御嶽山（みたけさん）の頂上にある御獄神社の宮司さんがオオカミを見ているって話を聞いて、V6の森田くんと一緒に『クマグス』というTBSの仕事で行ったんですよ。

あそこの神社には白いオオカミと黒いオオカミが、霧で迷ったヤマトタケルを案内したという話が伝わっているんですね。素敵な話だなと思って行ったんですが、ちょうどそのとき境内で参拝者が騒いでいたので宮司さんが飛んで行ったら、白い巨大なイヌ科の生物と黒い生物がたわむれていたんです。

神さまの眷属（けんぞく）だと思ってびっくりしていたら、そのまま逃げていった。参拝者も参拝の途中でよく遭っているそうです。

天野　それ、テレビでやっていましたね、見ましたよ。

山口　これは面白いなと思って地元の人に聞くと、「オオカミなどいないよ」って言うんです。「じゃあ、野生の妖犬（ようけん）に会ったことないですか」と聞くと、「野生の妖犬だったらある」って言うんですよ。でかい妖犬が山ん中で遠吠えをしてるのを見たとかね。
　みんな普通のイヌだと思ってるんです。でも、あれって、僕はただの純血種のニホンオオカミではないと思っているんです。ジステンパーを克服するために普通の外来のイヌと混血したハイブリッド・ウルフが残ってるんじゃないかなと思ってまして。實吉先生はどう思いますか。

實吉　白い色をちゃんと保てているかどうかですね。
　それからジステンパーはイヌ科動物に流行って、やがて終息するっていうところがあるかな？ジステンパーって最後まで猛威を振るうんじゃなかったかな。ニホンオオカミの絶滅の一番の決め手はジステンパーだと言われるぐらいですから。

山口　ジステンパーをクリアしたやつがいるっていうことですかね。

實吉　私はジステンパーに一生を捧げたような先生に直接聞きましたが、その先生がおっしゃる限りでは、「私の研究の結果わかった治療法を採るほかない。日本中のイヌでかかってないものはないぐらいだったのが、やっとどうにか助けられるようになった。野生のはもう止めようもないだろう」というんですね。

山口　では野生種で、例えばイヌと混血したやつらがジステンパーに対する耐性を持って、その末裔（まつえい）が山ん中で細々と生きてるっていう可能性はありますか。

實吉　可能性はあくまであるんですけども、これは獣医さんに聞かないとわからない。「今、ジステンパー、どこまでやっつけられましたか。相変わらず駄目ですか」とか、そういうことを聞き極めないと。僕は獣医じゃないから、そこのところを聞かないとなんとも言えません。

奥多摩あたりにはニホンオオカミの交雑種が生存しているかも

實吉　白いオオカミは黒いオオカミよりもはるかに神聖で神秘的ですから、ぜひいてほしいんですけどね。たとえイヌであったとしても、そういうのを見ましたという話は今初めて聞きました。聞きたいのはしっぽが上がっていたかどうかなんですがね。

山口　そこですよね。東京・青梅にはほかにも「オオカミの塩場」というのがあって、小川明子先生という絵本作家で郷土史家の方がいて、2年前に亡くなられたんですけど。その先生が塩場に行って、えさを置いておくとなくなるという。

これはヤマイヌが取ってるんだみたいなことを普通におっしゃっていたんです。だから僕は青梅とか奥多摩とか秩父とか、あのあたりには交雑種のオオカミが生きてるんじゃないかと思えてしょうがない。天野さん、どうですか。

天野　秩父の八木博さん（NPO法人ニホンオオカミを探す会　代表理事）がこのあいだ久しぶりにテレビに出てらっしゃって、彼が

ニホンオオカミ（東京大学所蔵標本）

撮った写真——實吉先生もご覧になったと思うんですけど——を動物学者の今泉吉典さんが分析したら、ライデン博物館のニホンオオカミのはく製に似てるって言われたそうなんです。あれはどうなんでしょうね。

實吉　しっぽから先は上がってましたか。上がっていたらオオカミではない。僕はあくまでそれを聞かないとオオカミだっていう判定は下せない。

もう一つは前足がどのくらい深く肩から出てるかですね。いわゆる「オオカミ肩」っていうやつですね。それだからオオカミはスピードが出せるといわれるんだ。

天野　今泉さんの分析によると12項目が合っていたそうです。その項目には耳とほおひげ、尾などがありましたね。あと体高率っていうんですか、体の高さの全体比率ですね。12項目の特徴がそのまま合っていて、相違点が見つからなかったらしいです。

山口　では、かなり純血種に近いのを保ってるっていうことですかね。

實吉　そうなると、ほぼオオカミに近いじゃないですか。遠慮して言ってもオオカミイヌぐらいに考えてもいいのではないか。

オオカミでもイヌでもない「自然野生犬」がいた

實吉　先ほど申し上げました私の親友の小野さんっていう人は「自然野生犬」という新説を出して

いるんですよ。それは人間の飼っていたイヌだったかもしれないけれど、もっともっと元をたどればば、日本には一種の野生犬と言ってもいいものが群れを成していた。それらは結構荒々しくもなり、数々の講談、物語で伝わる豪傑たちのオオカミ退治の物語が生まれているという。それを考えると日本にはオオカミではない、イヌでもない、自然野生犬というようなイヌ科動物が昔からいたんではないかと思いますね。

斐太猪之介さんがしきりに「私の探しているのはウルフではない。本当の日本語で『オ・ホ・カ・ミ』という新種であって、イヌ科ではない」とすら言ってるんですよ。「逃げ口上も大概にしろ」と僕は言いたいぐらいなんですがね。

それがほぼ小野さんの言ってる自然野生犬に当たるのであって、自然に元の形に近くなるでしょうから、しっぽの先はよくわからないけど耳は立ってくるでしょう。口はとんがってくるでしょうし、害をなすんだから豪傑たちがそれを退治した話もあったでしょうね。

それで現代に至って、避暑地などでときどきよく馴れるイヌがいるといわれる。いつ行っても1匹だけだけど、かわいがれば向こうもなついてくる。だけど敵対すればすぐに逃げてしまう。ただ、群れを成して観光客に害を与えるところまでは、まだいかないわけですね。

だから、これは絶滅の一途をたどってるんだろうけれども、そういうのが話の伝わる限りはあったんじゃなかろうか、今でも少しはあるんじゃなかろうか。

ヤマイヌ＝オオカミと言ってもよい

山口　幕末の頃の日本人ってヤマイヌとオオカミの違いをあまり気にしてなくて、飼っていたイヌが山に入って野生化したものも古来からいるオオカミも、一緒くたにしていたというのをよく聞くんですけど。

實吉　それは大いにあったでしょう。滝沢馬琴が生きていた頃ですから、もうほとんど明治に近い頃の話に、世田谷の淡島神社のあるあたりから首に縄を付けて引っ張ってきた子犬がいて、面白がって飼っていたら、ある程度大きくなったらしい。そうしたら元の飼い主が、「実はこれはオオカミだから、これ以上は大きくしちゃいけない。もう殺さなければならない」と言うので、「殺すのはかわいそうだけど、放して皆に害を与えたら大変だから、しょうがない、あなたに返します」って言って返したんだという。

元の飼い主は引っ張って帰ったんだけど、その後、どうなったかはわからないというのが正確な記録として残ってるわけです。

そういう話がぽちぽちありまして、一番大げさな話では、京都御所の真ん中を野生のオオカミが突っ走ったという素晴らしい話もある。天皇がご覧になったかどうかは書いてはないが、京都御所の真ん中を突っ走ったという。

山口　いい時代でした！

實吉　明治時代に入ってからは、明治天皇が日露戦争の前後に地方巡幸をなさったことがあって、東北のあるところでオオカミを2匹お目にかけたという。それをご覧になって陛下は大変ご満足なさったと。

山口　ご満足ですか。シーボルトが持っていった標本、あれはヤマイヌなんですよね。

實吉　その頃、ヤマイヌって言ってるのはオオカミと言ってもいいんだと思いますよ。いろいろ研究してるうちに私もわからなくなってきちゃって。それで「ヤマイヌってオオカミと本当に一緒なんですか、合いの子ですか、別ですか」とか、あまりうるさく聞く人に対しては、わかりやすく言うために、「ヤマイヌ＝オオカミ。ヤマイヌはオオカミの日本語の古語だ」と答えているんです。ヤマイイヌとかヤミイヌ（狂犬ですね）といった言葉と混同するから本当は使いたくないんだけどね。

　明治時代の末頃までは、「これはイヌではない。ヤマイヌだ」なんて言い方もあったんです。私の母校（四谷の学習院中等科）にもオオカミの標本は二つあって、それは今思い出すとシベリアオオカミなんですが、生徒の前に展示されたのにはどっちも「やまいぬ」とひらがなで書いてありましたよ。

　先生も「ヤマイヌです」って教えていましたね。それで、「先生、これオオカミですか」と聞くと、「オオカミとも言うけどね」なんて言うんです。理科の先生でもオオカミの研究家ではないからごまかしたんですね。

オオカミとイヌの区別には、頭蓋骨が決定的な決め手に

山口　今でもオオカミの骨格とか歯が、たまに発見されますよね。もうちょっと毛皮とか標本があればいいんですけども、どこか民間で保存されているっていうことはないんでしょうかね。

實吉　ないようですね。

山口　青梅で、ある民家がオオカミの頭蓋骨を持っているって聞いたので、以前僕が公開イベントをやったときに、「お犬さまとして出してくれないか」って頼んだんですけど、「家宝だから駄目だ」って言って出してくれなかったんです。そういうこともあって、毛皮とかはく製を個人的にひっそり収蔵している人がいるんではないのかなと、僕は思っているんですけどね。

實吉　毛皮やはく製ね。はく製は毛皮だけではオオカミかイヌかの区別がつかない。ただし、イヌの中に本当にオオカミそっくりの、ウルフ色の灰色をしたやつはいないはずがないんです。

もう一つは頭蓋骨ですね。頭蓋骨には絶対決め手があったんです。私の恩師の話では机の上など水平面に頭蓋骨を置くんですって。そのときにカックン、カックンとなっていつまでも安定しないのがオオカミだそうです。つまり、顎骨の首とつながっているあたりにでっぱりがあって、そのでっぱりがちょうどバランスのいいところにあるもんだから、安定させようとしてもいつまでも

カックン、カックンやっているっていうんですね。イヌはどっちかにしろ、カタッと片っぽへ固定しちゃうんですね。

だから、オオカミはいかに能率的、攻撃的にいい体をしているかということですよ。オオカミ肩っていうのもそうなんですが、前足の付き方が肩に近い、深いっていうことは、この脇の下が深いっていうことですから、脚が長いっていうことになるのね。

山口　走っているときに、坂道やがたがた道であっても、体の重心を真ん中に取れる構造ですよね。僕、大学出てから日本通運で運送やっていたんですが、たぶん車の構造におけるエアサスペンション構造と同じですよ。美術品を運ぶときに振動に合わせて重点が移動する仕組みになっているんです。

實吉　脇の下が深いから、肋骨(ろっこつ)が深い。だから強力な心臓をしまっておけるしね。オオカミがイヌを見ると逃げちゃうのは、イヌより弱いからじゃなくて、イヌを振り切る自信があるからなわけだ。正面切ってけんかをすればオオカミに勝てるイヌはいないはずなんです。

一つだけ、モンゴル犬っていうのがオオカミに勝つっていうんですが、それはやらせてみたことないからわからない。何しろ、ユネスコの仕事でモンゴルへ行った私の義理の弟が、モンゴルの人は実にいい人で、人を信用し過ぎるぐらいで、「これからオオカミ狩りに行くから、おまえも撃てよ」なんて言って鉄砲を貸してくれるんですって。

これはいい機会だっていうんで、一緒に行ったんだけど、そういうときに限ってオオカミ出てきやしない（笑）。

絶滅動物とUMAは別のもの。はっきり分けて考えたい

山口　朝鮮半島にもトラがほとんどいないって言われていますね。

實吉　それについても面白い話がいくつかあります。一つは1900年代後半、38度線で地雷を爆発させた話。トラもこっぱみじんになったけど少なくとも1頭はいたんだという話ですね。昌慶苑（キャンギョンウォン）動物園だ。その動物園にはライオンがいましたし、朝鮮オオカミも9頭いたそうです。

山口　今はもう朝鮮オオカミは絶滅しましたかね。

實吉　韓国人は「まだいますよ」って言うんだけど、現実には、残存種は38度線にいるか北朝鮮にいるかしかないいんじゃないかな。

山口　では朝鮮オオカミの一部は残っている可能性がある？

實吉　可能性はあります。でも北朝鮮だとそれどころじゃないから保護とかする気はないでしょう。あの将軍様ではとてもそこまでは頭が回らないでしょうね。自然保護をやってみせたらいいんだけどね。

山口　そうなんです。彼がUMA好きとか動物好きだったらありがたいんですけど。で、ニホンオオカミでフォローするんだったらエゾオオカミの話ですかね。エゾオオカミも生き

ているんじゃないかという説。

實吉　ニホンオオカミを入れていいんなら、私もそれを入れるんだけどね。私は絶滅動物とUMAをはっきり分けますから。絶滅動物の実在性は大いにあるんだから、また別の機会にやりたいね。多彩だしね。

「なんなら行ってみてください」って言えるわけですよ。「俺は見たんだから」とも言える。ところがUMAの方は、その証言ができません。どんなに強く言っても、最後は「いるんじゃないですか。僕はいるような気がする」としか言えない。

天野　絶滅したとされたニホンオオカミ、確か先生の本で別の名前付けてましたよね。

實吉　「EMA（エーマ）」（絶滅未確認動物）っていうのを付けときました。大島正満（まさみつ）という北大の生物学の先生が、悲運に泣くジュゴンとかそういう話が好きな人で、その頃から絶滅のことをさんざんおっしゃっていた。僕の動物学の始まりはそういう悲しみから始まっていると言ってもいいぐらいなので、一つのジャンルを設けなければいられなかったんです。

タスマニアタイガーは絶滅していなかった！

山口　ところで、天野さんはタスマニアタイガーにすごく関わってきたんですよね。

天野　昔、探しに行ったこともあるんです。

實吉　チラッとでも、うわさがありました？

天野　ありました。タスマニアタイガーが過去に生きていた土地は、延々とプロテクトエリア（保護領域）になっていて、一般人が簡単に入れなかったんですよ。しょうがないから海の方から回ってジャングルに黙って入ってみたんですけど、それでもそんなに奥地には入れませんでした。

　1961年ですが、タスマニアタイガーの子どもが出て、それを誰かが棒でたたいて殺して埋めたという場所がありましてね。アーサー川河口です。ということは、そこに来る可能性があるんじゃないかと思って、その付近に行ってみたんですよ。

　下にいると警戒されちゃうと思って、木と木の間にハンモックを張って上から見てよう。たぶん下を通過するだろうからと。

實吉　それはいい。上からだと、あの不思議なしま模様を見られるからね。

天野　頑張ったんですけど、1週間ぐらいしかいられなくて駄目でした。

實吉　そらそうだ。1週間ぐらいで出るわけがない。

山口　でも、タスマニアタイガーの目撃談がまだ何年間に1回は出ますよね。タスマニアタイガー専門のファイルを作ったぐらいですから。

タスマニアタイガー（スミソニアン博物館の1904年のレポートより）

天野　そりゃすごい！　僕は１９９４年に行ったんですが、その頃からもうとっくに絶滅したって言われていて、オーストラリア政府がもし写真でも撮れたら相当な金額の賞金を出すって。確か７００万とか。

山口　そんなにもらえるんですか。大金じゃないですか。

實吉　でも、「タスマニアオオカミ調査委員会」っていうのがあって、入れないエリアにしておいて、飛行機から見たのでももう片っ端から「イヌだ、イヌだ」って否定しちゃうんですよ。だから賞金くれないですよ。もらった人いないんです。

天野　地元の人に「もし見つけたらよろしくね」って網張っといたんです。そうしたらレストランに日本人がたまたま勤めていて、その人から僕が帰った１か月後に手紙が届きまして、地元の野生動物局のレンジャーが——レンジャーは中へ入れるじゃないですか？——２分間にわたって目撃したというから、それはもう間違いないんじゃないかって教えてくれたんです。

實吉　それはよかった。写真ないんですか。

天野　それがないんですよ。いつもそうなんですよ。双眼鏡で観察しただけでした。その後ですかね。たぶんご存じだと思うんですけど、インドネシア領ニューギニア島（イリアンジャヤ）とかオーストラリア本島の方に目撃談があるって聞きました。目撃談はそっちの方が多いですね。

實吉　そうか、オーストラリア本島は最後の本拠だからね。

山口　では、オーストラリア周辺の離島に残っている可能性があるということですか。

實吉　それはあるでしょう。本島の周辺にはタスマニア島でもないような端切れみたいな島々がありますからね。行ってみればたくさんあるんだ。

天野　タスマニア島は小さいじゃないですか。みんな結構探しているのに、それでも出てこないっていうことは、もっと広いところにいるんじゃないか。ニューギニアなどには人が入ってないところ、まだあるし……。

オオフクロトラネコが発見されてもマスコミは関心を示さないだろう

實吉　オオフクロトラネコ（オーストラリア特産の有袋類の猫に似た野生動物）はいかがですか。

天野　オーストラリア大陸のクイーンズランド州北部の森林で目撃談があるって聞いたことがありますけどね。

實吉　最近、行かれたのでしたら、新しいうわさでもと思いまして。

天野　僕はまだ、そっちの方は情報はないです。

實吉　まだチャレンジしてないですか。

天野　はい。いる可能性はありますかね。

實吉　最近の情報を私は待っているんですけども、うわさにしろ、かなりの評判にならないとなかなか日本にまで来ないでしょう。その点では一番関心が強いのは読売なんだけど、その読売でさえも、「オオフクロトラネコ、マルスピアルタイガーキャットっていうのが出たぞ」と言っても、誰も「エーッ！」なんて言わないからね。

天野　大発見なのにね。

實吉　大発見なのに。だから大変に困るわけです。そういうふうに取り上げてくれて、マッチ箱ほどの写真でもいいから出してくれればいいのにね。

これ逆の話だけども、オカピを日本に入れようと思ったときに、僕も入れるために力を貸したはずなんだけれど、どこへ行っても「オカピって何ですか」みたいな反応でね。「シマウマみたい」とか「あのキリンの孫か」とさえも誰も言ってくれないんですね。

「あなた方は少年時代に『少年倶楽部』のグラビアページ、見なかったんですか」とは言わなかったけど、それぐらい貴重だったんです。その頃はグラビアページでカラーページだといったところで着色写真なんですよ。黒い写真に色を塗って自然らしく見せてある。そういうのが見開きのページに出ると、さすがに少年たちには驚かれた時代がある。

古代キリン・パレオトラグスに骨格がよく似た珍獣・オカピ

オカピが覚えてもらえない理由

實吉 オカピが出て、子どもたちをアッと言わせた頃から1年か2年たって「怪人二十面相」っていうのが現れた。ちょうどその時代なのに、明智小五郎は覚えていてもオカピは覚えていないんだ。シャチなら覚えているけどって。

シャチはもうちょっと身近だし、恐ろしい印象で現れるから少年たちはみんな覚えているんだろう。ところがオカピは平和だから覚えてくれないんだね。それには困った。

それで、アメリカでさんざん努力して、「ぜひ、これを新聞に載せてくれ」と頼んで写真だけは載りました。そんなことがあって、今ようやくオカピは常識になりました。

日本で増えたんだったかな、確か1回産んだよな。だから、やっとシフゾウぐらいには土着したわけだ。

天野 実は「よこはま動物園ズーラシア」で最初に飼育した人は僕の友達なんですよ。石和田研二さんっていうんですけど、最初に成功させた人です。見に行ったら、詳しく解説してくれました。

山口 オカピは今、個体数がだいぶ減っているんじゃないですか。今どれぐらいいるんですか。

實吉 私は産んだって聞いたのは一度だけです。その後、これからオカピが生まれたときには、そのたんびに報道されるのかと思って期待しているんだけど、まだですね。

山口　では、日本国内にはやっぱり数十頭レベルですか。

天野　ズーラシアは飼育員が横浜市の職員なもので、オカピ担当者の石和田さんがしばらくしてスマトラトラの飼育に異動したため、その後の情報が入ってこないんですが、３世代繁殖まで成功しているそうです。

タスマニアデビルが繁殖を維持する方法がわかった

山口　タスマニアデビルが今、全滅すると大騒ぎしているんで、オーストラリア政府もそれどころじゃないのかもしれないですね。

タスマニアデビルは有袋目フクロネコ科。体長50～80㎝、タスマニア島だけに分布するとされる。フクロアナグマ、フクログマとも。

天野　そうですね。タスマニアデビルが今、タスマニア島の中では生態系の頂点ですが、以前はタイガーってその上だったじゃないですか。だから、やっぱりタイガーは島にはもういないのかなって考えちゃいますよね。

山口　タスマニアデビルが特異な病気で個体数が激減しているので、どうなるんだろうと思っていたら、彼らは子どもを産む年齢をもっと若くしたらしくて、その病気にかかって死ぬ前に子どもを産んで増えているから、どうにか繁殖を維持しているって聞きました。動物ってすごいな、そんなことができるんだ。これって一種の進化だなと思って。

實吉　そうか、それはすごいな。

山口　人間が何かしたわけじゃないのに、勝手に若いうちから次の世代を産んじゃうんですよ。繁殖年齢が勝手に若くなっちゃう。

だから病気が発病して死ぬまでに次の世代を産んでいるから大丈夫らしい。絶滅は免れそうです。

モンゴリアンデスワームはミミズトカゲの類か

山口　實吉先生が最近、気になっているUMAっていますか。僕、以前テレビ朝日の楽屋で先生にモンゴリアンデスワームがミミズトカゲじゃないかっていう話をしたこともあるんですけど、覚えてらっしゃらないですか。確かミミズトカゲと似てないかっていう話をしたんですが。

實吉　いや、それは覚えてないですね。でも、ミミズトカゲはどこかで見たね。

このお話はミミズトカゲ、アシナシトカゲの類をヘビと見分けるところから始めなければならないんですが、幸い僕は2種類ぐらいブラジルで捕まえて、ヘビだと思って飼っていたことがあります。結局、アシナシトカゲでしたね。

山口　アシナシトカゲだったんですか。

實吉　これでも専門家のつもりなんですが、本当によく見て、２晩も飼って、次の日にならないと脚が存在していることがわからなかったぐらい退化している。体側にちょっと付着した程度で、あることはあるんです。

天野　そんなにちっちゃくて、機能はするんですか。

實吉　機能的じゃなかったね。もう使わない、うっちゃらかしだね。前脚はまったくないです。解剖すればあったかもしれないけど、かわいそうだから殺さなかった。

よく見ると目の後ろに穴がある。「あれっ、耳じゃないか。おい待てよ。後ろから前に向かって目を閉じたじゃないか。これはヘビじゃないわ！」って、やっと気が付いて、それでアシナシトカゲだとわかったんですよ。

モンゴリアンデスワームはモンゴルから中国内モンゴル自治区、甘粛省に広がるゴビ砂漠周辺に棲息するといわれる、巨大なミミズやイモムシのようなUMA

アシナシトカゲ

アシナシトカゲだと、カエルの小さいのなどやっても食べない。口がちょっとしか開かないからね。やってましたけど、捕らわれ症にかかっちゃって食欲など出ないんですよ。飼育器の中をはい回るばかりで。その頃のことだし、金魚鉢の途中に穴が空いていて、風が通るような器用な飼育器はないので死にそうになっちゃうんですよ。見ちゃいられない。

だんだん衰弱して食欲もなくなり、虫などを与えてみても食わない。動かない。風が通らないから水槽の底が熱くなって窮死寸前。こういうのを捕らわれ症というんです。

それでもう4日目か5日目に外へ出して捕ったところで逃がしました。そのようなもので大きなものがいるんでしょうかね。

山口　モンゴリアンデスワームが実在するんだったら、何か砂漠地帯で、地中に体を隠すことができるミミズトカゲの類いの可能性があるかなと思ったんです。毒を吐いたら相手は死ぬから、電撃攻撃をするとか言うじゃないですか、でも電撃攻撃っていうのはないですよね。

實吉　それはないでしょう。デンキウナギじゃないんだから。それからガスのようなものを吹きかけるものもないはずです。

ドクハキコブラが毒を吐くところを間近で観察

實吉　ガスのようなものを吹きかけるのはドクハキコブラだけですからね。あれは南アフリカで、動物園だったか、水族館だったか、3匹ばかり見ました。案内をする人がハンカチを振って、わざと刺激して。

あれ、コブラの仲間なんだね。こう首が上がって、私の目の前で吐かせて見せてくれましたよ。

ドクハキコブラ

透明な粘液がガラスにピョッピョッとかかるんです。そこへ私が顔を出していたら失明してたよ。

その瞬間もよく見えて、「これはいい学問ができて、ありがとうございました」って言いましたけどチップはやらなかったです。

山口　そうなんですか（笑）。

實吉　それが南アフリカの動物園か水族館での経験ですけども、その次はいい経験したんです。毒液がどのくらい飛ぶか見ることができた。40〜60㎝ぐらいしか飛ばないのもいました。それから二股で出てくるのは、牙が2本あるからそれが頬を圧迫するので二股で出てくるんだそうです。口を開けて、狙うような顔をしたと思ったらパッと出ますからね。その頬をどうやって圧迫するのかわからなかったですね。

歯をかみしめるようにするのかと思って見ていたら、開けたままでやるようです。

山口　収縮して噴霧する機能があるんですかね。

實吉　あるんだと思います。その牙の穴が向こうへ向いている、ノズルが直角に外を向いているんですよ。口を開けると直角に牙が立つでしょう。そうすると、それが真正面に向くわけですよ。

あれは狙って、あるいは上を向いて吹きつけるようにして、牙の付け根に何か筋肉があるんじゃないかな。僕らがキュッと歯を食いしばるような感じで出しているんじゃないかと思いました。テレビでやっているのを見ると、みんな劇的に霧吹いているから、ああいうふうに出すんだと思っているようだけど、僕が見たのは液体でしたね。最後まで液体だった。

伊谷純一郎先生（生態学者、人類学者、霊長類学者）が目をやられて危なかったという話ですが、やっぱり40㎝か50㎝ぐらいの距離で、予期しないときにパッとやられたそうです。眼鏡をかけておられたから唇にちょっとかかったくらいで済んだけど、一生懸命拭いてもしばらくヒリヒリしたり、しびれたりしていたそうです。

UMAの大きさに関する証言は割り引いて考えるべき

山口　毒を吐くとか電撃するとか、そういうUMAの付随情報って、見た人が恐怖のために付け加えるんですかね。

天野　そういうこともあるかもしれないですね。僕がいつもUMAで一番重要視しているのは目撃談なんです。その人がどういう体調で見たか。例えば酒飲んでいたり、薬飲んでいたりと、普通とは違う状況で見ると違うものを見る場合がありますからね。

中南米の原住民の人がたまにマピングアリ（ブラジル、ペルーなどに伝わる一本足の怪物）とかを見たときに、どういう状態だったか後で知ると、結構薬やっていたり、トリップしちゃうような痛烈なのを飲んでいたりするんですね。ラリっていたりね。だからUMAの中には、そういう状態で見たものも含まれるのかなっていう気がしますね。

山口　だとしたら信用できない証言ですよね。

天野　大勢のしらふの人が見ているんならば、全部は否定できないですけどね。

山口　モスマンの目撃者もラリっていたという説がありますね。

天野　アメリカだとあり得ますよね。

山口　だからラリっていた状態で見ているとか、異常な興奮状態で見ていると、ずいぶんフィルターがかかってますよね。

實吉　大体ラリったりしてなくて正気の場合でも、恐怖のあまり逃げたのですから、その恐怖の大きさなんですよ。大きさが100m、10mあったっていうのは、何の興奮もしないで見た場合でも、例えば「おまえ、そのシカの角の左右の開張（かいちょう）が何㎝あったか言えるか」って聞かれて言えますか。

シカはジーッとこっちを見ている。私もジーッと見ている。そうやって冷静に見ている分にはシカは逃げない。何かヘンなことするから逃げるんであって。

なんて美しい目をしているんだろうと20分以上見ていても、それでも覚えてはいないものですよ。後で角の広がりが何㎝あったか調べるには、やはりそのシカを捕らえて実測するしかないんです。それを考えると、大きさの証言なんてもっと間引かなければならないね。

ヤマネコも未発見の新種がいるのでは

山口　希少動物って繁殖活動をやらないといけないですよね。ようやくイリオモテヤマネコが確か何か所かに分かれて育成されているようだけど。

實吉　イリオモテは増やしつつあるんじゃないですか。

山口　ツシマヤマネコも増やしてほしいですね。やらないといけないのに、やってないですもんね。このままだと、危ないと思います。

實吉　ツシマヤマネコの方が有名ではないからですよ。でも、ずっと昔からいたんです。『椿説弓張月（ちんせつゆみはりづき）』に出ていたじゃないかって思って古典を調べたんですよ。そうしたら伊豆大島にいたように書いてありました。

福岡市動植物園で飼育されているツシマヤマネコ

山口　以前にも實吉先生に言ったんですけど、三宅島で巨大なヤマネコが出て暴れたという事件があって、家ネコの野生個体ではないという結論が出た。家ネコが野生化すると巨大化するらしいって言われているじゃないですか。でも、それではないらしい。

だからツシマヤマネコとイリオモテヤマネコ以外にも、もっといろんなところにヤマネコがいたんじゃないかなと思っているんですけどね。

實吉　西表島にあと2種類いて、ピンギマヤーとヤママヤーというのがいるって言われるでしょ。そのうちのピンギマヤーっていうのが最大で、これがいたとすれば、『椿説弓張月』に出てくる女の子をかみ殺したというネコさえも肯定できるんですよ。でも、そのイリオモテヤマネコはもう否定されましたよって、取りすました顔している人もいるから、なんだーと思ったんですがね。

山口　でも島根大学の秋吉英雄准教授が1回見ているんですよね。魚類の研究をやっている先生で、動物学者じゃないんですけど、「夜行性で夜、海岸をうろついているヤマピカリャーみたいなヒョウに似た生物、巨大ネコを見た」っていうんですよ。学者が売名するわけないですし、やっぱり、もう1種類いるんじゃないかなと思う。

實吉　もう1種類はいていいはずです。

山口　ですよね。天野さん、どうですか。巨大なネコがもう1種類いるって思う？

天野　他のUMAにも当てはまるけど、何か名前が付くと、特徴の違うのが2、3匹いたりして整合性がつかない場合が出てくるじゃないですか。そういう場合、種類が違うのがいるんじゃないかって思っちゃいますよね。ただ、棲み分けができるかどうかっていうと問題が出てくるんですけど、食べ物が違ったら棲み分けられるのかもしれない。

山口　ヤマピカリャーに関しては、木の枝の上で生活していて、イリオモテヤマネコはどちらかというと地上で徘徊しているから、別にかぶることはないんじゃないかという話を聞きました。

もともと動物は共存していた

實吉　島だと棲息環境が狭いですから、そこに食生態が非常に似ているものが2、3種類いるなら、草食獣が、木の下を食うやつ、真ん中を食うやつ、上を食うやつと食い分けているように、彼らも食い分けているんでしょうね。魚のよく取れる川なり、沼なり、海岸なりがあるとすると、それを時間的に分けていることも考えられる。

狭いところに肉食で、同じような捕食性のあるヤマネコが3種類もいるとすれば、それぐらいやらなければ残らないでしょう。

山口　淘汰（とうた）されるはずですよね。

實吉　どれかが滅びるはずです。だから、最後には1種類しか残らないんだという考え方は西洋人的であってね。征服とか侵略とか、殺戮（さつりく）史っていうのが好きな人たちだから。

山口　調和を重んじる東洋では合わないと思うんですよ。

天野　そういえばアフリカの干ばつ地帯でも、水がたまったところに動物たちが順番に飲みに来ますよね。

山口　定点カメラで撮っていると、みんな入れ代わり立ち代わり来ますよね。

實吉　動物は案外仲がいいんだとか、そんなこと言うよりも、そんなのぜーんぶ、リビングストン（１８１３〜１８７３、スコットランドの探検家、宣教師）が見た時代の、白人探検家が何もしなかったアフリカには無数の動物がいたことでわかる。

　それが本来の姿であって、凶暴というのはアフリカゾウのように、やられたらやり返す意味の凶暴さも含めて、もともとない。彼らは全部、仲よくしているのが当たり前、それが真の姿なんですね。それじゃつまんねえじゃないかというので、いろんな話が作られたと思われます。

天野　手塚治虫の『ジャングル大帝』みたいなね。

實吉　そうですね。あれは僕の友達世代の漫画家です。そういう本来あった平和を実現したかったんですよ。

船橋市内で10年以上生きるオガサワラオオコウモリ

山口　僕、オガサワラオオコウモリみたいなのを船橋市内で見たことがあるんです。船橋は徳川のお膝元なので、幕末の頃、幕府軍と朝廷軍が戦った跡のようなところがあるんですが、そこを原チャリで走っていたら、すごくでかいコウモリが飛んでくるんですよ。

　石投げて落としてやろうかと思ったんですが、かわいそうだからとりあえず翼長（よくちょう）を調べようと思った。ちょうど3連の信号機があって、その上を通過したんです。それとほぼ同じ大きさだった

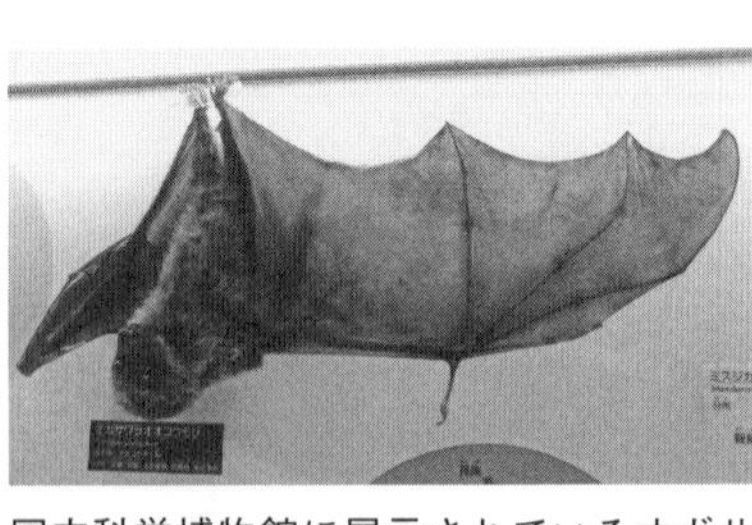

国立科学博物館に展示されているオガサワラオオコウモリのはく製。通常は体長20～25㎝

ので2、3mくらいかな。南米とか東南アジアのやつとは違うオガサワラオオコウモリだったら、それぐらいになるかなと思ったんですよ。

それで動物研究家のパンク町田さんにその話をしたら、「山口さん、竹橋の桟橋に伊豆七島や小笠原諸島から船が来るでしょう。コウモリって船の帆先とかマストにしがみついて来ちゃうんだよ。結構、長距離飛べるんだよ」って言うんですよ。

實吉　オガサワラオオコウモリは船に乗って来るのか、なるほどね。

山口　オガサワラオオコウモリって、密漁して捕まえていたマニアが逃がしたものかと思っていたんだけど、彼に「いや、野生種が来ている場合もあるよ」って言われて、そうか、船にしがみついて来るということはあり得るなと思ったんですよ。それがもう10年前の話なんですよ。

ところが一昨年くらいかな、僕が車を運転していて、かみさんに、「10年ぐらい前にそういうコウモリを見たんだよ。ちょうどこのあたりだった」って話していて、パッと見たら、やたらでかいコウモリが飛んでいるんですよ。「あいつだ！」って。かみさんは、「何？　コウモリなんて興味ないわ」とか言って、気にしないんですよ。

實吉　コウモリは案外長生きだと言いますからね。寒さにも非常に強い。ですから熱帯のコウモリでも内地化するでしょうし、今おっしゃったような年数ぐらいは生きているかもしれないな。でも、1羽じゃ子孫残せないからな。

山口　そうですよね。複数いるんですかね。

實吉　いや、それは同じような経緯で……。

天野　テレポーティング・アニマルみたいですね。

山口　そう、テレポート・アニマル（☞304P）ですよね。

實吉　もしそうやってやってきた1匹が日本のどこかで寂しく生活しているとすれば、超音波を出すでしょう。オオコウモリはあまり出さないんだったかな。

　そういう通信法がありますから、そこへもう1羽が船にぶら下がってきて、探すんじゃなくて感じて寄ってくると、それがメスだったとしたらまさに小説だけども、自然界ってのは小説どころじゃないんだ。

　そうやって子孫を残したかもしれませんし、最初のが生き残ったかもしれませんね。

日本・中国に吸血鬼がいないわけ

實吉　普通のコウモリの話ですが、科学実験用のコウモリは、要らなくなると冷蔵庫へ入れておくっていうんです。それでも死なないらしい。1シーズンぐらい入れておくんですって。

冷蔵庫で冬眠しているわけですね。要るときは開けて、温度が元へだんだん戻るようにしてやるとちゃんと生き返るらしい。それをまた実験に使うんだそうです。これはアメリカの学者が書いていたんです。

山口　南米で捕まったコウモリを現地の人が棒にぶら下げて、二人で担いでいる写真を見たことがあります。それが、すっごくでかいんですよ。あれ見たら化け物だなと思いますよ。吸血鬼を想像するなと思いましたよ。

實吉　南米の吸血コウモリってデスモーダスとディフィラの2種類しかいなくて、すぐ近くの北アメリカへ持っていってももたないというのですから、北アメリカにも行きそうもない。カナダにも行きそうもない。もし運んだとしても、わが国でも飼ったのだけが死ねば、あとはもう野生化しない。

だからこそ、われわれがコウモリに血を吸われるなんていうことが日常化しないで済んでいるんだけど、では、どうして吸血鬼の話が西欧に向かって広がったのか、不思議だね。

山口　そうですね。

實吉　よーく調べてみると、中国には吸血鬼はいないんですよね。

山口　吸血文化ってやっぱり化け物とかモンスターの範疇（はんちゅう）になりますけど、吸血鬼ってキリスト教圏が多いんですよ。日本人は血そのものを嫌うので、日本とか中国はあまり吸血鬼っていう化け物はいないんですよね。

實吉　いや、中国は逆ですよ、血に無頓着だから。人間が血をなめたって何とも思わないから。

山口　血を怪奇と思わない？

實吉　思わない。だから、そういう意味では、それを主とする化け物は流行らない。

山口　そういうことなんですね。キョンシーが血を吸うとかっていう設定はゾンビ映画の影響で出てきた後付けみたいです。近代化してからの概念のようですね。

天野　あれはキョンシーブームのきっかけになった映画『霊幻道士』（1985年）により、1980年代以降にできた感じですかね。

實吉　何しろ、あれだけ食人文化の定着している国なんですから、血なんてお醤油（しょうゆ）みたいなものじゃないでしょうか。

第1章 日本のＵＭＡ、どれが実在している可能性があるか

ＵＭＡを大きく４種類に分類してみた

編集部　日本のＵＭＡでどれが実在していそうか、３人にベスト５を選んでいただき、他の二人に論評していただく形で進めたいと思います。まずは天野さんが選んだベスト５からいきましょうか。

山口　お話に入る前に、まず僕からＵＭＡの分類について、ちょっとだけ説明させてもらいます。僕が企画・編集したオカルト雑誌『Ｕ ＳＰＩＲＩＴＳ』（辰巳出版）の巻末に僕が独自にＵＭＡを分類した一覧を掲載しています（本書巻末に再録）。ＵＭＡとされるものを捕まえたり調べていくと、結局、次の４種類に分かれるんじゃないかと思うんです。

①本来の未確認生物である新種の生物
②妖怪とか霊的存在の動物、いわゆる架空の幻獣。これを僕はＦＭＡ（ファンタジー・ミステリアス・

アニマル）と呼んでいる
③帰化生物とかテレポート・アニマルとか、ここにいるはずのない生物
④カッパのミイラとか完全に人間によって作られたもの、完全にキャラクターグッズになっているもの

實吉　敏太郎さん、都市伝説というのはいつ頃始まったんですか。いやに最近言うよね。
山口　「都市伝説」という言葉が日本に登場したのは１９８８年にジャン・ハロルド・ブルンヴァンの著書『消えるヒッチハイカー』が大月隆寛、重信幸彦ら民俗学者によって訳されたときだとされています。このとき、アーバン・レジェンド（Urban Legend）という造語の訳語として「都市伝説」という言葉が生まれたんですね。１９９０年代、僕が神奈川大学に行っている頃に宮田登先生（民俗学者、筑波大学名誉教授）が言い始めた「都市民俗学」という概念も影響を与えたと思います。「やりすぎ都市伝説」なんていうテレビ番組もあるし、コンビニでも都市伝説本が多く売られているくらい、都市伝説という言葉が浸透しましたね。
實吉　要するに妖怪話のことだと思っていいんですか。
山口　いいです。例えば、南極に「ニンゲン」というやつがいるとされていますが、あれは都市伝説の存在であって、現代の妖怪、ファンタジー上の存在ではないかと僕は思っているんです。先ほど言ったように、オガサワラオオコウモリが本土に来ているんじゃないかという話とか、日本でも

ワラビーが東北にいるとかいう話は③のリアルアニマルではないかと思っています。
UMAと言われているものでも、ほとんどが①には入らなくて、大体が②、③、④ですね。本当のUMAというのはだいぶ少ないのかなと思っています。ただ、このときにFMAという言葉を作ったんですが、これはあまり定着しなかったですね。

ニンゲンの想像図

妖怪データを分析すればUMAの過去データが洗い出せる

山口　妖怪というのは存在しないんだけど、妖怪のモデルになった帰化生物、テレポート・アニマル、新種生物はいるはずですよね。僕は妖怪のデータを分析することは、過去のUMAとされてきたもののデータを洗い出すきっかけになると思っているんです。
でもUMAファンの中には「妖怪の話をするな」ってすごく怒る人も多くいるんですけどね。

實吉　UMAと妖怪を分けたがるんですね。妖怪の方は伝説、物語。UMAは科学的存在だと思っているんでしょう。

山口　實吉先生とか天野さんは比較的、妖怪と勘違いされたものの中にUMAの残像があるんじゃないかという僕の意見に理解を示してくれているのですが。

天野　だって實吉先生は１９７６年刊行の『ＵＭＡ謎の未確認動物』（スポーツニッポン新聞社出版局）の中で、すでに妖怪を「それは何だろう」というふうに考察しておられますしね。だから、そこはもう「あり」だと思いますね。

編集部　58Ｐのように4種類に分けることによって、いろいろと整理されてくるんじゃないでしょうか。みんな「ＵＭＡじゃないか」って言いながら、変に伝説上のものまで混ぜてＵＭＡ扱いしているというのが現状だと思いますので。

天野　分類方法はね、みんなチャレンジするんですよ。でも僕は止めちゃって、どこに何が出たかという、地域別に分ける方にシフトしたんですけど。山口さんがやってくれたなという感じで、僕はいいと思っています。

山口　實吉先生、天野さんの『本当にいる世界の「未知生物」（ＵＭＡ）案内』（笠倉出版社）が、たぶん海外のＵＭＡを一番網羅（もうら）していると思います。

天野　10年も前に出した本（２００６年発行）なんですけどね。分類しようと思ったらうまく分けられなかったので、どこに何が出たかという目撃証言ですべてやったんですよ。

編集部　それは本当にいそうなものから伝説的な存在や架空のものまで全部？

天野　ネット上で取り上げられるＵＭＡみたいのはほとんど入れてないです、もう10年前のことなんでね。過去の文献にあったものをすべて総ざらいしてみたという感じです。

全員一致で「タキタロウはいる！」

天野　では、僕が選んだベスト5をお話しします。まず1位ですが、実在の可能性があるUMAの中ではごく当たり前かもしれないけど、タキタロウ（☞322P）を挙げます。これ、もう見つかって写真も撮られちゃっているから、UMAというよりも新しく発見された固有種と言っていいかもしれませんね。

實吉　でも、タキタロウという特定の大きな魚がいて、ソウギョだろうとか、コイだろうとか言われたわけじゃないでしょ？　まだ確定してないから、未確認の部分があるから入れていいかな。

天野　ええ、巨大なやつがまだ見つかっていませんね。

山口　子どもの標本で、本当に小さいやつがいますね。

實吉　それでは、今は3分の2ぐらいまだUMAだ。巨大なことが値打ちがあるんだから。巨大なのが見つかったらUMAじゃなくなるわけですね。

編集部　それは種類はわかっているんですか。

山口　たぶんイワナですよ。

實吉　コイか、イワナか。そういう問題になると魚類学者の言うことはまた細かくなってね。おそらくまだ、やれイワナじゃないか、ヤマメじゃないかとやっているんじゃないですか。

　この二つはだいぶ違うんですよ。だけど手に取ってみると、あるいは野生状態を写真に撮ってみるとそれぞれご専門にするような魚類学者の意見が違ってきちゃう。いずれにしろ、今挙げたような淡水魚です。

山口　島嶼化と同じように、特定の湖に閉じ込められた魚がよく特異な形に変化するじゃないですか。例えばイワナあたりが閉じ込められて何百年もたって独自のものになるとか、そういう可能性はないですか。

ソウギョ（草魚）は中国原産のコイ科の淡水魚で、全長約1m。コイに似るが口ひげがなく、背は灰褐色（写真は@Peter Halasz）

實吉　非常に大きくなるであろう、ということまでは言えるんだけど、形が変わるだろうかね。一種の陸封じでしょ。一つには、その陸封じでどこへも行けないから、しょうがないから、そこにいつまでもいつまでも生きているという。

　それだけだとすると、もうべらぼうに大きなのがいるかもしれないとは言えますけども。例えばイワナにしても、どこか山の深い谷川に、背中がクジラのようにひたすら大きなのがいるというじゃないですか。だから、それを考えると大きくはなるでしょうね。

　そうなったら、もちろん怖いぐらいグロテスクには見えるだろう。特にイワナっていうのはグロテスクな顔しているからね。それ以上のことはどうでしょうかね。

山口　イワナの倍数体（通常、染色体は母親由来の一組と父親由来の一組のセットだが、まれに受精や分裂時

天野ミチヒロ氏が選ぶ　実在の可能性がある日本のUMA

1位　タキタロウ	2位　ツチノコ
3位　ヒバゴン	4位　イッシー
5位　クッシー	

の異常により生じる3組以上の染色体を持つ個体を「倍数体」と呼ぶ）が子孫を残したとかじゃないですかね。

天野　自然になった倍数体という意味ですか。

山口　海底とか湖底に熱源があって、そこへ卵を産んで、熱を加えられると倍数体化するというんですよ。だから、タキタロウのいるところにそういう温かいポイントがあるかどうか気になるんです。僕は倍数体が子どもを残したのではないかと思う。

實吉　それは何百年、何千年、何万年レベルの話だから、ほんの少々の温水でも地下で何かの現象が起こっていても影響はきっとありますね。

山口　酸素濃度が急激に高くなるような可能性はありますか。

實吉　ありますよ。

山口　酸素濃度を濃くして育てると金魚がすごくでかくなるじゃないですか。ああいうふうに何らかの理由で環境に変化があったんじゃないですかね。

實吉　そうそう、以前、熱帯魚の先生に、「60㎝のものが郡山にいるんでしょ」って聞いたら、「そんなもの、小さい方ですよ」って言われましたよ。60㎝ぐらいじゃ驚いていられないって、金魚がですよ。

山口　金魚なら、でかいですね。では、全員一致で「タキタロウはいる」ということですね。

天野　ちょっとカッコして、「ナミタロウ」（☞３２４Ｐ）も入れてあげたいです。

實吉　そうだね、ナミタロウも入れてあげたいね。

山口　ナミタロウか、新潟代表で。あれは堅いですよね。愛称の翠（みどり）も入れておく？

天野　ああ、いいですね。

ツチノコも全員一致で「実在する！」

天野　２位がすごいコテコテなんですけど、僕はツチノコ（☞３５５Ｐ）を挙げたいですね。これは眉唾（まゆつば）って言う人が多いんですけど、あんなに大勢の人が、野山に暮らしているおじいちゃん、おばあちゃんなどが見ていますからね。かつては本当にいたんじゃないかって思います。もう今は絶滅しているかもしれないけど。

山口　昭和30年代、ツチノコという言葉が一般的じゃなかった当時、報知新聞に、奇形のヘビが捕まえられて名古屋で見世物になったという話が出ていましてね。焼き物をやっていた窯（かま）があったあたりに出るというんですよ。

では、その窯の跡地に行こうということで、僕と的場浩司さんがＴＢＳの「世界がビビる夜」という番組で行ったんだけど、３日３晩山中でこき使われましてね。普通に運動靴で行けるところって言われたんだけど、登山靴で行けばよかったなというぐらいひどく山道が崩れているんですよ。

「敏さん、遊歩道行った方がいいですよ」って言うんで遊歩道に行こうとしたら、そこも崩れているし、橋は落ちているし。「橋、落ちているんだけど」って僕と的場さんが言うと、「そのまま壁面をよじ登って、向こう岸まで行ってください」とか言われ、その壁面を向こう岸まで行って、さんざん探検させられたんです。

塩場か水場は定点カメラで押さえた方がいいと思ったので、5か所ぐらいよいポイントを山で探したんですね。そうしたら、ピョンピョン跳ねるヘビみたいなものをタクシー運転手が見た現場があったので、そこでカメラを固定していると変なのが映ったんですよ。先生、スタジオでやりましたよね。

實吉　やりましたね。

山口　あのフィルムを見ていると、確かに転がってくるんですよ。天野さんは見ました?

天野　見てないです。転がってくるんですか。

山口　ツルツルッと落ちて、ゴロゴロッと転がって、ズルズルといって、ゴロゴロッという。こんな感じですよね、ツチコロビ。

實吉　ツチコロビって昔から言うんですからね。だからトッテンコロガシとか、そういうのが柳田國男以来ずっとつながっているんです。アメリカのヨコバイガラガラヘビ式の移動法じゃなかったね。

山口　違いましたね。あれは、坂道はゴロゴロ転がってくるという伝説通りの動きだったので、やっぱツチノコらしきものはいるんじゃないのかな。

天野　そうですね。僕が「いそうだな」って思うのは、見間違いを抜きにしてですからね。アシナシトカゲとか何かを呑み込んだヤマカガシは抜きにして、まだ発見されてないものがいるんじゃないか。誤認例を抜きにして、いるんじゃないかな。

實吉　だからもう、ツチノコは入れておいていいですよ。

山口　八重山諸島に脚のないトカゲ（アシナシトカゲ）がいますよね。八重山にいるということは、日本列島の本州にいないとは限らない。

實吉　いないとは限らない。アシナシトカゲの骨はとっても崩れやすいんだそうで、化石になりにくいんだってね。だからアシナシトカゲが八重山に今いて、日本の本土にはいないなら、ツチノコも同じこと、本土にもいたんじゃないかという話になる。

ヒメハブ

ヒメハブは体の真ん中が太くてしっぽの細いやつだから、それの原型みたいなのが日本の本土にもいて、つい転んじゃったのが習慣になって、転んで移動するようなヘビがいるのかどうか、その辺ははっきり言えないけども。

先ほど敏太郎さんがおっしゃったけど、限定されたある地区だけで特殊な形を持っているとすれば、日本中にツチノコの200以上の異名があるのも無理はないですね。

ヒバゴンは「正体はわからないけど何かがいただろう」と二人が実在認定

天野　3位にはヒバゴン（☞305P）を挙げました。ヒバゴンは一代限りで死んだみたいなんですけど。僕も取材に行ったんですが、目撃談がリアルなんですよ。明らかに、みんなが見たこともないサルの類いに遭遇しているんです。

實吉　サルの類いにしては、姿勢がいいんじゃないですか。腰が真っすぐでしょ。ものすごい広い分布を持つ世界的原始人類あるいは類人生物だと思いますよ。

ビッグフットもカクンダカリも全部つながっていると思います、古代人類ですね。どの段階の古代人類かということは知りません。

山口　どこかで分かれたということですか。でも、僕はヒバゴンに対しては否定的なんですよ。戦争中に空襲によって逃げたらいけないからと、全国の動物園に屠殺（とさつ）命令が出たじゃないですか。

東京だと象の花子を毒殺したりしましたよね。ところが広島県内の動物園が毒殺しきれなくて山に逃がしたりしていたらしいんですよ。ご高齢の当時の担当者はみんな口を閉ざしてますけど。

僕も、例えばチンパンジーの担当だったら、こっそり夜中に山に逃がしますね。だから1980年代初頭のヒバゴン、クイゴン、ヤマゴンとかも、1940年代に逃がしたチンパンジーが野生化したものじゃないかなって思う。それが老化したのではないか。

天野　終わりの頃はもう足を引きずっていたっていいますよね。

山口　個体として弱っていましたよね。でも逆に広島県民からの情報だと、比婆山（ひばやま）に子ザルみたいなやつで、二足歩行の生物が今もいるというんですよ。それで妖怪の資料に当たっていると、昭和40年代に教育委員会が集めた妖怪伝説の中にランババという毛むくじゃらの獣人のような妖怪が比婆山には昔からいたという伝説があるんですよ。江戸時代からいるということは、そういう生物がやっぱりいるのかなと思うんですね。

天野　そこ、行ってみたんですが、結構、山深いですね。そこで氷河期に陸封されて残存種となった天然記念物の魚ゴギが生きているんですよね。オオサンショウウオも普通にそこの川にいて……。

實吉　普通にオオサンショウウオがいますか。

天野　そこら辺にいるんですよ。もう見つけるのが大変どころじゃなくて、「あ、あそこにもいたっ！」って感じ。そういうところなんだって、行ってみて感じましたね。

實吉　さすが、「イザナミノミコトが眠る」という伝承のある山だものね。

天野　そうですね。そういえば、お寺で見た巻物にまさに毛むくじゃらの二足歩行の獣人が描かれていて、神様だということで、横に何々のミコトって名前が書いてありました。はっきりした名前は覚えていないけど、付いていましたね。

山口　では、やっぱり、その毛だらけの獣人が昔からいるんですかね。

天野　いた可能性もありますよね。ただ、何か所か移動したみたいじゃないですか。移動するたびに、その場所の名前が付いちゃうので。

山口　比婆山から三原市久井町、山野町あたりって黄泉の国の伝説もある場所じゃないですか、広島と出雲の端っこで。だから、黄泉の国の入り口というのは何かそういう得体の知れない化け物が出ているという場所にふさわしいですよ。

天野　そうですね。ヒバゴン、ヤマゴン、クイゴン（☞305P）と場所により違う名前で呼ばれますが、あれはたぶん、同一のものだと思います。

山口　同一個体ですよね。

天野　ということは、比婆山は居心地が悪かったのかなと山口さんはおっしゃっていたけど、外から持ってきたものとも考えられますよね。もしずっと棲んでいたら、そこを出る必要はないですものね。

山口　そうですね。動物はそうは動かないですもんね。

天野　だから、いろんな説が出てきますね。

山口　だとするとヒバゴンは久井町に出たクイゴン、山野町のヤマゴンというように名前が変わっているから3位でいいでしょうね。僕は「東スポの論理」というのを昔から言っていて、「東スポ」は地域ごとに、名古屋へ行ったら「中京スポーツ」、大阪に行ったら「大阪スポーツ」、九州へ行ったら朝刊になって「九州スポーツ」というように名前が変わるんですね。

この地域密着型の地元を愛する姿勢と、出る場所が変わると名前が変わるヒバゴンの姿勢は同じだなと。

天野　ホステスの源氏名みたいですけどね（笑）。正体はわからないんだけど、これはもう見たことは見たので、実在ということで3位に入れたんですよ。

山口　正体はよくわからないけど何かがいたのは事実なので、評価はしてますよ。

天野氏がイッシーを4位に推すも實吉氏は「順位が高過ぎる」

池田湖畔にあるイッシーの像

天野　4位は池田湖（鹿児島県指宿市）のイッシー（☞313P）でどうでしょうか。これをなぜ挙げたかといいますと、レイクモンスターの中では、おそらく世界的にも写真や動画、目撃者が一番多いんじゃないかなと思ったんです。

イッシー動画のラッシュだった1990年代はハンディ型のビデオカメラが売り出された時代で、結構、観光客が撮ったりしていて、証拠映像が多いんですよね。それが何かはわからないですけど、そういう点で挙げてみました。

實吉　イッシーが4位ですか。レイクモンスターという言葉で呼ばれているようだけど、僕は「湖の主」と呼びたいな。

湖底怪物ってやつはどうも、あっちにもこっちにもい過ぎるんだけども、それにしては、「あ、何かが泳いでいるのかな」という程度の写真しかないわけです。あれが気取って、ちゃんとこう後ろを向いたりしているところを、もうちょっと撮ってもらいたいんだけど。

天野　そうですね。どれもはっきりとは映ってないですよね。

實吉　わざわざアフリカへ行って、オゴポゴだ、モケーレ・ムベンベだなんていって騒いでも、同じものしか撮れないのでは、あっちこっちの大学は何をやってるんだと思っちゃうけども、しょうがない。

湖に達することさえ大変だったようなところもザラにあるし、そこで1泊しかできなかったというのを、「なんで?」なんて言ったってしょうがないですからね。

それにしても、どのくらいが伝説で、どのくらい実在性があるかということになると、今のような証拠写真が多いから大丈夫だって言えるのかどうかね。もちろん入れていいですよ。入れていいですけど、第4位というのはちょっと高過ぎるような……。

山口　池田湖は巨大なカニがいるとかいう伝説もあるのが面白いですよね。

天野　あそこではすべての生物がちょっと大きくなるみたいです。地元の人が岩だと思い、踏んでみたら巨大なスッポンが動いたとか。そこにいるソウギョとか天然記念物のオオウナギなど、全部でかいんですよ。

山口　怪獣ランド化してるのかな？

天野　まさに、そうなんです。

巨大ウナギが電柱をへし折った！

山口　近くに「うなぎ湖」ってのがあって、漫才コンビ「銀シャリ」の鰻（うなぎ）和弘くんのルーツの地なんですね。開聞岳（かいもんだけ）のふもとの湖畔にでかい卵があって、それを保管していたというんです。

僕がイッシーの取材で行ったときに、そこの民宿にも行ったんですけど、閉まっていて取材できなかったんですが、周りに確かに変な話がいっぱいあるんですよ。「銀シャリ」の鰻くんから聞いた話によると、彼の本家へ行ったら古い電柱が折れていたので、「この折れた古い電柱、何ですか」って聞いたら、「これは巨大ウナギが出てきて折ったんだ」って、地元の人が言ったっていうんです。そんなでかいウナギがいるのかなと思うんですけどね。

實吉　ウナギが電柱を折ったって？　すごい、怪獣映画みたいだ。

天野　それと電柱のつながりなんですけど、船を出して、ヤスを持って魚を獲ろうとしたおっさんが、ちょっと浅瀬に電柱が沈んでいたので、「これ、ウナギに似てるな」ってヤスで突いたら、ススッと奥の方へ逃げていったという話もあるんですね。信憑性はわからないですけど、あそこには4～5ｍもある巨大ウナギがいるというんです。

山口　ウナギって、どこまで大きくなるんですかね。

實吉　いくら大きくなったって、せいぜい2ｍちょっとでしょう。確認されたオオウナギっていうのは、普通のウナギが大きくなったものじゃない。あれ、食べられません。ウナギとオオウナギとは別種です。

天野　そうです。イールとは同属別種なのですよね。

實吉　イールじゃない。だから全然うまくないです。オオウナギのかば焼きなんて聞いたことない。ですから別の種類なんだけども、実物を見ますと2ｍあるかな？　2ｍいったら大変だな。1・8ぐらいかな。

天野　そうですよね。大きくても、それぐらいかもしれないです。

實吉　電柱はぶつかっただけなら揺らぐだけですよ。だから、その他のウナギのような大ウミヘビみたいな大怪魚というのはいるかということになると、これは難しいんだな。

ああいう形のものが大きくなり得るのか。非常に可能性が低いような気がするし、そうかといって底生魚ですから、やたら上へ出てこないので殺されるチャンスは少ないのでね。

ウナギは底生魚なので巨大ウナギ説は怪しいかも

實吉　ドジョウでもうっちゃらかしておくと、ずいぶん長生きしますからね。古いくさい金魚鉢の下でいつまでも生きている。それでも、いつまでたってもドジョウ鍋で食うほどまでの大きさにはなかなかいかないね。小指ぐらいの大きさになってないとドジョウ鍋にならないでしょう。

それを考えると、立派な食用ドジョウになるためには何年かかるのか。ずいぶんかかりますね。そうすると、めいっぱい大きくしたウナギっていうのはどのくらいになるのか。ウナギはドジョウじゃないので一概には言えないけど、ずいぶんかかるんじゃないかと思う。それと、泥の中へ潜っているからあまり殺されるチャンスはない。そこに謎がありますね。

山口　九州の奄美大島って、ウナギを神様として祭る場所があって、確か「ウナンガナシ」と呼ぶんです。オオウナギがのたうち回りながら動いているのを見て、それに神意を感じて信仰の対象になったそうです。

だから、ウナギを神とした考え方の現代バージョンが現代におけるイッシー騒動ではないかという気はしますよね。2m超えの巨大なウナギが2、3匹たわむれているだけで、もう巨大生物に見えちゃうのかなとも思う。

天野　あと實吉先生の先ほどのお話で思い出したんですけど、ウナギって底生魚なのに、ビデオに撮られているのって水面を移動しているやつだから、そう考えるとちょっと違うものなのかなと思う。先ほど話に出たスッポンやカメは水面で甲羅を干して泳ぎますかね。

實吉　カメはそんなことはめったにしないですね。だから、その円盤型のものが動いているのをよく見たらカメに見えたというのは一瞬だと思いますよ。そういうふうにゆっくり泳ぐのは浦島太郎が乗ったカメだけで、実際には一瞬しか甲羅全体を外に出さない。

長崎ペンギン水族館で飼育されているオオウナギ

天野　では、わりと長い時間泳いでいたので、しかも2匹出たのかな。そういうのもあるんで、それを考えるとウナギではないなと思いますね。だからイッシーも、そういういろんな生物の総合的な像になっているのかなって。

山口　いろんな目撃談が合わさってできている。

天野　そう、あそこはちょっと巨大生物が多いんで。地元では地熱でおっきくなるって言われていましたね。

山口　そうですよね、イッシーですね。

天野　これは、あくまで目撃談が多いということで4位に挙げたまでです。

山口　人気キャラですからね。ＵＭＡマニアは大好きですよね。

イッシーとクッシー騒動のときは、得体の知れないものはいたのでは

天野　5位には屈斜路湖のクッシー（☞314P）を挙げました。イッシーの兄弟になりますが。

以前、地元の弟子屈消防署の目撃者に取材したことがあって、子どもが学校で「おまえのおやじ、インチキだろう」とか、そういういじめにあったらしくって、嫌になったって言ってました。

ただし本人の名誉のために言っておくと、同僚の方々も口をそろえて「嘘をつくような人ではない」と、彼の実直さをたたえていました。

だから僕は、その人の名前を出さないで本に書いたんですけどね。ただ彼、「なんと言われようと見ちゃったものはしょうがないです」とは言ってましたね。何だかわからないけど、巨大なものが頭を出して泳いでいるのを見ちゃった。それはイルカのようにブルーメタリックにキラキラ光っていて、水面に反射してたって言ってました。彼の話をもとにして僕が描いたイラストを載せておきますね（次ページ）。

屈斜路湖畔にあるクッシーの像

山口　（天野氏が差し出したイラストを見ながら）こんな感じなんですか。結構湖面から出ていたんですね。

天野　結構長いんですよ、18mもあって。だから群れなのかどうかわか

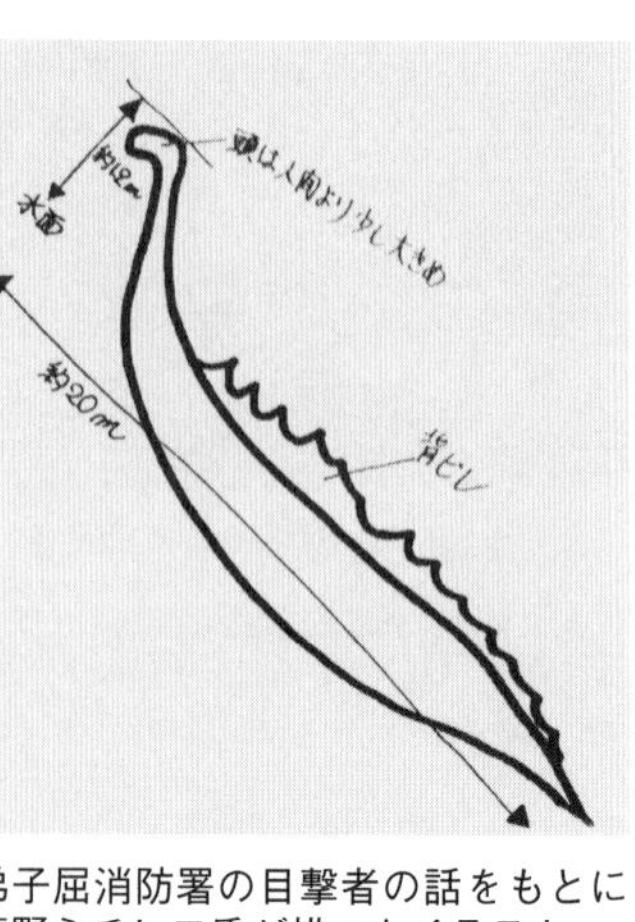

弟子屈消防署の目撃者の話をもとに
天野ミチヒロ氏が描いたイラスト

らないんですけど。

僕もカヌーでちょっと出てみたんです。ガイドは、蜃気楼（しんきろう）現象がよくあると言うので、目撃者はひょっとしたら、そのときに見ちゃったんじゃないかとも思う。

蜃気楼が起きたとき、例えば水鳥とかが首を出したりすると、それが巨大に映る場合があるから僕も何かは特定しないですよ。そういう現象もあるけれど、何かしらの生物らしきものを多くの人が見ているということで5位に挙げてみたんです。

山口　目撃証言は目撃証言として出しておいて、いろんな仮説を出してみましょう。

天野　そうですね。実際、中島が中にあって、そこにシカとかクマが泳いでくる場合もあるとは聞きました。

山口　僕が取材に行ったときも、その話でしたよ。繁殖する島があって、メスの争奪に負けたオスジカはすごすごと帰っていくから、エゾシカがこうやって首を出して泳いでいる姿がよくクッシーと言われるよと言ってましたね。

天野　そうですね。阿寒湖でもそういう例があって、「阿寒の竜」って僕が名付けたんです。角があったので、ちょっと竜っぽいんじゃないかなと思って。

山口　竜っぽい、ドラゴンっぽい感じですよね。

天野　そうですね。あとチョウザメ。今は絶滅しているんですけど、屈斜路湖には昔はでかいチョウザメがいたそうです。もちろん、イトウとかもいますけど、そういう巨大魚というケースもあるのかなって。

山口　北海道電力は今もまだチョウザメの養殖やってますよね。平成に入ってからもまた遡上してきましたよね。もっと大々的に養殖やればいいのにって、僕は思うんですけどね。

天野　そうですよね。あと地方新聞では「何々が出た！」とか載るんですよね。でも中央にはその報道が届かないんです。

僕、騒動が収まった頃、1990年代に行ってみたんですよ。そうしたら地元の人に、「しょっちゅう出ているよ。北海道新聞ではたまにニュースになっているよ」とか「イッシーは最近出てないみたいだけど、クッシーはたまに出るよ」とか言われました。湖岸のおみやげ屋さんは、トイレの窓を開けたら水面に何か巨大なものが泳いでいるのが見えたとかいう話をしていましたね。

だから、何かそういう現象があるのかなということで5位にしてみました。

山口　富士五湖とかでもチョウザメの養殖やっていて、ひともうけを図った人がいるんだけど、みんな最後は失敗して逃がしちゃったと言うんですよね。だから大概みんなあっちこっちでチョウザメだったり、シカだったり、オオウナギだったり、ある程度は仮定できる正体を絞り込んでいるんでしょうけどね。

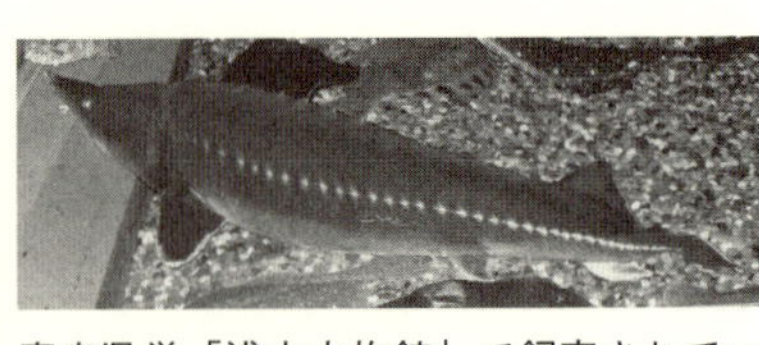

青森県営「浅虫水族館」で飼育されているダウリアチョウザメ

天野　でも不思議な目撃談があるんでしょうね。馬を引いてたら、馬がおびえたので、水面を見たらオバQみたいなのが顔を出してたとか。
だとすると鰭脚類（アシカ科、アザラシ科、セイウチ科などの類）っぽいものかなとか思っちゃうんですけど、そこまで上がってくるかなとも思う。だって釧路川から結構距離があるじゃないですか。

山口　先ほど實吉先生もレイクモンスターって言われましたけど、ネッシーが陸上に上がってきた話とか怖いじゃないですか。テントを張っていたら寄ってきたなんて聞くと、怖くてうかつに野営などできないですよね。

實吉　そりゃあ怖いですよ。そんなのがテントの中を見に来たなんて。

天野　『怒りの湖底怪獣・ネッシーの大逆襲』（1982年）というアメリカ映画があるんですけど、ネッシーが出てきて、寝袋で寝ていた人を湖に引きずり込んでましたね。

編集部　イッシーとクッシーは、昔いたかもしれないということですか。それとも、今もいるかもしれない？

『ネッシーの大逆襲』アメリカ版のポスター

天野　今はどうかわからないけど、騒がれたときはいたかもしれない、全盛期のときはね。

山口　何かはいたことはいたけど、それが何かということについては諸説あるということですね。

天野　そうですね。それを反証するにも、納得のいく反証をした人もいないいんで、まだ否定はできないんじゃないかなというところですね。

「ツチノコはヒメハブの亜種だろう」と實吉氏

編集部　では次は實吉さんが実在すると考えておられるベスト5を挙げていただけますか。

實吉　ツチノコ、ヒバゴン、タキタロウ（山形県鶴岡市の大鳥池に棲息しているといわれる巨大魚）、ナミタロウを挙げました。３つまで天野さんと一致してますね。

一応挙げましたけれども、私は順序はどうでもいいんですよ。これは別にその順に実在性が高いというわけではないので、そう思って聞いてください。

ツチノコはね、以前に沖縄のヒメハブを捕まえてきた人がいて、このヒメハブが内地で言い伝えられているツチノコに非常によく似ているというんですね。胴体が太くて、しっぽが細くて、ピンピンしていて、沖縄の地方によっては、ちょっと転がるとかピョッと飛んでくるとかいうツチノコと共通する話がある。

その人は、専門家といっていい人にそのヘビを見せたそうです。そうしたら「これはヒメハブですな」と言われたという。ヒメハブはいわゆる沖縄のハブですね。

あの怖いハブの小型のものですが、ハブとは種類は違います。動物発掘史によれば、昔、ヒメハブが内地にもいたことがあるらしいんです。ヒメハブがいたぐらいですから大きな普通のハブもいたに違いない。ただ、どのくらい古代でしょうね？

山口　数万年前？

實吉　数万年では足りないと思います、もっと前ですね。もっと前ですけども、そのくらいになると、あんな骨の弱いやつは化石にならない。溶けちゃうというか、消えちゃうというか、石化する前に風化しちゃうので残りにくいんですね。

しかし、ハブもしくはヒメハブが古代の日本にはいたであろう。本州、四国、九州にいたであろうということは言えるし、朝鮮にもツチノコがいるという説もある。本州、四国、九州にツチノコがいるならば生き続けていたかもしれません。朝鮮半島にいたって何の不思議もないです。

そこまで考えると、そのヒメハブの残存種——レリックってやつですが、まれにはいるのではないかと考えられますね。そうするとツチノコがもともとあっちにもこっちにもたくさんいたなんていう話は決してないわけですね。めったにいないということは、まれにはいると考えたらいい。

まれにはというのは、ある熱心な研究家がいるとすると、その人が一生に一遍か、二遍見るということで、それもたいていは「チラッと見ただけだからわから

實吉達郎氏が選ぶ 実在の可能性がある日本のUMA

- ツチノコ
- ヒバゴン
- タキタロウ
- ナミタロウ

ない」とか「小さいときしか見てないから確かじゃない」とかいって責任を取ろうとしません。しませんけれども私、人が一生に一遍見るか見ないかというような昆虫をありありと見て、しかもそのうちの1匹は生け捕ることができて、標本にすることもできた（一つはコロギスで、もう一つはガロアムシです）。

だから、そこまで人々の話を認めるならば、そういうまれさでツチノコは存在するのではないか。その正体はヒメハブではなかったろうか、その意味で実在しますということですね。これは私一人の説です。

山口　それは既存のヒメハブとはちょっと違う形状？　また別の種類ですか。

實吉　おそらく違うでしょうね、地方亜種。つまり本州型とでもいうような別亜種、あるいはそういう亜種の中の一つ。また形になっているから、もし2匹を並べたらたぶんどっちかがやや大きいとか、うろこがやや違うとか、生態行動もやや違うとかいうところがきっと出てくると思います。

山口　それはかなり毒を持っていますか。

實吉　毒もかなりあります。ありますけども一般の毒蛇論からいって、普通の怖いハブよりもヒメハブは毒は弱いです。咬まれてもたいてい助かるそうです。

編集部　今から探すのであれば、ヒメハブがいそうなところを探したらいる可能性がありますか。

實吉　ヒメハブのいそうなところを探すのはいいんですけど、ヒメハブも本州や四国、九州にいた頃は温帯の動物だった、または逆かな。その頃、日本列島はまだ熱帯だったかな、そこが難しいんです。

現在ヒメハブはどの場所にいるよとか、夜行性だから夕方から草地と畑の間を探すといいとか、沖縄で現地の方に習って探してみれば見つかる可能性があるとかですね。でも、どうですかね。沖縄で見つけて、手柄顔で持ってきたってしようがないわけです。内地でそれを見つけなければならないわけですから、なかなか難しいですね。

山口 そうですよね。これ前にちょっと話したかな。コブラが一部野生化していて、それがハブと交雑種を作ったという話が沖縄で都市伝説みたいに流れていて、そのタイコブラが見つかって、7匹捕獲されているんですよ。そういうことってあり得るのかなって、ちょっと気になりますよね。

ちなみにその子どもは「ハブラ」というかわいい名前がつけられています。

實吉 気になりますね。気になりますけど、ハブとコブラは交雑し得るくらい縁が近かったたっけ。そこが不安だな。

山口 遠いと思います。僕、交雑種は厳しいんじゃないかなと思っていて。仮に子どもができたとしても、その子には生殖能力はないですよね。次世代までつながらないと思うんです。

天野 毒性もどんなになっちゃうのか。

實吉 毒がどうなるかがわかれば一番いい。まず卵になって、白くて弱々しいミミズのような幼蛇になって、すぐに食われちゃいそうなところをたまたま1匹が助かって……というような育ち方をしなければならない。それを考えると、その子どもがどこかにいるだろうなんていうのは、もう夢のまた夢になっちゃうんですよね。

本州ヒグマが人食いツキノワグマになる可能性は？

山口　沖縄にいるはずのヒメハブが本土にもいて、その残存種がツチノコの一種かもしれないという話と連動するんですけど、昔、ヒグマが本州で棲息していたじゃないですか。今人を襲ったりしているのはその生き残りじゃないかという話があるけど、本州ヒグマが生きていたのはずいぶん前ですよね。

實吉　ずいぶん前ですし、本州にヒグマがいて、その血を引いたのが人食いツキノワグマになったとするならば、どうして凶暴な熊がたまには出なかったのか。つまり正体が本州ヒグマというような人食い熊が、なぜどう猛性を失ったのか。

山口　ヒグマとツキノワグマの交雑種はあり得ますか。

實吉　あり得ると思いますけども、あまりにもヒグマが大き過ぎて、凶暴過ぎて、ツキノワグマがおとなし過ぎて、雑食過ぎますね。ツキノワグマに肉を食わせれば食うけども、肉食性になるかどうか疑問がありますから、自然繁殖するのかな。非常に疑問ですね。

ヒグマは日本では北海道にエゾヒグマが棲息するのみである。

山口　以前取ったメモによりますと、３万年前には本州や九州にヒグマの種がいたという。最近だと２０１４年に秩父市内にある鍾乳洞で本州ヒグマの骨が発見されているといいますね。

實吉　それはどのくらいの年代に実在したやつですか。

山口　年代の測定は出てないけど1万年前まで日本にいたといいますから、1万年間くらい鍾乳洞に保管されていたという感じですかね。でも、こいつらがもし交雑してツキノワグマの中にＤＮＡが残っていたら面白いかなとは思う。凶暴性を発揮するやつが、ね。

實吉　凶暴性を発揮すりゃ面白い。そうするとツキノワグマの中にももうちょっと茶色いのや、大型のや、月の輪がもう少し不明瞭なやつがいるのかな。

しかし足柄山の金太郎以外に熊と戦ったという話はめったにないんですよ。不思議なことにわが国の豪傑談、怪物退治談の中に熊退治の話はほとんどない。金太郎だけです。

それに金太郎は熊退治じゃないんです。あれは相撲を取って遊んでいるんですからね。最近、金太郎の研究本が2冊出ていて（鳥居フミ子著『金太郎の誕生』『金太郎の謎』）、それによると鬼を退治したり、熊退治したりという話はないんですね。

山口　ヒヒ退治しかないですよね。

ヒグマに防犯スプレーは効果があるか

山口　最近、秋田の方で熊が次々に人を襲っていますね。
實吉　嫌だね、熊が人食い熊になっちゃった。あのツキノワグマがとうとう血の味を覚えたか。これは面白いとか言っていられないね。
天野　そうなんですよ。今までツキノワグマってあまり人を食わなかった。
實吉　あまりじゃない、全然ですよ。
天野　今まで、おじいさんでもツキノワグマを撃退していたんですよ、殴ったりとか、ともえ投げとかで。最近のはちょっと強くなってますよね。
實吉　私はこれじゃいけねえなと思ったのは、今まで木曽の山奥の小学生たちは学校の行き帰りには歌を歌ったり、集団でなるべく大きな声でしゃべったりして、それによって熊を追っ払っていた。現に、その途中で熊にやられた人はいない。
　だけど、それが少し襲われるようになり、最近のニュースによると、もう歌歌ったり、ラッパを吹いて歩いても駄目なんですね。こりゃ大変だと私は思いましたね。それでは、もうみんな自動車に乗ってくしかない。
山口　防犯スプレーって、最近1000円ぐらいであるけど、あれを鼻先で噴霧するしかないかもしれないです。目とかやれば動けなくなりますから。

實吉　あれが噴きかかるぐらいの至近距離に来たら、もう遅いんじゃないんですか。次の瞬間、モメンタム（はずみ）でどっと来るでしょ。

山口　そのまま倒れ掛かってくる。

實吉　そうです。その一撃で熊が目がくらっとしても、倒れ掛かってくれば、こっちは重傷を負うだろうね。あのスプレーは痴漢ぐらいなら何とかなるけど、ヒグマじゃどうにもならない。

水戸黄門が熊に救われていた

實吉　それで僕は不思議に思って、「熊と日本人」というテーマで調べてみたら、日本人はむしろツキノワグマを愛していた、庇護（ひご）していたと思ったんですね。親愛の情を感じていたといった方が近いんじゃないかと思う。

皆さんお笑いになるかもしれないけど、水戸黄門が熊に遭ったという話があるんですよ。「老公、越後における大難」という講談の1条です。そのときは助さん格さんじゃないんです。松雪庵元（しょうせつあんげん）起（き）という越後の忠臣なんですね。

それが姿を変えて俳諧（はいかい）師となってお供をして、自分の苦を訴えようとしている。ですからお供は一人ですが、その松雪庵元起とはぐれてしまって、雪の崖を転げ落ちて気絶していると熊が寄ってきたという。「おやおや熊が来た。こいつはくまった」という。講談ですからそういうギャグが入る。ここが聞きどころなんです(笑)。

天野　その頃からそういうギャグがあるんですね。ダジャレがちゃんと入っている。

實吉　ちゃんと入ってます。もともと講談はそういう話です。それで不思議なことにその熊が寄ってきて、なめてくれて、背中を回してクルッと乗せて、熊の洞窟まで運んでくれた。熊の洞窟の中は暖かかったというんです。

これも本当です。確かに暖かいんです。ただ講談ですから嘘も入っていて、夫婦の熊が棲んでいたというんですが、これは間違いです。大体メスだけ、オスだけです。

それで熊が手を突き出して、なめてみろという顔をしたという。それでご老公も不気味ながらその手をなめてみたらおいしかったという。これ何だかわかります？

山口　はちみつですか。

實吉　はちみつじゃない、はちみつに近いですけど。

山口　熊の手ですか。

實吉　そうです。熊の手は栄養があるといいます。でも最高に高い。何しろ竜の肝(きも)、鳳(おおとり)の髄(ずい)、猩々の唇、兎の胎児などと並んで熊の手のひらは極上のごちそうとして『西遊記』にも出てきますしね。

それで熊の手のひらを実際になめてみたら本当に甘かったんだという。それで水戸黄門は助かって一休みしていると、洞の天井から2本の槍がさっと出てきたので、「危ないじゃないか」という と、それが熊突きの猟師なんですよね。それで出て行くと猟師がびっくりして、「やー、おめえさま仙人かね」「いや千人ではない。一人じゃ」。これが話のオチです。

山口 それオチですか。落語のサゲみたいな感じ（笑）。

實吉 そんなものですね。それで熊に見送られて無事に帰ったという。

山口 話を戻しますが、では、本州に数万年前までいろんな生物が存在していて、そいつらの残存種がいる可能性があり得るということですね。

實吉 そうです。その中には古代日本人以来、わりと仲がよかったのもいる。イノシシや熊とはわりと仲よかったような気がするんですよ、古代の日本人はね。

山口 熊の話だと、「くまのプーさん」のモデルになった熊の頭蓋骨が2015年から公開されていますけど、プーさんの死因ははちみつの食べ過ぎ、成人病だと思いますよ。はちみつが好きだからいっぱいなめていたら虫歯だらけになって、最後に死んじゃった。

熊もやっぱり食生活は考えなければいけないということですね（笑）。

熊はやっぱり恐ろしい

實吉 ＵＭＡの話じゃなくなっちゃうんですけど、熊がだんだん自分の子どもに人間の恐ろしさを教えなくなったんですね。自分も人間に鉄砲で撃たれたこともなければ、人間に追いかけ回されたこともない。毛皮を剥がれたこともない。人間の恐ろしさを知らない親熊ばっかりなんです。

おそらく、おじいさん熊やおばあさん熊、もう3代にわたって人間の恐ろしさを教わってないんだ。そうすると何も遠慮することはない。町へも出てくるしね。食いたければ人も食う。

ついこのあいだまでツキノワグマはおとなしい、ヒグマは怖いということになっていた。ヒグマは元から人を食う。だから今でも食っているんだけれども、ツキノワグマは「進化」しちゃった。

天野　進化しましたね。

實吉　もう日本の平和の象徴とも言うべき、あのツキノワグマが妖怪に近くなった。退治しなければならなくなった。

山口　妖怪に近いですね。岩見重太郎（じゅうたろう）が今生きていたら、やっつけてもらわなければならない。そういう時代ですね。

實吉　岩見重太郎か、そうだね。

天野　僕、長野の山中で熊の子と対面したことがあって……。

山口　僕もあった。

天野　そのときにゴールデンレトリバーを連れていってたんで、助かりました。

岩見重太郎は講談、小説、戯曲の中の伝説的豪傑で、諸国を漫遊しながら各地でヒヒや大蛇や山賊を退治し、天橋立（あまのはしだて）で父の仇を討ったエピソードなどで有名（画像は月岡芳年「岩見重太郎兼亮」）

最初、子がいるということは近くに親がいると思って、びびったんですよ。山小屋まであと10mぐらいあったかな。僕の足だとすぐに駆け込めないな、やばいなと思った。「親熊、現れないでくれよな」って祈る気持ちだった。うちのゴールデンレトリバーがほえたら熊が逃げていって、助かった。犬のほえ声に逃げるのかなと……。

實吉　1匹連れて行けば、たいていは大丈夫だと思いますよ。それが十分に熊にほえてくれればね。ほえているところに、あえて寄ってくるということはないと思うけど、それも長いことではなく、慣れちゃうんじゃないかな。慣れちゃうと怖いんですよ。

天野　ゴールデンレトリバーがいたって、親熊が出てきて「なんだ俺の方がでかいや」って思ったら、もう終わりですよね。

實吉　林業地だと林野庁が管理していますから、熊がどれぐらいいるかもわかっているはずですね。ある林業地に行った人などは、車を降りて、お弁当を食べていたというんですよ。それが熊にやられてね。けがで済んだんだけど、後で言うことが、「だって保護地の熊でしょ。慣れていて怖くないと思った」って。

一般の人って、これぐらい知らないんですよ。だから怖いんです。その人に「熊は危ないから寄っちゃいけません。自動車から降りちゃいけません」と言ったって、「何言ってんのよ、あんなかわいい熊ちゃん。いい子いい子してやりましょう」みたいなこと思っているんだから。

それが動物愛護だと思っているからたまったもんじゃない。動物愛護というのはペット化のことじゃないんです。

山口　クマ牧場で弱っている熊を集団で襲って、殺して食べようとしたって話を聞いたことがあるけど、熊は非常に恐ろしい動物ですからね。怖さを忘れてはいけない。

天野　本当、そうです。

ヒバゴンの正体をめぐって實吉氏が11の仮説を語る

山口　ところで實吉先生、ヒバゴンはどうですか。実在の可能性はありますか。

實吉　可能性はあると思います。今ではヒバゴンが「ヤマゴン」という名前になっているぐらいだからね。出没区域が違ってきたみたいで、わりと近くから見た人もいて、嘘かまことかわからないが、テレビ関係の人がその巣を見たという。

そうしたらマヨネーズの缶があったとか、いやに現実的な話で、それがヒバゴンの巣かどうかはわからないけど、今でもときどきあっちこっちに出ているということは確かですね。証言をした人がみんな嘘をついたとも思えないからね。

そうすると今でもいるんだ、以前もいたんだと思う。私がテレビの人と一緒に行ったときには見られませんでしたし、足跡もなかった。でも盛んに出没してフィーバーしたときに私はいろいろなうわさを集めてみました。

そうしたらヒバゴンはこうじゃないかという仮説が11も出てきました。非常にわかりやすいことからいうと……。

山口　他国のスパイですか。

實吉　日本のスパイです。日本の裏切り者。それがばれたから山に隠れていたんじゃないか。

もう一つは奇形児説あるいは山の民説ですね。その頃、山の下の人と交際しないサンカのような人たち、山の民が山奥にはまだいましたからね。

それからこれは奇形児じゃなくて異常児というべきかな。その時代、戦後20年たつかたたないかというときに、九州だったか、普通の民家なんだけど山奥の貧乏な人の家に小学生ぐらいの女の子が二人いましてね。

山口　ジャングルガール（カンボジアのジャングルにいるとされる少女）ですか。

實吉　あれとは違います。真っ裸です。なぜか着物を着たがらないんですって。

ご両親は普通の人ですよ。きこりのような人ですけど、着物を着ている。だけどその二人はもう小学校へ行ってもいい年なのに、なぜか嫌がって二人とも真っ裸。新聞記者が写真を撮ってましたね。

ちょっと頭がおかしいんじゃないかともいうし、知的遅滞児であって、教育機会をやればいいんだという説もありました。その後、二人の女の子はどうなったかわかりません。

そういう生態行動における異常児も出るわけです。それが大きくなっても両親に従わずに出ていっちゃって、野生生活をしていたら……。

山口　ターザン姉妹だ。

實吉　簡単にいえばターザン姉妹ですね。

山口　鹿児島の有名なターザン姉妹。ネットで検索したら当時の新聞記事が普通に出ますよ。かなり衝撃的な写真ですよね。あれは知的障害ですかね。

實吉　ニュース映画で見ましたけど、ちょっとはにかんだような顔をして体をかがめているから普通に近いように見えるけど、遅進児じゃないかと思うようなところがありましたね。そういう異常児、遅滞児、スパイ説その他で11あったんです。

山の民は珍しい存在ではなかった

實吉　今、11を全部挙げられるほど覚えていませんが、そんなに奇説を弄しなくてもわかることがちゃんとあるんじゃないかと考えたのは山男説です。山男は今申し上げた山住みの民族、サンカとかカワトとも言われましたね。

　彼らは彼らなりにちゃんと文化を持っていて、山の下に住んでいるわれわれ普通の日本人とは接触しないんですが、着物を着たいし、おいしいご飯を食べたいから獣を獲って、その肉や皮をふもとの決まった山市とか黙市（もくし）へ持ってくるんです。ふもとの百姓とか漁師とか、そういう普通の人と知り合いができて、彼らがそこへお米や魚を置いておくと、その中から欲しいだけ取って、それに値すると向こうが判断しただけの肉や皮を置いていくという習慣がありましてね。ふもとの人はそれが不足だったら受け取らず、ちょうどいいと思ったらお互い礼をして別れる。一言も話さないんで黙市（沈黙交易）というんです。そこは日本人ですから、どっちもどっちを騙さない。

山口　一言も話さないんですか。

實吉　一言も話さない。それについて書いているのは柳田國男です。だから私は間違いないと思う。

　私はあの方に私淑してました。今話したのは柳田國男がある雑誌に書いた「山男の家庭」という面白い話です。

　それに類似する話があちこちにあって、箱根の山で見た山男は普通の服装はしていたけれど何も話さなかった。ただ非常に身が軽く、山岳を行くに平地を行くがごとしって書いてありますよ。

　それから熊罠かな、そういう獣を獲る罠に素っ裸の大きな女がかかっていた。髪の毛が長くてほとんどお尻の下まで届いていた。それが死んでいたから話を聞くことはできなかったというような話が方々にあります。

　もちろん滝沢馬琴も書いているし、それから殿さまの書いた有名なのもありましたね。あれの中にもそういうのがちらちらと出てきます。

山口　『耳嚢』ですか。

實吉　『耳嚢』あたりですね。そういうのを見ると、山岳民族、第２の日本人というのがいたことは確かだと思う。それらが残存しているんじゃないか。
　今でも山の下の人とは付き合わないけど、まったく付き合わないと生活が成り立たないから少しは交流があるという人はいるのではないか。

山口　千葉県船橋市で、聞き取りを15年前くらいまでずっとやっていたんですけど、昭和30年代まで山の民が来ていて、おにぎりや米と何かを交換していたそうです。

ヒバゴンは「山の民の誤認」説の可能性が高いと意見が一致

山口　「サンカ」という言葉で一番古いのは江戸末期の広島藩の文献ですね。広島はわりとサンカの中心地でもあったらしいんです。それを考えるとヒバゴンは山の民の誤認であったということはあり得ると思うんです。

實吉　あり得るでしょうね。

山口　天野さんはどうですか、山の民の誤認だったという説は。

天野　猿人系だった可能性もあるのかなって思いますね。

山口　山の人が猿人と誤認されたということ？

天野　日本だけじゃなくって、他の国あるいは島とかでも行き来をしない村同士で言葉を交わさず、木の株の上に何か置いておくと、それを猿人みたいのが来てかっさらっていって、代わりに何かを置いていくという話はあちこちで聞きますね。

例えばマダガスカル島では、原住民の言葉で「人」という意味のオンバスという長い体毛が生えた裸人（らじん）がいて、お椀に飯を入れておくと、翌日にはハチミツが置いてあるそうです。

實吉　それ、黙市の変化したやつですよ。

天野　そうですよね。そういうのが世界中にあって、そういう山の民が毛深いUMAとして語られているのかなと思う。オランペンデク（インドネシア・スマトラ島の謎の類人猿）とかいろいろ言われてますよね。

日本でもそういうのがあり得るんじゃないですかね。昔の白黒の映画を見ていると、山男が熊とかイノシシの毛皮とか着てますよね。あんなもじゃもじゃの原始人みたいのが、それほど古くない時代にいたということがわかっていて、あれって昭和に近いんですよね。

實吉　昭和30〜40年代ですね。サンカ小説という一大ジャンルがあったんですよ。

山口　三角寛（みすみかん）ですね。

實吉　はい、三角寛です。

山口　「セブリ3代」というんですよ。一緒に住んで3代続くとセブリ（サンカの住むテントの意味だが、サンカを指す場合もある）の仲間に入れてもらえるんです。彼らが妖怪とか山の怪物のモデルになっている可能性はありますね。

『父・三角寛――サンカ小説家の素顔』（三浦寛子著、現代書館）の表紙に写る三角寛

實吉　彼らが、いろんな神隠しの原因になっているかもしれません。

山口　嫁としてさらっちゃう可能性がありますよね。

實吉　でも、さらったら決して捨てない。大事に育てるそうです。彼らはとっても義理堅いんだそうです。

編集部　「ヒバゴン山の民説」は説得力がある気がしますね。

實吉　はい。日本のUMAということですからヒバゴンに限って申し上げたんですが、天野さんがおっしゃった外国のものもそうじゃないかと広げて考えれば、雪男からいわゆる野蛮人、猿人は皆同じような歴史がある、過去がある。

天野　先ほど申し上げたオンバスも、移民に奴隷にされていた先住民族が、山奥へ逃げて生き延びていたという説があります。

山口　僕も野人の研究家の知り合いがいて、野人をずっと追っかけているんですよ。野人が出る場所に行ったら、結局山に住んでいる中国人一家がいて、その人たちを見て、野人だって言っていたみたいですよ。

　だから人がいないと思っているところに人影が見えたら怪物と思っちゃうのかもしれない。

實吉　各地方に不思議と似たような伝説があるんですね。ブラジルでもアフリカでも聞きました。

みんな違った名前です。

カクンダカリ（アフリカのジンバブエやコンゴに棲息するといわれる小柄な獣人）とかラウなんとかとか、ワウなんとかといった名前が付いているんですが、それは叫び声から来ているんだと思います。

山口　新宿で寝ているホームレスの人たちもひげぼうぼうで、髪も伸び放題で、あれ山ん中で夜に会ったら、僕が侍だったらすぐ斬りますね。毛皮着てたら妖怪だと思いますよね。

雪男はネアンデルタール人とクロマニョン人の混雑説も

天野　シベリアのサハ共和国の北方、ヴェルホヤンスク地区の雪男はチュチュナーと呼ばれるんですか、現地語で「逃亡者、追放者」という意味なので、オンバス同様、移民に追い出された先住民族説が有力です。

實吉　今、雪男さんが平板になっちゃいましたね。「雪男がいる」と初めて伝わった頃は、小さい雪男や、雪男の女版の話もよくあったんですよ。小さいのはイエティの子どもなのか、それともサルなのか。あんなところにサルはいるはずがない。いやいやいる。雪ザルというのがいるんだって、それは賑やかだったんですよ。

そういう議論がなくなっちゃって、今の雪男はみんな普通の人間、せいぜいネアンデルタールみたいなものにされちゃったね。

山口　ネアンデルタール人説というのは、先生はどう思われますか。

實吉　ネアンデルタール人に違いないというのは、ロシアのポリティノフ教授などの雪男探検隊を率いた人が発表した説だったね。

山口　先生と僕が一緒に出たTBSの番組で、ロシアの獣人アルマスの子孫のザナという女性のインタビューが流されて、その人の髪の毛を採取して持って帰ってきたとか言っていたじゃないですか。「調べてください」と頼んだけど、まだ調べてないいんですよね。

　ネアンデルタールのDNAがかなり強く入っていれば、すごく興味深いんですけどね。白人種には結構高い比率で含まれているらしいんですが、そこら辺がもっと出てくれば……。

實吉　そのあたりも白人の偏見があって、クロマニョン人はわれわれの先祖だけどネアンデルタールはそうじゃないと思っているみたいですね。彼らに言わせるとネアンデルタールは本当の蛮人だという。クロマニョン人は鼻は高いし、われわれの先祖だというような勝手なことを言っていますよ。

天野　2種の交雑というのはありましたかね？

實吉　もちろんあったでしょうね。

山口　結構あったみたいですよ。ネアンデルタールのメスはクロマニョンのオスに恋をしたらしいですから、ミトコンドリアのDNAの関係でたぶん混入してきているんでしょうね。

實吉　だから西洋人がよく言う「殺りくと征服の歴史」というのは嘘で、片っぽうがなくなった場合は性的に征服されてなくなったんでしょうね。

山口　交雑が進んだ、と。

實吉　交雑種ばっかりになっちゃったから、しまいには「俺のじいさんは誰だ」なんてこともなくなって、その末孫になると、どっちもどっちって言わなくなったということじゃないかな。もうどちらも同じ。どちらからも指導者は出るでしょうしね。

マウンテンゴリラ説・オランウータン説を検証する

山口　だから人類ってネアンデルタールの後、クロマニョンに変わったと思われていますが、同時期にフローレス原人もいたし、デニソワ人もいました。あともう1種類、未知の人類もいて、5種類くらい競っていて、最終的にクロマニョンに収れんしていったみたいですよ。

ただ、現在の人間の中にDNAが全部入っていますから、ひょっとしたら純血種に近いやつらが山奥にいたって話になると、類人猿系のUMAの正体というのはどうなるか。

實吉　「雪男を見た」という人の話を集めてみると、穴に住んでいるのもいれば、弓と矢を持っていたという話もあるんですね。それはかなり文化的な方の例です。

反対の方から行くと、前かがみで歩いていて、古代オランウータンみたいなところがあったりする。あるいは現在のマウンテンゴリラのようなね。

オスのマウンテンゴリラ

マウンテンゴリラはずいぶん寒いところにいるのもいますから、ヒマラヤにいるからといって凍え死ぬわけじゃない。そうすると雪男の中で最も原始的なものは類人猿にだんだん近づくでしょうし、中には本当の類人猿もいるかもしれない。

私は、かつては大いにいたとされる穴居（けっきょ）オランウータンというのは、その一つじゃないかと思っておりますけどね。

山口　日本にその類人猿がいた可能性はどうですか。いれば面白いんですけどね。

實吉　日本にはどうでしょうね。私の言った山男の中に、けものへんに柔らかいという字を書く「サンジュウ」というのがいるんです。それに翻訳者が「やまおとこ」というふりがなを振っちゃうから当たり前の存在になっちゃうんだけど、「じゅう」というのは中国系の毛むくじゃらの怪物ですからね。

怪物だからどっちとも言えないんだけど、怪物というのは現実的にいえばゴリラのような人間、オランウータンのような毛だらけの類人猿です。

ケネウィックマンとは何者か

編集部　ケネウィックマンはどうですか。アメリカの川でネイティブ・アメリカンよりも前に住んでいた白人の化石が発見されて、もともと白人がアメリカにいたんじゃないかという話で、一時期騒がれましたよね。

實吉　復元模型ができたやつじゃないですか。

編集部　そうです。

實吉　私はその記事は一つしか見てないんですよ。想像による肉付け模型というのを見たんですけど、その立派なことといったら、鼻は高いし首は長いしで、ローマの偉大な将軍ジュリアス・シーザーだっていっても通るぐらいですね。

それって白人の理想じゃないかという話ですよ。アメリカ人、あるいは白色人種の先祖がネイティブ・アメリカンよりも前にいたという話ですからね。だから立派な顔

ケネウィックマン（ケネウィック人とも）は、アメリカ・ワシントン州で発見された古人類の一種。1996年7月28日、コロンビア川の河畔でボートレースを観戦していた若者が人骨を発見し、警察に通報した。検死の結果、先史時代の人骨とされ研究機関に送付。発掘調査でほぼ全身の骨が回収された。死亡年齢は50代半ば、身長はおよそ175㎝で筋肉質だったと推定される。ヨーロッパ人の祖先だという説がある。

をしてなければいけない。

山口　もともと白人の土地だと言いたいための話であって、ひょっとしたら漂着した人が、たまたまコロニー（小さい国）を作ったのかもしれないですよね。

實吉　われわれの想像を絶するくらいの昔から白人も渡って来てはいたんですよ。海賊時代よりもっと前からね。行くつもりで行ったんじゃなくて漂着したかもしれませんけどね。

山口　漂着した白人の祖先がネイティブ・アメリカンの女をさらってきて、コロニーを作って暮らしていた可能性はありますよね。

だから今アメリカがやっている民主主義というのは、結局ネイティブ・アメリカンの部族連合を合衆国連合に置き換えただけなんですよね。合衆国の基本理念というのはネイティブ・アメリカンがつくったと言ってもいい。それを独立宣言に取り入れたから、白人としてはバレたくないんでしょうね。

ただ、アメリカではもう暴露されていることなので英文を読める人だったら知っているけど、日本ではなかなかそういうのは報道されない。生物学とか科学だと白人が一番偉いという方向に持っていって、人類の祖先は白人だみたいなことを言いだしかねませんね。

實吉　人類はアフリカから出発したというのが、もうすでに白人主導の考え方ですよ。

山口　同時発生説もありますね。先生は同時発生説？

實吉　同時発生の方に傾いてますね。白人、黒人、黄色人種に分けたりするけれど、知れば知るほど多種多様でしょ。そして残念ながら民族の間に差があることも事実でしょう。

いくら勉強してもレベルが低いところは低いでしょ。いつまでたっても低い人たちがあちこちにおりますね。中身としても外見的にも多種多様だとすると、あちこちで発生し、まだ成熟まで行っていないのもいるはずだ。

そういうのは僕らから見ると劣等民族じゃないか。今それを言っちゃいけないんだけれど、そういうのも現実としてある。

山口　アボリジニなども、ＤＮＡ的に特異なところがあると聞いたんですけど。ＤＮＡって調べていくと面白くて、日本人のＤＮＡでＹ遺伝子の中でＤ系統というのがあって、Ｄ系統遺伝子はＹ遺伝子中でも古いタイプのＹＡＰ型に分類されるんです。

これは日本人とチベットとインド沖のアンダマン諸島にしかない。だから日本人のＹ遺伝子ってかなり古いんですよ。アンダマン諸島と日本とチベットとイスラエルにつながりがある。

編集部　日ユ同祖論（日本人とユダヤ人［主に古代イスラエル人］は共通の先祖を持つとする説）の一つの根拠とされていますよね。

山口　ＹＡＰはそうですね。だから日本人って意外と生物学的には特異な民族ですよね。それを考えてみると面白いですね。

實吉氏の意見では「タキタロウは今でも大鳥池に棲息している」

山口　實吉先生、タキタロウはどうですか。まだ群れを成して、大鳥池に棲息していると踏んでいますか。

實吉　あそこは案外行きにくいところなんでしょ。だから最近の報道がないね。

天野　そうですね。釣りの解禁時と山に入っていい時期が合わさらないと行けないんですよね。冬だったんですけど、僕が行ったときは「入っちゃいけない」と言われました。冬は駄目みたいですね。

山口　冬は危ないんですかね。

天野　途中までは車で行けるんですが、そこから山道を3時間も歩かなければならないので、危険防止の意味もあるんじゃないですかね……雪降ってましたし。

山口　ツチノコを探すプロジェクトが地元で始まったと、少し前にニュースで見ましたよ。タキタロウも一応まだ探そうという意思は残っているんだと思う。

天野　僕が最後に行ったのが10年くらい前かな。おみやげ屋にタキタロウグッズが売っていたので、まだ村おこしはやっていると思いますけどね。鶴岡駅近くの定食屋に入ったら、タキタロウの魚拓があって、小さいですけどね、小型のは昔からたまに釣れていたらしい。

山口　小型でもいいからとりあえず捕獲してＤＮＡ検査をしないといけませんね。どういうものなのか正体をつかまないことには話が始まらない。

天野　でも地元のタキタロウ資料館にホルマリン漬けはあると聞いていますよ。

山口　ホルマリン漬けではＤＮＡは調べられないんですかね。

實吉　ＤＮＡ検査ができたとしても、どうでしょうかね。アメマス系のニッコウイワナ、オショロコマに近いアメマス、イワナ属の他のもの。いずれにしろイワナ属なんです。非常に似ている。もちろん交雑なんていくらでもできます。それから今挙げたうちのどれかがどれかを食うということもある。親戚同士が食い合っているようなものですね。

これは北海道大学の久保達郎先生、それから超有名な今西錦司（京都大学名誉教授・岐阜大学名誉教授）というような方々が、それぞれ今言ったような鑑定結果を発表している。それぞれの報道を伝えた新聞記者が「これでタキタロウの正体、わかった。万歳」というようなことを言っていたわけです。

ところが、それらの説を比べて私は驚いた。これでは非常に似ている人間と人間を比べているようなものでね。それこそ朝鮮人と日本人、ベトナム人と中国人などの、近くの人間を「違う」と言っているみたいなものじゃないかと。

今でもいると思うかって聞かれれば、敏太郎さんがおっしゃったよう

京都水族館で飼育されているニッコウイワナ

に、その池にもちろんいると思います。群れを成しているんだから、それは全滅してはいないはずだ。しかもどの種類であるにしろ、かなり長生きするようだから、知らないでうっちゃっておく期間が長ければ長いほど、また大物が出ると思います。

交雑が進んで独自形態になっている可能性も

山口　マスって交雑種がいっぱい出てきていて、このマスとこのマスが混じったやつで、何パーセントがこちらで……と書かれた論文を読んだけど、さっぱりわからなかった。こんなにバリエーションがあったら何が何だかわからないんじゃないかと思いました。ひょっとしたら、さらに交雑が進んでタキタロウが独自の形態、遺伝子構成になっている可能性もありますよね。

實吉　その可能性はありますが、それよりも、もうばらばらで何年たってもわからないという恐れの方が大きい。鮭鱒類っていいましてね、サケマス類ですね。その中のイワナ族ですから、地方亜種が何種類あるかもうわからない。

私は鮭鱒類ばっかり研究して何十年という方がお書きになった魚類学の本も一生懸命読んでみましたけれど、同定（分類上の所属や種名を決定すること）まで行くのが大変なんですよね。それぞれの種類の特徴や図を書いてらっしゃるんだけど、30年もやっている専門家でも「……ではなかろうか」と、必ず断言を避けている。

山口　ちょっとずつ違うやつがいっぱい出てきたら、どれがタキタロウなのか、よくわからないですね。

實吉　私が「それがタキタロウだ」と言えば、一つあることになるんですから。

山口　深海魚を引き上げるマシンを大鳥池へ持っていったら、湖底にいても絶対引き上げられると思うんです。あれで大型のでかい個体を捕れれば、結構真相が調べられるんじゃないかと思う。

どこかのスポンサーが何千万円か出してくれれば、クニマスがさかなクンのおかげで発見されたように、僕もすぐに調査に行くんですけどね。

實吉　スポンサーが現れてくれればいいんだけどね。

淵や沼には主がいてほしいというノスタルジー

天野　１９９０年代にＴＢＳの「どうぶつ奇想天外！」で捕獲プロジェクトをやっていて、プロレスラーの大仁田厚さんが行ったんですけどね。50㎝ぐらいの幼魚なら、一緒に行ったプロの釣り人が捕まえたらしい。

山口　それはＤＮＡ検査でわかったんですか。

天野　いつもそうなんですけど、その後、ニュースが来ないんです。

山口　それがおかしいですよね。先ほどのネアンデルタール人の子孫といわれる人も、奥歯が１本余分にあるとか言ってましたよね。

實吉　言ってました。でもどうもそういうのは、そのたんびにもう眉に唾をつけないと。

天野　あとは、なぜそんなに大きくなったのかということですよね。最大で2mにもなるっていうんですからね。

實吉　タキタロウやナミタロウに興味を持つのは巨大だからだね。60cm以下だったら魚類学の本にいくらでも書いてあるので、あったって興味ないですよね。

山口　淵とか沼に必ず主(ぬし)がいたんですよね。巨大個体だったたんですけど、そういうものに対するわれわれのノスタルジーがありますから、タキタロウがどんどん小ぶりになっていくのは非常に悲しい。

天野　最近2mとか聞かないですもんね。そりゃあ小さいのは、泳いでいるかもしれないけど。

山口　小さいのは燃えるものがないですよね。こんなんじゃ、どうでもいいじゃんみたいに思っちゃう。

實吉　水族館だったら水槽が大きくないから大きくならないですよ。

天野　大鳥池ってそんなに広くないのに（周囲約3・2km）、なぜあんな巨大なものがいるのかなって不思議なんです。いるって断定しちゃってますけど（笑）。

實吉　いるでいいんですよ。何かはいるんですよ。

天野　巨大な魚影の写真が撮られてますからね。

實吉　タキタロウという名前の怪魚かどうかは決めなくたっていいんです。専門家や偉い先生が鑑定した、同定したものからいっても大きくなるもの、長命なものなんですよ。1m以上の淡水魚なんてめったにいないんですからね。存在すると言われているだけなんです。

だから1m20㎝、1m30㎝と言われただけで「エーッ！」と反応しなければならない。ただし、あくまで淡水魚ですよ。河川か湖沼（こしょう）だけですよ。そこに1m以上のものがいたら、それはもうエーッと言ってかまわない。

ところがコイという誰でも知っているものは1m以上になるのがざらにいる。100年以上生きても何の不思議もない。だから、タキタロウに「コイではありませんか」とまず聞くのはまったく問題ない。一番の正体追究になります。

私が（手帳を取り出して）ここに控えておいたのは「ナミタロウは150年前に先祖を持つ」という説です。タキタロウにしろナミタロウにしろ、1m以上で驚くんですから、2mあったら本当に大怪魚。

天野　ですよね。ナミタロウは大鳥池よりさらに狭いところですよね。

ナミタロウは昭和のあるとき青年団が流したものか

山口　ナミタロウ（☞324P）は結局のところ、昭和に入って青年団が流したという説で確定ですか。

天野　え、そんな説があるんですか。

山口　地元の青年団が外来の魚を流したとかいう話があって、それで確定かなと思ったんです。

天野　それが大きくなっちゃった？　中国だかのソウギョとかああいうのですか。

山口　ソウギョとか、あの辺じゃないですか。もしそうなら、でかくなりますもんね。それとももっと前からでかい個体がいるのかな。

實吉　ソウギョ説は出ていると思いますけど、あれは目の位置が下でないからソウギョではないと思う。ソウギョは気持ちが悪いぐらいに目の位置が下ですよ。

山口　では考えられる正体は何ですか。

實吉　コイが一番わかりやすくて、なんの奇も怪もないんです。

天野　そっか。ナミタロウは実在しないんですかね。

實吉　コイは伝説でよろしければ7ｍ24㎝というのがいます。それが僕が読んだ記録の中で一番大きいやつです。『月堂見聞集』という江戸時代の本に書いてあって、居場所はなんと大坂城のお堀だというから、誰でも見られたわけだ。7ｍですよ。すると、まさに「コイノボリ」より大きなコイがいたことになります。

天野　「巨大コイ説」は自分の本にも書いていました。

實吉　巨大コイ説をメインにお書きにならなければ、それはおかしい。センスがおかしい。

山口　コイはどれぐらいの寿命があるんですか。
實吉　コイは100年なんて楽に超えますよ。
山口　江戸時代の記録で、隅田川に巨大なコイがいて、一回釣り上げたけど貴重だからって逃がしてやったら、幕末くらいに死骸になって発見されたという話があるけど、そういうコイが昔の川にはいたみたいですね。
實吉　いたんじゃないですか。市川団十郎だったか有名な歌舞伎俳優が巨大コイを釣り損ねて悔しがっていたら、コイの方も恨んでいて、2度目に釣り損ねたときに横っ腹をしっぽで打たれて、ずいぶん長いこと（気を失って）寝ちゃったという話があるんですよ。

名古屋城の堀にアリゲーターガーがいる

山口　城のお堀といえば、名古屋城のお堀のアリゲーターガーもずいぶんでかくなってますね。あれ、もっと大きくなるかもしれません。あれでも指とか食いつかれたら危なくないですか。かまれる子どもとか出てくるんじゃないですかね。
實吉　出てくる恐れがあるでしょうね。のこぎり二つ合わせたような口をしてますから。
天野　あのままだと食い物がなくなっちゃうんじゃないですかね。
實吉　途中で成長が止まっちゃうよね。

2016年4月30日に大阪府東部を流れる寝屋川で、北米原産の大型魚アリゲーターガーが2匹釣り上げられたと報じられた（写真はシンシナティ動物園で撮影されたアリゲーターガー）。

天野　ですよね。餌はどうしているんだろう。

山口　お堀って、餌がないイメージがあるけど、落下した昆虫とかを食べているのかな。

實吉　いや、それくらいの餌では大きくなれないと思いますよ。

天野　あの巨体を維持するには難しいですよね。

實吉　日本人というのはこっそり餌をやる癖がありますから、慈悲深い方がいて餌をやっている可能性がありますね。そういうご親切はやめてくれって言いたい。ひょっとしたらドッグフードをやっているかもしれないくらい、お慈悲深いからね。

山口　アリゲーターガーって結構でかくて、2mぐらいになりますよね。

實吉　あれはかなりでっかくなります。大怪魚ですよ。

山口　大都市の真ん中で、あんなでかいやついたらまずいんじゃないのかな。7年間もいるって、最近問題になっていますけどね。

實吉　最近、アリゲーターガーが出てきたのは危険動物としてですよ。あれをまた危険動物に仕立てようというんだ。多摩川でアリゲーターガーの70〜80㎝ぐらいに成長したやつが見つかっていますからね。

もうじき、「多摩川で泳ぐとワニにかまれるぞ」という話になりますよ。アリゲーターガーにかまれる人がいて、「ワニにかまれた」といって騒ぐのじゃないかと予想されるからです。

山口　一時期、ワニ騒動も日本でありましたよね。でも最近ワニ騒動は聞かなくなったな。

日本にも人間を呑み込むくらいの巨大ナマズがいた？

山口　ヨーロッパオオナマズみたいのが日本にいれば面白いですよね。あれは完全に怪物ですもんね。

實吉　日本にいたナマズから人間の頭蓋骨が二つ出たという話がありますね。人間の頭だけがどこかから流れてくるわけがないから、人間を呑み込めるくらいのナマズがいたんじゃないですかね。

カザフスタンで捕獲されたヨーロッパオオナマズ

山口　水死体をパクッとやった。

實吉　あるいは飛び込んだ人をパクッとやったのかもしれないけど、そういう巨大ナマズが日本にもいたんですね。

山口　鹿島神宮で「ナマズずし」というのを食べましたよ。ナマズをすしにしているんです。おいしくはないですけど我慢したら食べられる。地震の神だから縁起物として一度食べてみようかなと思ったんですよ。

天野　白身ですか。

山口　白身でした。

實吉　あそこには地震ナマズの頭を押さえているとされる「要石」があるのにな。それをおすしにすることはない気がするけど（笑）。

浜名湖の怪獣「ハマちゃん」は警官も目撃して新聞も取り上げた

編集部　では次は、敏太郎さんが考えるベスト5を挙げてもらえますか。

山口　僕は1位にタキタロウ、2位がヤマピカリャー、3位がハマちゃん、4位がニホンオオカミ、5位がタレントの蛭子能収（えびすよしかず）さんのお兄さんが釣り上げたモササウルスかな。

ヤマピカリャー（☞349P）はイリオモテヤマネコではなく、イリオモテオ、オヤマネコという大型のネコ科の生物で、その言葉の意味は西表島（いりおもてじま）の方言で「山の中で目の光るもの」という意味なんですね。

1965年に作家の戸川幸夫氏によって発見されたイリオモテヤマネコは、国の天然記念物となっていて手厚い保護を受けていますが、ヤマピカリャーはこのイリオモテヤマネコとは別種の大型のネコ科の生物であると解釈されています。体長はイリオモテヤマネコより明らかに大きくて、

80～120cmほどであるといいます。

ヤマピカリャーの正体に関してですが、沖縄のお隣の台湾に棲息するヒョウの一種「ウンピョウ」と特徴が似ているという指摘があります。確かに、西表島のある八重山諸島は数百万年前まで中国や台湾と陸続きであり、その頃アジア全体にヤマネコが棲息していたのは事実です。

ヤマピカリャーの特徴は、体色が茶色であり、ヒョウのような斑紋があり（上半身のみ斑紋があるという目撃証言もある）、木の枝から枝、岩から岩へと俊敏に飛び移り、3m以上もジャンプするといわれています。また親子連れのヤマピカリャーの目撃談もあり、尾が地面に付くほど長いのも特徴です。

一方で、ヤマピカリャーの実在に対しては否定的な意見もあります。逃げ出して野生化した飼いネコを、目撃者が見間違えたのではないかというんですね。確かに逃げ出した飼いネコは巨大化することがあるらしく、1m近くまで育った事例があるようです。また、三宅島で一時期ヤマネコ騒動が起こりましたが、それは逃げ出した飼いネコが巨大化したものでした。

しかし、ヤマピカリャーの場合、目撃者の多くが猟師であり、動物への観察眼は一般人よりはるかに優れており、飼いネコの巨大個体との誤認とは言い難いのではないか。

次の「ハマちゃん」というのは浜名湖に出現した生き物で、僕がそう名付けたんですけど、2011年、2012年と2年にわたって出ているんです。

水中に毛むくじゃらの細長い生物が泳いでて、それを浜名湖漁業組合の漁師さんと警察官が2時間肉眼で確認。潮も吹いていなくて背中がちょっと隆起している写真が静岡新聞にしっかり載ったんですよ。何十年も漁師をやっている方も初めて見たそうです。

警察官も「確かに巨大生物がいた」と言っているにもかかわらず、懐疑的な意見を言ってくる人がいるわけですよ。「どう見ても深海生物の、例えばリュウグウノツカイの毛むくじゃらのものだ」とか言ってくる。イヌみたいな毛がびっしり生えていたらしいんです。

實吉　イヌみたいに毛がびっしり生えている魚なんているわけないじゃないですか。

山口　いないですよね。細長いものなら、太平洋にアヤカシというのがいるんですよ。船をまたいで油をいっぱい落としていくという蛇体みたいなやつです。

あれと似ているのかなと思うんですけど。深海にはまだわけのわからないやつがいるんですよね。７〜８ｍあったといいますから相当でかい。

天野　数年前に出た浜名湖の海獣とは違うもの？

山口　同じかもしれないです。だから静岡新聞に言えば写真は貸してくれると思います。

天野　去年、浜名湖に行ったんですよ。海水と淡水が混じっている汽水域(きすい)というのは、正体不明の生物がよく出るんですよ。でも、そのときは見れませんでした。

山口敏太郎氏が選ぶ	実在の可能性がある日本のUMA		
1位	タキタロウ	2位	ヤマピカリャー
3位	ハマちゃん	4位	ニホンオオカミ
5位	蛭子さんのお兄さんが釣り上げたモササウルス		

山口　あのあたりは毎年出るらしいですね。

天野　ということは、ハマちゃんは海洋生物が来たっていう感じなんですか。

山口　僕は海底地震みたいなプレートの移動があったり、プレートの移動で高周波や電磁波が放出されているとか、何か海で異変が起こって出てきたんじゃないのかと思っているんですけどね。

本当の教養・知性とは常識外れの存在を抵抗なく認められること

實吉　そういう話題を中央が真面目に取り上げてくれないから、皆さんおっしゃらないだけで、あのダイオウイカなどは昔から日本中でちゃんと捕れていたじゃないですか。

天野　そうですね。

實吉　それがにわかに始まったんですね。そうすると4ｍぐらいでも驚異的って言うんです。あんなのは驚異的じゃない、小イカです。

言ってみれば、そんなものであって、海の国・日本に生まれながら海の深遠さをまだわかっていない。仮に私が100分の1知っていると思ったら、それだってすでに大うぬぼれであって、1000分の1も知らないです。

山口　いや、そうですよ。人間の知識なんて大したものじゃなくて、まだまだなぞの生物がいると思っておかないと、珍しい生き物が見つかっても、「なんでそんなのがいるんだ。いるわけない」

と頭から否定してかかるんですね。

實吉　そこがわかるかどうかが本当の教養で、今まで想像力と言っていたんですよ。でも想像力というと、小説でも書ける人と書けない人の区別みたいになっちゃうんです。

そうじゃない。本当の教養とか知性というのは、そういうものの存在を頭で抵抗なく認めることができるかどうかなんです。

1954年にノルウェーで発見されたダイオウイカの死骸

山口　そうですよね。だから、おのれの無知を自覚して、もっと新しいものを吸収したいと思う気持ちを持たないと人間は駄目になっていく。

天野　おっしゃる通り。

實吉　私が新人動物学者と言われていたときに、一番頭に来たのは褒められたときなんですね。どうやって褒められたかというと、私は高級な常識人であるというような顔をした批評家が「マニアぶりが微笑ましい」と言うんですよ。これ言われるぐらい腹立つことはない。

編集部　失礼ですね、本当に。

實吉　失礼でしょう？　自分はそんなこと全部知っているんだけれど、おまえは今頃それに気が付いたのか。あるいは、そんなことを喜んでいて、かわいいという。そういう言い方をするんですよ。

編集部　あたかもそういうこと言う人が知性があるみたいな顔してね。

實吉　そう、知性があるような、常識のある人間みたいな顔をして、そんなことは信じないけど笑って許容してやろう、頭なでてやろうみたいなね。

山口　子ども扱いですね。

實吉　子ども扱いです。向こうとしては育てている気でいるんだから、たまったもんじゃない。彼らに何を言われようと一切無視することにしました。わざわざけんかする必要もないから黙っていました。

地方紙レベルの報道を調べれば知られざるUMAネタがある

山口　僕が挙げた5位までを説明でフォローするとすれば、蛭子能収さんのお兄さんが釣り上げたモササウルスの話ですね。僕これにすごく興味持っているんですが、長崎の地元の新聞に載ったスケッチを見ると、特徴が明らかにモササウルスでした。

だから日本近海で五島列島あたりにモササウルスがいるとすれば、すごく興味深いなあと思うんです。このように**ローカルな報道で止まっているUMAというのをもっと引き上げていけば、あそこの漁港でこういうのが上がったなどの話は、ずいぶんあるんじゃないか**という気がするんですけ

モササウルスは白亜紀（約1億4300万年前から約6500万年前まで）後期に棲息していた巨大な爬虫類で、モササウルスとは「マース川（フランス語ではムーズ川）のトカゲ」を意味する。

どね。

編集部　その記事、写真も出たんですか。

山口　写真は出てないです。くさいからしばらくして捨てちゃったみたいです。何かパーツの一部でも切り取っておけばいいのにって思うんですけどね。先生、モササウルス、あり得ますかね。

實吉　あり得るにしては、あいつはちょっとグロテスク過ぎるんだ。

山口　いたら人気が出そうですけどね。

實吉　大怪物ですから、大いに人気が出るでしょうね。イクチオサウルスよりも、とげとげがあるだけモササウルスの方はショックが大きいわけです。

　だから、いてほしい場合はモササウルスの方がはるかにニュース価値がありますね。

山口　そうですよね。だから地元だけで知られているUMAというのは非常に多いんじゃないかと思いますね。

實吉　そんなの誰も知らないというのは、たくさんありますものね。

編集部　今ネット社会になったとはいえ、地元で発見されたものって誰かが話題にしなければ、なかなか広がらないですものね。地方紙の判断で追いかけるものは追いかけるっていう状況なんでしょうね。

山口　そうですね。地方紙で熱心なところと熱心じゃないところがありますね。例えば江戸時代の記録でも、阿波徳島藩で堀に巨大な生物がいたというのがあるんですよ。

35、36年前、僕が中学生ぐらいのときに徳島新聞でちっちゃく報道していたんですけどね。その江戸時代の武士が描いた見取り図を見ると、どう見ても現生の動物とは思えない、プレシオサウルスみたいなやつを描いているんです。

イクチオサウルスはジュラ紀（2億1200万年前から1億4300万年前）前期に棲息していたイルカのような流線型のフォルムの魚竜で、体長2m程度。大きな背ビレがあり、四肢はヒレ脚となっている。

阿波徳島藩の堀ってそんな大きくないんですよ。だから川から水でも引いていて、そこから入ってきたのかなとも思うんですけど。これは一体何だろうという記録がずいぶんありますね。

實吉　あります、あります。方々にありますよ。

山口　そういうのをもっとまめにデータベース化して拾っていく必要がありますね。

編集部　敏太郎さんが監修するサイト「ＡＴＬＡＳ ミステリーニュースステーション」でも、地方レベルの知られざる面白いネタを拾ってもらえるといいですね。

江戸時代に妖怪とされたものの一部はUMAでは

山口　僕は、**江戸時代に妖怪とされたものの中にこそ、UMAの情報があると思って拾っているん**ですけど、生半可なＵＭＡファンが、「それは妖怪だろう。江戸時代は迷信深いバカなやつしかいないんだから、江戸時代の人が記録したものなんか採るな」と言ってきたりするんです。これは大きな間違いですね。

實吉　そういうこと言う人がたくさんいますね。

山口　江戸時代には数学とか天文学とかでインテリジェンスのある人たちがいて、世界でも有数のインテリ国家であったのに、江戸時代の人＝迷信深いというすごい決めつけてくる。むしろ現代人の方が迷信深いんじゃないかと思いますよ。

實吉　関孝和（たかかず）とかすごい人がいましたよね。現代人の方がよっぽど退化していると思いますよ。妖怪感覚や超自然現象を受け入れるかどうかじゃなくて、一般にそういうことに対して感覚が退化していますよ。

それは科学的合理主義というものを信じ過ぎ

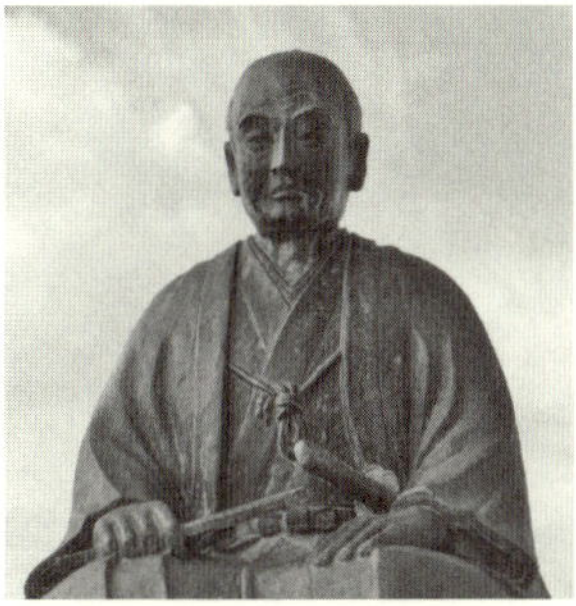

関孝和（1640頃～1708）は江戸前期の数学者で関流和算の祖。筆算式の代数学や方程式の研究、行列式の発見、円に関する数式の樹立など、日本独自の数学である「和算」を確立した。その水準は同時代の西洋の数学に匹敵した（写真は群馬県藤岡市・藤岡市民ホールに屋外展示されている関孝和像）。

ているからです。私の若い頃は「何かちょっと出るんだよ」とか「だから怖いんだ」と言うと、「それは迷信だ」とやっつけちゃった人が一番偉かった。そういう人が今でも尊敬されている。

そういう知識がすっかり一般の人の中にも普及しているから、江戸時代は封建時代で徳川幕府の下にみんなひれ伏していたんだとか、侍は庶民を斬っても「斬り捨てごめん」で許されるとか、嘘ばっかり。侍が庶民を刀で斬ったら殺人罪です。すぐお奉行さまに訴えられますよ。

山口　そうですね。UMAに関しても勝手な決めつけが多い。例えば、いろんなお触れ書きみたいなものの中に、会津で鼻が長い巨大生物がいるとあるんですよ。これは何だろうと。

あと仙台伊達藩の屋敷に落下した単眼の雷獣、あれも見たことない獣なんですよ。こういうわけのわからん動物が出たというのは、結構あったんじゃないかと思うんです。それを全部、江戸時代の人が妄想で書いているとは思えないんです。寸法も採っているし、ちゃんと描写、スケッチもしているから。

僕は埋もれている情報がもっともっとあるんじゃないかと思うんですね。

ゴートマン＝バフォメットではないか

實吉　江戸時代というと、あるいは日本のものというと、なぜか興味を持ってくれないんです。なぜか自分の国をバカにする。そこにまで自虐史観が入っているんです。実に情けないことです。

山口　UMAを否定する一方で、シャギー（半人半獣の怪物）とか、ドッグマン（犬男）とか、ゴートマン（ヤギ男）とかを実物の生物だと信じているやつがいる。いやいや生物学的にはゴートマンの方があり得ないよねみたいな。

實吉　ゴートマンでいえば、キリスト教ではヤギを悪魔視していることをちっともわかってないでしょ。ヤギというものは悪魔の使いであって、いつも悪魔はヤギの姿で表されるんです。

オスのヤギですよ。必ず股開いて下品な格好をしている。ワルプルギスの夜、あれ式なんですね。それを知らないんだ。

山口　そうですよね。あれ絶対サバト（土曜日の夜に開かれるとされていた魔女集会）ですよね。仮面をかぶって儀式していたのを見て、「ウワッ、化け物だ」となっているだけですよね。顔だけヤギだ

ゴートマン（YouTubeより）

ヨーロッパのキリスト教文化では、ヤギは悪魔の象徴とされることが多い。これはギリシャ神話のパンなどのようなキリスト教の公教化以前の先行宗教の“異教”神たちにルーツがあると思われる。画像はキリスト教の悪魔の一人で、黒ミサを司るバフォメット

なんて、そんな進化の仕方はないですものね。そんな生物はいない。

それを認めているやつらが「山口はすぐゴートマンと妖怪の話を絡めようとするからバカだ」とか言うけど、「おまえの方が生物学の基礎がわかってないよ」と言いたい。

UMAを語る前に動物について知ってほしい

實吉 もう一歩突っ込んで、「ヤギの実物を扱ったことあるのか」と聞いてみてください。ヤギって、ふいに後ろ足2本で立ち上がって、角（つの）を振り込むようにしてけんかするんです。子どもはヤギにいたずらするからよく知っている。
これはどういうことかというと、ヤギは「山の羊」と書く、すなわち山地性の動物です。山の上でとんがった岩の上でオス同士けんかをするから、こういう格好になるわけです。
山口 後ろ足2本でバランスが取れるように……。
實吉 カチカチッとぶつかっても落ちないけど、もし落ちたら勝負がつくわけです。ヒツジは愚かで平原にしか立てないから後ろ足でも立てない。誰か1頭が駆け出すと、盲目的に後をついて行っちゃう。ヒツジを見ていると、独裁者がどうして出るかわかりますよ。
われわれは、ヤギ・ヒツジって同じようにイメージするけど、とんでもない。全然違います。
山口 そうですよね、角の形状も明らかに違いますし。

實吉　類縁関係からいえば、いとこ同士ですよ。けどシートンも書いていますが、19世紀かな、西部劇の時代に、ヒツジをまとめるためにヤギを中に入れておく、という習慣があったんです。

山口　へえ、ヤギを入れておくんですか。

實吉　数十頭のヒツジに対して1頭のヤギを入れておく。そうすると「このヒゲのあるいとこを尊敬して」（とシートンは書いているんですよ）、ヒツジたちがその周りに寄ってくる。

ヤギは背が高いからわりと慎重に行動する。そうするとヒツジたちもオオカミに対してちゃんと行動ができるので、牧羊犬よりも役に立つというんです。牧羊犬は高額だからね。

シートンが書いた小説の主人公・狼王ロボは凶悪で、そのヤギを真っ先に殺してしまうんです。群れのリーダーを先にやるわけです。だから頭がいい。あとは全部皆殺しだ。

シートンはオオカミが人間の頭蓋骨をかみ砕こうとするところを描いた絵を発表した。

山口　頭いいですね。

實吉　頭いいでしょ。そういうことをシートンはちゃんと書いている。それを絵に描いてアメリカの画壇を驚倒させた。

一方で、オオカミが人間の頭蓋骨をかみ砕こうとしているすさまじい絵を発表し、「人類の敗北」と題したものだから、全米が大ショックだったというエピソードもあります。

ＵＭＡ研究にはキリスト教や幻想文学、民俗学等の知識が必要になる

山口　ＵＭＡだけを研究している人って本当に視野が狭くて……。僕はＵＭＡにはキリスト教からの影響があるよとか、幻想動物としての背景があるよとか、日本だと民俗学の影響があるよとか主張しています。例えば、シャギーは「ガラダ」という言葉を発するんですが——あれは僕は古代ユダヤの魔法の呪文だと思っています。
　そういう話を書いたらＵＭＡ研究の大御所の先生からお手紙をいただいて、「長い間の謎が氷解したよ。ありがとう」と言ってくださった。だから視野を広げて別の研究をしてからＵＭＡに戻ってくると、何か新しいものが見えてくるんじゃないかなという気はしますね。

實吉　もう一つ江戸時代のことを言うと、日本の江戸時代は非常に文化的で、今よりも進んでいたということは、今のいわゆる保守の評論家は盛んに書いていますね。しかしまだＵＭＡ好き、お化け好きのような方には広まっておらず、相変わらず侍が人を斬っているというイメージを持っているんですね。
　そういう意識を引き上げないといけないです。

山口　侍＝軍国主義で、侍は野蛮なものと決めつけたい人たちが日本の教育を仕切ってきたから、江戸時代は封建社会でひどかったことになっている。でも意外とさばけた時代だったと思うんで

す。

實吉　そうですよ。だって今の日本人を見ればわかるじゃないですか。そんなに厳しい身分制度があったとは思えないですね。

動物の遺伝子上の変化が示す、ＵＭＡ実在の可能性

編集部　今挙げていただいたベスト5以外に、実在していそうな日本のＵＭＡは特にないですか。

山口　まだまだあります。僕、もうちょっと既存の生物の見直しが必要だと思っていて、四国のニホンカモシカとツキノワグマのＤＮＡを調べてみたら、それぞれ本州のものとだいぶ違っている。もう亜種として認定してもいいぐらい違うという話が出てきているんですね。

四国という島に封印されているから特別で、別のグループへと外れつつあるのかな。あと３００0年ぐらいしたら、「似ているけど、ちょっと違うぞ」という生物になるんじゃないか。

京都大学が実験で、ショウジョウバエを暗闇で育てると、50世代ぐらいでもう闇夜に慣れたショウジョウバエができるというんですよ。ということは50世代で大体変異が起こる。

それをそのまま哺乳類に置き換えることはできないかもしれないですけど、可能性があるとすれば、やっぱり数千年レベルで動物の遺伝子上での変化が起こるんじゃないかと思う。そうなると３０００年後には四国のクマと四国のカモシカが本土のものとは違う生物になっている可能性がある

んじゃないかと思うんです。

實吉　そうか、そういうことですか。

山口　そういう面白さを「UMAはいない」と言っている人に突き付けたいなと思っています。だから結論としては、今でもUMAは増えている気がしますね。

大蛇は今もどこかにいる可能性が高い

山口　先ほど話した「ハマちゃん」という浜名湖の生物はいる可能性が高いと思います。あと大蛇について言えば、いまだに日本に10m近い大蛇がいるかっていう議論になるんですけど、四国の徳島の剣山(つるぎさん)とか、最近は尖閣諸島に巨大な大蛇がいるという話がありますね。

江戸時代のドラゴン＝竜を退治したという書物を読んでいると、明らかにワニを武士が退治しているんです。ワニがいるなら、流木にヘビがしがみついて東南アジアから日本に来て、土着した可能性もあるんじゃないかと思って、大蛇伝説はちょっと可能性を見出しているんです。

僕の親戚の中にも明治時代に大蛇を見て、3日3晩うなされて死んだ人がいますからね。100年ぐらい前には普通にそういう大蛇がいたんです。

天野　アジアの外来種、ニシキヘビの外来種って感じですね。

山口　ニシキヘビの外来種がいた可能性はあるんじゃないでしょうか。

天野　ひょっとしたら初めはそんなに大きくなくて、日本に来てからおっきくなったとかね。
山口　可能性はありますよね。
實吉　問題は冬眠です。外来種の大蛇がわが国で、どうやったら暖かいところで過ごせるかということですね。
40、50㎝の穴を掘れれば地面の下は暖かいんだよね。だから何も大きなほら穴を見つける必要はないんだけれど、それを自分で掘れるか、どうやって掘るか、自力で掘れる大蛇がいるか、ですね。
山口　他の動物が掘った穴を再利用するとか？
實吉　そうでもしないとね。そういう選択肢がないと駄目です。
山口　ニシキヘビは穴があれば越冬できますか？
實吉　その穴の奥が40度ぐらいで、クマのほら穴ぐらいあれば大丈夫でしょう。クマのほら穴でヘビは生きているんですからね。
山口　では、クマが放棄した穴を再利用した可能性はあるということですね。
實吉　そんな大蛇が1匹か2匹いて、10年、20年、毎冬そこで過ごしたら、大きくなって出てくるということも考えられますね。それも一説だね。
山口　これもツチノコと一緒で、オロチ伝説というのが昔からあるんですけど、まんざら全部が嘘とは言えないような……。

大蛇がいない日本でなぜオロチ（大蛇）伝説は多いか？（画像は『日本略史』に描かれたヤマタノオロチを斬りつけるスサノオ［画・月岡芳年］）

實吉　オロチ伝説はたくさんあるんだから、何かはよりどころがあっていいはずなんですよ。河口に上がってくるワニというのは、今だっていますからね。

潮流の具合で日本にはなかなか達しないけど、それでも来ないとも限らない。

天野　奄美大島にもワニが流れ着いたという話がありましたね。幕末に記録が残っていて、昭和に入ってからの話もあります。

實吉　奄美大島か。奄美大島だと暖かいからまだ見込みがあるな。

天野　そのワニは捕まってしばらく飼われていたけど死んでしまい、剥製にされて、奄美大島の「瀬戸内町立郷土館」にガラスケースに入れられてますよ。1mに満たない程度でそんなに大きくないですけど、フィリピン沖の黒潮に乗って流れ着いたらしいです。同様の例は、西表島から八丈島にまで及んでいます。

實吉　中にはイリエワニやナイルワニのように、ほとんど海で暮らすやつもいますからね。それが子ワニだったら波にさらわれて、泳げるとしたって、魚じゃないんだから抵抗しながら流れ着いて、まだ暖かければ、そこで生きていかれたでしょう。

日本の本土にもということになると、可能性は1000年に一遍ぐらいになるかもしれないけれど、ガラパゴスに比べたらずっと可能性はあるよね。ガラパゴス島なんかにあんな重い、一歩も泳

イリエワニは全長7m。ワニの中では最も獰猛な種類の一つで、人食いワニとしても知られる。

ナイルワニは全長7m。本来は淡水生であるが、海水中でも生活する。

げないゾウガメがいるじゃないですか。あれは1mも泳げないんですよ。

でも、流木がそのとき上がっていたなら、その後ないのはどういうわけだ。それに、その流木が発したはずのコロンビアになんで痕跡がないのか。では東南アジアの方にあるかっていえば、やっぱりないですね。

山口　明治のサーカス団とかがヘビを使っていて、戦争中（昭和初期）に解散したとき養えないからということで山に捨てたという話を聞いているんですね。あれが野生化したら、1970年代ぐらいまでは十分生きていたんじゃないかと思う。大蛇の写真とかも、僕、持っているんですけど。

實吉　30年ぐらいは生きますよ。うまくいければ、70年でも生きますよ。

山口　そうですね。そうすると僕らが子どもの頃、昭和40年代、50年代までは生きていた可能性があるかなとは思うんです。

實吉　そうすると四国の剣山の大蛇というのも嘘じゃなかったんだ。

山口　地元の町会議員とか僕の知り合いのお父さんとか、当時は探検隊に行った人たちがまだ現役でいらっしゃいましたけど、みんなかなりリアリティーを持ってらしたみたいですね。だから大蛇の存在は堅いんじゃないかと思っているんです。

實吉　そうしたらカイギュウより有力なわけだ。

一度に20人を呑み込む伝説の大蛇ボイウーナ

天野　オオアナコンダの巨大なのも、ちょっとＵＭＡっぽいですよね。

實吉　オオアナコンダの巨大なのもそうなんですが、他にボイウーナという伝説上の大蛇がおりましてね。この大蛇は何か決まったときじゃないと現れないという。

アナコンダは南アメリカのアマゾン川流域に棲み、アジアのアミメニシキヘビとともにヘビの世界最大を競うほど大型で、「アマゾンの主」と呼ばれる。全長４～９ｍ、例外的には11ｍを超えるものもあるという。

全長50ｍ以上のアマゾンの精ボイウーナ

これを言わなければ信じるんだけど、黄金色に輝いているというんですよね。あまり大きいもんだから一遍に20人ぐらい食べてしまうとされる。

山口　すごいですね。

實吉　問題はそこから先なんですよ。食べられちゃった人たちは腹の中で何年でも生きていて、ボイウーナがだんだんに溶かしていって、ゆっくりゆっくり自分の養分にするので、その間、死ぬことができないという。中にはいつまでも溶かされないのがいて、その人たちは永久に地獄へも天国へも行かれないというんです。

これがボイウーナという怪蛇ですね。おそらく超大型のアナコンダとしか解釈のしようがないですね。

山口　面白いですね。で、アナコンダに退化した小さい手があって、それで交尾のときにメスを喜ばすとか。

實吉　それは普通のニシキヘビじゃないですか。

山口　ニシキヘビですかね。アナコンダにもあるって聞いたんですけど。

實吉　アナコンダにもあったかな。

ヘビとTレックスの退化した手はメスを喜ばせるため

山口　アナコンダ以外にも、ヘビの小さい手って、交尾のときにメスの背中をコリコリやって気持ちよくするんですってね。

實吉　そうです。爪が1本だけ残っているんです。

正確には後ろ足の痕跡で、肛鱗（こうりん）（肛門に蓋をする役割のウロコ）の左右にわずかに突き出しています。

羽毛があったという説に基づいて作られたTレックスの模型（ポーランドで撮影）

山口　Tレックス（ティラノサウルス）の手がなぜ退化したのかをこの前調べたら、Tレックスの6000年前の先祖の恐竜にもこういう小さい手があったんですね。退化ではなくて、小さいなりに意味があって、そのヘビの交尾と同じようにTレックスも交尾するときにメスの背中をコリコリやるためだという。

實吉　あんなに小さいと、何か意味を見出さないとね。

山口　そうですよね。普通は消えてなくなりますよね。

實吉　あの大きさでは消えてなくなっても、攻撃にはかまわないですからね。

山口　脚とあごがありますからね。しかし手にも180kgぐらいの力があるというから、われわれ人間は捕まれたら死にますね。

ティラノサウルスはどうやって寝ていたか

實吉　普通は死にますけど、ある学者は人間と腕相撲したら、人間が勝てるだろうという。というのも、Tレックスは転がったら起きられないから、うつぶせに寝たに違いないというんだ。あの小さい手は起き上がるときのつっかえ棒にはなったろうと言うんだけど、あの巨体が起き上がれるとしたら、いくら小さくたって両手には上体を起こすぐらいの力はあったんだろう。上体だけを起こしたら、今度は反動で起き上がらなければ、後ろ足が立てられないでしょう。後ろ足を後ろへベターンと伸ばしているはずだから。

山口　では、うつぶせに寝たのは間違いないんですか。

實吉　そのはずです。うつぶせに寝たのは間違いないんですか。それ以外は眠りながら安定する姿勢がないですからね。

うつぶせですからペタッと真っすぐになっている。まず前足を地面に突っ張り、後ろ足を伸ばしながら腹を地べたから離す。そしてでっかい頭を後方へ振り上げ、反動をつけて、尾の重さを借りて、ぐーんと立ち上がったんだろうと、行動学者は言うのですがね。

山口　僕、キリンみたいに立って寝ていたのかなと思っていたんですけど。

實吉　立って寝ていたとしたら、安定したでしょうかね。後ろ足がずいぶん深いところから付いているしね。あの尾っぽがないと、しゃがんだ感じにもなれないぐらいアンバランスですよ。

上体が重いしっぽでグイッて支えられて安定しているから、しばらく休むのはできるけど、本当に寝ちゃうためには、ひょっとしたら、あいつら食料がない時期とか長期にわたって休眠をしたかもしれないですね。

そして目を覚ましたら、ちゃんと起き上がれなければいけないので、この間、安定した姿勢を取れなければいけない。メス・オスともに小さな腕でもいいからあってくれなければ困る。

大蛇の後ろ爪はメスにはないんですから、オスは引っかき専門で、メスは喜ばせてもらえばいい。ところがティラノサウルスにはメス・オス両方に前足があったとすると、メスにも必要な理由が何かあったんだろうね。

山口 メスも使う理由が何かあったんでしょうね。

實吉 アロサウルスはかなり大きい手を持っているのに、ティラノサウルスはそうじゃないんですからね。

山口 そうですね。絶滅した動物はこうやって話しているだけでも面白いですね。

實吉 絶滅した動物は面白いです。

松戸のマツドドンはアザラシか、マスクラットかヌートリアか

編集部 それぞれ5位まで出していただいたので、ここからはUMAが実在のどの動物と誤認された可能性があるか、例を挙げてお話しいただけますか。

天野 実際にいた動物でUMAと誤認された例ですよね。2000年に岡山県吉井町（現・赤磐(あかいわ)市）で死体が発見されたツチナロ（ツチノコに酷似したヘビ）とかマツドドンとか。ツチナロはヤマカガシの奇形だって、川崎医療福祉大学の佐藤国康博士が言ってました。

マツドドン（☞321P）の話は1972年に千葉県の松戸市付近の江戸川で未確認生物が目撃されたことから始まっています。トドに似ている動物が松戸に現れたからマツドドン。これ松戸市役

マスクラット（右）とヌートリア

所の「すぐやる課」の課長さんがつけたんですよね。
　アザラシにそっくりなんでマッドドン＝アザラシ説が有力なんですが、マスクラットやヌートリア（☞320P）の誤認という説もあります。
　水元公園に「ミッシー」が出るって雑誌『GON!』（ミリオン出版）の1995年12月号に記事が出ていて、あれはヌートリアですかね。僕、ヌートリアとマスクラットの区別がつかないんですけど、あれ、どっちがどっちでしょうかね。

實吉　どっちも陸上に上がってくれば完全にカメラで捉えられて、ずいぶん違っているのがわかりますよ。でもニョロニョロ泳いでいるとわかりにくい。
　ヌートリアといえば、戦時中に航空兵のために非常に生活力があるカナダ産のヌートリアの飼育を奨励したんですよ。水陸両用獣なもんだから、それが逃げ出した。

天野　その逃げ出したものが繁殖したということですね。

山口　南米ではヌートリアを食べるんですよね。

實吉　南米では食べますが、あまり喜ばれちゃいないですね。第一、暑いから毛皮は要らないでしょ。それから食ってもあまりおいしくない。あれよりカピバラの方がまだおいしいそうだ。

天野　今、日本で大人気のカピバラが？

實吉　日本じゃ露店風呂に入って喜んでるんだから、変な喜ばせ方しますよね。カピバラが人気があるというのでどういうことかと思ったら、お風呂に入ってるんだから（笑）。

實吉氏が随喜の涙を流したステラーカイギュウ生存の痕跡

山口　ニホンアシカ（☞359P）とか、絶滅動物は結構燃えますね。

天野　生き残っている可能性もゼロじゃないのかもね。

山口　ステラーカイギュウは、まだ生き残っている可能性はあるんですかね。

實吉　2、3目撃例があったみたいですね。

山口　あんなでかいやつが生き残っているなら、誰か気付きそうなもんですけどね。

實吉　でも相手は大海原ですから。

山口　これ前、飛鳥昭雄先生との対談で僕が指摘したんですけど、今の茨城県沖に巨大な人間の死体が流れ着いたことがある。女の死体で9～10mあって、腐っていたので周囲一帯が臭くなったって。

實吉　大き過ぎるなあ。せいぜい3mぐらいにしておいてほしかったな。

ステラーカイギュウはジュゴンに似ており、体長9～11m。1741年にベーリング探検隊によりコマンドルスキー諸島（ロシア・カムチャツカ半島の東方）で発見されて以後、食用に乱獲され、1768年までに絶滅したとされている。

山口　話はオーバーですけど、それを僕はステラーカイギュウの死体じゃないかなと思っている。ステラーカイギュウの死体で、腐って肉の白い部分が出てきたりすると巨大な女の死体に見えるんじゃないかと。

實吉　どうでしょうかね。ステラーカイギュウはクジラに一番よく似てまして、頭蓋骨は大変に縦長ですから人間とは思えない。

それから尾がクジラ式に水平尾ですし、肋骨が頑丈で非常に厚い。肺を守るためだって言うんですよね。そういう骨なら方々に保存してあるんだけど、それが埋もれたり砕けたりして発見されたとして、一番大きくて8mぐらいあるわけだから、大女の死骸か、まさかじゃないですかね。

間違えたとしてもクジラだと思うけどな。

山口　セオリー通りだとクジラですよね。でも神社姫（☞336P）とか、そういう巨大な化け物の死体が流れ着いたという話は結構多いんですよね。ステラーカイギュウがわが国に流れ着いていたらどんなに楽しいだろう。どこかに化石でも残ってないかなと思って。

實吉　それは大いに楽しいですね。でも残念ながらステラーカイギュウ、いないんだな。いないんだなと嘆いておりましたら、僕が『UMA／EMA読本』（新紀元社）に書きましたが、何年かに旧ソ連の船だったか、カナダの船だったか、幸い科学者が2、3人乗っていて、数頭がカムチャツカ

神社姫は、江戸時代中期の医師・加藤曳尾庵の『我衣』に書かれた妖怪。1819年4月18日、肥前国（現・長崎県・佐賀県）の浜辺に全長約6mの人魚に似たものが現れたという（画像は『我衣』より「神社姫」の挿絵）。

に向かって泳いでいたというんです。

山口　繁殖しているということですか。

實吉　そういうことですね。その後、最近死んだ死骸を見つけたカナダの学者がいるという。それから漂着物なんだけれど、これも比較的最近、少なくとも化石時代ではないというのが二つぐらい。

　だから合計して3つぐらい生存の痕跡がある。もう一つ、目撃談を入れると4つということになりますね。

　そこまで来ると私などはもう随喜（ずいき）の涙を流して、「生きとってくれたー、よかったー、ありがとう！」って思うんです。それからもう40年ぐらいになりますか。

　その後はどうでしょうかね。それこそ私の方が聞きたかったですよ。ステラーカイギュウは何か消息ないですか。

天野　僕のデータによると、1768年を絶滅の年とすれば、詳細不明ながら、1854年に生きている1頭が目撃され、1910年頃にベーリング海のアナドゥイリ湾（ロシア北東部）で、1977年にアナブチンスカガ湾で漂流死体が発見されています。

　先ほどの實吉先生のお話はおそらく動物保護の国際的専門誌『オリックス』第7巻5号に掲載さ

イッカク

れた記事に書かれたものと一致します。

１９６６年、旧ソ連の捕鯨船ブラーネ号がベーリング海峡のナヴァリン岬の沖の浅瀬で、ステラーカイギュウと思しき巨大生物を６頭目撃したという内容です。ただし角（実は牙）を持たないイッカク説もあります。

ステラーカイギュウをぜひ一度食べてみたい

山口　僕はUMA情報を調べるために英語圏のサイトとかニュースを結構見ていますが、ステラーカイギュウは引っ掛かってこないですね。インドの新聞を英文で読んでいたら、海のゾウみたいなやつがインド洋を泳いでいて、その死体が漂着してみたいな記事は見つけたんですよ。これはカイギュウ系なのかなと思いました。

實吉　それはひょっとしたらそうかもしれませんよ。ゾウなら見込みがありますよ。

山口　でもやっぱり、ステラーカイギュウはおいしいから食べてみたいという気持ちもある。

實吉　そうですよ、脂がたっぷりあってね。よほどおいしかったと思いますよ。真っ白なバターが取れるんですって。それでもうみんな殺して食べちゃったっていうんですから。

天野　もう１７００年代の時点で数が少なくなっていたということですね。

實吉　その時点で減っていた。その湾にしかいなかったんですから。でも化石によれば、もっとユーラシア北方一体に広がっていたんです。

その頃からシャチに食われたろうって言うんだけれど、ご承知の通り自然界では肉食獣がたくさんいるから、シャチだけが食い尽くすなんてことはないだろうと思うんです。でもその頃から海洋民族が海の上にも乗り出してきて、方々で殺していた。それもクジラだと思っていたか、何と思っていたか、わかったもんじゃない。

ところがピョートル大帝の命令によって、ベーリング海がつながっているか、つながってないか探検して来いと言われて、ベーリングやステラーなど歴史に名を残した人たちが皇帝の船に乗って探検した結果、北米とつながっていないことを発見したんですね。そのときに動物もみんな調べて来いって言われたので、くまなく調べたら、数百頭から、一番多く言う人で２０００頭ですか、あの湾内だけでいたという。

ロシアの探検家ベーリングはピョートル大帝（上の図版）の命でカムチャツカ探検隊の隊長となり、1728年にベーリング海峡に達し、アジアとアメリカが陸続きでないことを確認した。

それで、泳いでいるところへ寄ってって、手をたたいても何の反応もしないぐらい恐れなかったというんですね。武器もなければ牙もない武装解除動物。これはシャチは喜んだろうね。

それで人間がそれを利用することを思いつ

いた。食うとうまい、皮は利用できる、真っ白い最高級のバターが取れる、もうたまったもんじゃない。

あっという間に、26、27年間でいなくなっちゃった。「おい、この頃いるのか」と聞いたときは、もう骨ぐらいしかなかったというんだね。

山口　残念ですね。

實吉　実に残念なんです。それで大島正満先生がしきりにそれを悲壮な調子でお書きになるから、私は少年時代はもう泣かされたわけですよ。見たことも聞いたこともないくせに泣かされてね。

ミニョコンはステラーカイギュウかも

山口　でもカワイルカが絶滅宣言した後、また揚子江で見つかったり、生物って絶滅したと思っても、ひょこっと出てくる場合があるからステラーカイギュウもまだ可能性がないわけじゃないですよね。

實吉　それについてはアマゾンをはじめサンフランシスコ川という河口の大きい川もあって、そういうところに淡水カイギュウがすでにおりますけれども、ときどき例外的に大きいのがいる。

山口　いますか。マナティーとかと一緒に泳いでいるんですか。

實吉　まさにマナティーのことです。マナティーが淡水化して、だいぶ上流まで上がってきてボリ

マナティー

ボリ草を食いますのでね。ペイシェ・ボイ（Peixe Boi）、魚のウシという意味の名で呼ばれています。「そんなウシが水の中にいるからカイギュウって言うんだ」とみんなは言っているんだけど、中にはばかでかいのがときどき出てきます。ミニョコンについてはお書きになってるんでしたっけ？

天野　ミニョコン、書きました。ブラジルの河川に伝わる怪物のことですね。アマゾンの伝説の巨大ミミズ・ミニョーカと混同してしまいそうですが（笑）。

實吉　あのミニョコンというのはひょっとしたらステラーカイギュウかもしれないです。あれだけばかでかくて、ちょっと乗りかかってきただけで船が沈んでしまうというんだからね。

アマゾンっていうのは思いのほか平和ですから、淡水化してもっと大きくなれたかもしれない。食料豊富だし、シャチもいないしね。

カッパにはいろいろなイメージが集約された

山口　天野さんは、カッパ（☞332P）はあまりお好きじゃないんですよね。

實吉　カッパはお嫌いですか。じゃなくて、いると思えないということ？

天野　いえいえ（苦笑）。カッパはかつては妖怪のカテゴリーでしたが、1982年（宮崎県串間市）、1983年（熊本県）、1991年（宮崎県西都市）などでカッパの足跡と思しきものが発見されていることから、今ではUMAのカテゴリーに入れてもいいんじゃないかと思ってます。

あとは、SF的な大きなくくりで言えば、カッパ＝宇宙人説も入れてもいいんじゃないかとか、水中人間説とか、いろんな可能性を語った方がいいんじゃないかと思って、今お勉強してます。

山口　大伴昌司の「カッパ＝宇宙人説」ですね。

實吉　僕はむしろ、「怪類」というカテゴリーを設けた方がいいと思う。カッパを妖怪でくるにはあまりにも偉大だから。

昔、漢和辞典の図鑑の部分に、「怪類」という項目があったんですよ。カッパと天狗と鬼、この3種類だけは妖怪界では別格扱いしなければね。お化けだと言うにはあまりにも威厳があり、勢力があり、歴史の中に生きていたから。

山口　日本人なら誰でも知っている。

實吉　その中で一番古いのは鬼だと思う。それから天狗。天狗の勢力が退いてから鬼と天狗の共存時代があって、その末あたりからカッパが出てきて、庶民的になったと、くくれます。

だけど「カッパ天王」という言葉もあり、カッパ信仰もある。合羽橋（東京都台東区の食器具・調理器具などを扱う問屋街）という町もあったりして、カッパ信仰の痕跡があることは否定はできませんからね。そういう意味では、これは三大神と言ってもいいんじゃないかと思います。この三大神と同じような神々がたくさんいらしたんだろうけど。

山口　いまだにカッパを見たって言い張る人が多いんですよ。**霊感が強い人が見ているから、何か霊的なものであって、リアルな動物じゃないのかな**と思っているんですけどね。それでもリアルな動物として、二足歩行のものがてくてく歩いていて、ドボンと飛び込んだとかいう話も聞くんです。

僕、出身が四国なので、子どもの頃までカワウソが高知とかにはいて、イタチとかに比べてカワウソは泳ぐのが異様に速いらしいんですよ。友達のお父さんがダイバーで、四万十川（しまんとがわ）とか潜っていると、夕暮れどきにカワウソが立っているのを何度も見るんですって。

そのお父さんから聞いた話だと、「夕暮れどきに立っていると、カワウソはカッパに見えるよ」という。カワウソが絶滅すると同時にカッパ伝説がなくなっているから、カワウソのイメージがずいぶんあったんじゃないかなという気がしますね。

天野　實吉先生、カワウソが立ち上がるのは何をしようとしているんですか。

實吉　あれはそういう性質なんですよ。イタチやカワウソの類は泳ぐ動物ですから体が低い。そうでなくとも脚が短い。

ですから川の岸とか石とか少し高いところに立って、見回すくせがあるんですよ。

山口　それは獲物を探しているんですかね。

實吉　どうでしょう？　異性を探す場合もあるでしょうし。あれは1匹で現れることもあれば一家

立ち上がるカワウソ

で現れることもある。7、8匹で群れていることもあるそうです。だから、そういうことからいうと仲間はいないかなとか、何か匂いはするけどとか、そういう意味でひょこん、ひょこんと立つ。非常に足が短いですから、そうしないと不自由だから。

今のお話でちょっと疑問なのは、あんな小さい動物がカッパに見えるかね。カッパというと最小でも2、3尺（1尺は約30㎝）はあるんじゃないかな。

天野　ニホンカワウソはそんなに大きくないですね。

實吉　そんなに大きくないです。南米のオオカワウソは大きくて、約2m20㎝あるんです。あんな大きいのはアマゾンだけで、西洋にもいないです。

山口　ダイバーは水中で作業を終えて陸に上がってきているので、脳への酸素量が減って、ちょっとくらっとなってる。そんな低酸素状態のときにカワウソを見るとカッパと認識しちゃうんじゃないかという気はしますけど。

實吉　あるいはそうかもしれないね。カワウソは泳いだあと、捕った魚を三日月に捧げるんだ。そのときにはあのポーズを取るそうですよ。ですから、カワウソもタヌキやキツネとはまったく別格だけれど、ちゃんと化けられる。

山口　カワウソは狐狸（こり）と同じ類いですよね。あとテンも化ける。

カッパの正体でもう一つ思ったのが、赤プリ（赤坂プリンスホテル）があったお堀の近くに1m超えのスッポンがいるって友人が言うんですよ。僕はそいつに「スッポラス」と名付けて、いつか捕獲するか、撮影してやろうと思っているんですけど。

2年ぐらい前にかみさんとタイに旅行したとき、王さまの家だったところに池があって、そこで1mぐらいのスッポンかカメを見たんですよ。見ていたらドーンって上がってくるんですね。カッパを上から見た江戸時代の浮世絵の図があるんですけど、上から見ていると、それと同じなんです。もしかしたら、**でかいスッポンを見てカッパを想像したのかな**とも思う。もし水泳中にこいつと遭ったら、めちゃめちゃ怖いだろうと思ったんです。

だから、やっぱりいろんな動物が混じって、カッパのイメージができてきたんじゃないかって気がしますね。

實吉　確かにカッパのイメージにはスッポンやカメも入っているし、カワウソも入っているし、人間の赤ん坊も入っていると思いますよ。

山口　河原で過ごしていた歌舞伎役者とか、ザビエルとか南蛮人もカッパのモデルになったみたいですね。赤い顔をして、ちょっとおかっぱみたいな髪型にするじゃないですか。いろんなものが付随して、カッパに集約されていったんじゃないかという気がしますね。

いまだに「カッパを見た」と言う人はいるけど、天狗や鬼を見る人は少ないんですよ。

信仰が生まれる瞬間

實吉　天狗を見たという人は少ないですね。僕が覚えているのではたった一つ、京都の鞍馬山の林の中で信仰深そうなおばあさんが何かを探しに来ているので、「何をしてらっしゃるんですか」と聞いたら、「天狗さまの爪を探しております」と答えたんです。

山口　天狗の爪を？

實吉　はい。実在を感じるのはこれだけですね。鞍馬山には魔王殿というのがありましてね。牛若丸に剣術を教えた大魔王天狗が住んでいて、そこに今でもその一族がいるので爪をときどき残すんだそうです。

鞍馬山（鞍馬寺）奥の院の魔王殿

山口　面白いですね。

實吉　それを拾って神棚にお祭りして毎日拝むと、ご利益があるという。

山口　それ欲しいな（笑）。あそこは今、金星から来た宇宙人が鞍馬天狗だというふうに言われていますね。

編集部　あそこは、神智学の影響を受けた貫主が1947年に天台宗より独立して立てた新宗教教団なので、それで、大魔王をサナト・クマーラだと言っているんですよね。

山口 そうですね。それで、「宇宙人＝神」という考え方になっちゃったんでしょうね。

ただ、鞍馬山では変なものを見たという人が多くて、林くんという兵庫県宝塚市在住の大学生に7、8年前に聞いたんだけど、彼のおじいちゃんが鞍馬山を歩いていると一画だけ雪が降っているエリアがあったんですって。なんでこのエリアだけ雪降っているんだろうと思っていたら、ずいぶん優雅な品のいいおじいさんが舞いを舞っていた。

そしてパッとこっちを見て視線が合ったら、そのままスーッと消えたというんですよ。あれが天狗というものであろうっておじいちゃんが林くんに語ったそうです。そういう得体の知れないものを見る人が山にはいるのかなと思う。

FM東京のある番組に出たときに、そこのADの千葉くんが、確か千葉市内だと思うんだけど、妹さんと大みそかに家にいたら、ピンポーンって鳴ったんですって。てっきりお父さんの友達が訪ねてきて、お年賀というか、お小遣いをもらえると思って喜んで出て行ったら、玄関にカラス天狗が立っていて、ものすごく怖かったという話を真剣にしてくれるんですよ。これはどういうことな

神智学は通常の人間的な認識能力を超えた神秘的直観によって神の啓示に触れようとする信仰・思想で、ブラヴァツキー夫人とヘンリー・スティール・オルコットが1875年に「神智学協会」を創設して以降はこの派の教義を指すようになった（写真はブラヴァツキー［左］とオルコット）。

のかなって。

僕は本より人が言うことを信じたいなと思うんだけど、山伏のようなかっこうをした天狗のように怖いおじさんが立っていたのを天狗に置き換えたのか、何か記憶の入れ替えがあるのか。

でも、そういうことで妖怪伝説というのは生まれるんでしょうけど、そういう体験をした人は体験後、天狗を本気で畏怖（いふ）するようになるんですよ。そのようにして信仰って生まれるのかなと思いましたけどね。

實吉　なるほど。

皮膚病の人がレプティリアンと誤認されたのかも

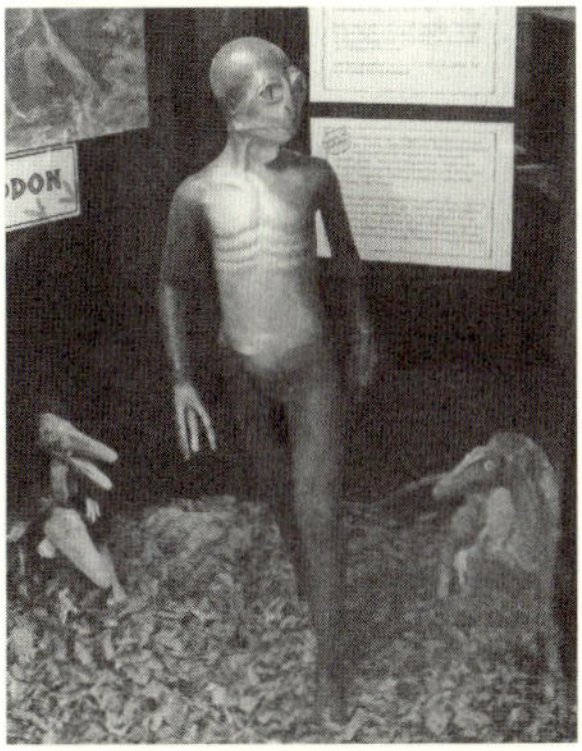

ダイノサウロイド（ディノサウロイドとも）とは、恐竜が絶滅せずに進化し続けた場合、人間に似た形態をとる可能性があるとする仮説およびその形態（写真は英国ドーチェスターの恐竜博物館に展示されたディノサウロイドの想像模型）

山口　ヘビやトカゲなどの爬虫類で、人の形をしたやつがいるというううわさは根強いですね。恐竜が知的レベルまで進化したらこうなるんじゃないかっていう存在ですね。

天野　ダイノサウロイドでしたっけ？

山口　ですよね。彼らは皮膚病にかかった人かもしれないなと。

『フリークス』は1932年に製作・公開されたアメリカ映画。旅回りの見世物小屋が舞台で、出演者は実際の見世物小屋のスターだった本物の奇形者や障害者であった。イギリスでは30年間、公開禁止となっていた（写真は『フリークス』の一場面）。

編集部　確かに皮膚病のひどい症状の人はレプティリアン（爬虫類人）っぽく見えるかもしれないですね。もちろん皮膚病の人をそんなふうに見てはいけないですけど。

天野　昔、『フリークス』という映画があって、本物の奇形者や障害者をいっぱい出して、見世物にしていましたね。

編集部　『エレファント・マン』（１９８０年公開）の主人公もフリークスですよね。

天野　江戸時代とか、フリークスが妖怪伝説のもとになったということはあったのでしょうかね。

山口　見世物小屋が普通にありましたからね。「べらぼうめ」の語源になった「べらぼうさん」というのが見世物小屋に掛かっていて、結構人気になっていた記録がありますよ（注・「べらぼう」の語源は江戸時代、見世物で評判になった、全身真っ黒で頭はとがり、目は赤く丸く、あごが猿のような奇人からという説がある）。

京都で捕獲されたイノゴンはアルビノ種か

山口　奇形という言葉は今は使われませんが、そういう方々が妖怪扱い、今で言うとＵＭＡ扱いされちゃったというのは結構あったんじゃないかな。

天野　動物も奇形のものがUMA扱いされたということはあるんじゃないですかね。イノゴン（1970年京都に出現。☞347P）なんて、ちょっと病的な肌らしいじゃないですか。

山口　イノゴン？　ああ、体毛がまったくない真っ黒なイノシシね。あれもアルビノ種ですよね。

天野　あれ1代で終わりですよね。もうその後の目撃談がないんで。

山口　イノゴンはあの個体だけですね。骨はどこ行ったかわからないんですよね。

天野　あれ、食べちゃったんですよ。その骨はどこに行ったんでしょうかね。

山口　イノシシ鍋にして食べちゃった？　そうやって貴重な標本がどこへ行ったかわからなくなる。

天野　幸い、頭蓋骨だけですが保管されていて、兵庫県にあった「甲子園阪神パーク」（2003年閉館）の医長さんと兵庫大学によって研究が進められたそうですが、特にUMAではなかったそうです。

山口　それはよかった。せめて頭蓋骨だけでも残っていればね。

白狐が崇拝される理由がわかった体験

山口　僕も妖怪の出る場所へ行くから、いろんなものに遭うんですが、山の中でアルビノのキツネと遭遇したことがありますよ。それもものすごく怖かったです。
何かガサガサという音がしてパッと出てきた。アルビノ種は目の色が違うんですよね。白か黄色みたいな色でした。こっちは車に乗っているんですけど、もう恐怖心しかなかったです。
郷土史家で多喜田くんという柳田國男のデータを再確認している人が四国にいて、(徳島県)鳴門市の山奥で「子泣き爺」の口承伝承を拾っているんです。その人と一緒だったんですが、お互いに言葉を失って、もう大きさを測るような余裕もなくて。向こうも人間の方をじっと見ていて、こっちもじっと見返した。
アルビノだと思った瞬間、キツネを神として日本人が祭った理由はこういう神秘的存在に出会ったことじゃないかと思いましたね。

實吉　そうですか。大きさはともかくとして、美しさというものは感じませんでした？

山口　荘厳……神に近い美しさは感じましたね。「神々しい」という言葉を使うのが正しいと思いました。

實吉　白狐というものが特別に崇拝されるところを見ると、アルビノ動物の美しさというのは、よほど宗教的崇拝に近い感情を呼び起こすようですね。

山口　それにやたらスレンダー、細いんですよ。野生動物というのはこんなに無駄な部分がないのかと思った。

實吉　しっぽは太かったですか。

山口　いや、しっぽまで見る余裕がなかったですね。少しにらみ合った後すぐ、彼か彼女か知らないけどUターンして帰っていっちゃったから。

實吉　前足を立てて座っていたんじゃないの？

山口　前足を立てて座ってました。

實吉　そうすると尾がどうなっているか見えたんじゃないかと思うんだけど。

山口　尾は後ろの方の茂みに隠れていて見えなかったと思います。そのままサッと下がって帰っていっちゃったので。

實吉　それは残念。

編集部　陰陽師・安倍晴明（あべのせいめい）のお母さんも白いキツネ（信太妻（しのだづま）、葛葉（くずのは））でしたね。晴明の能力があまりにもすごいので、昔の人はキツネに結びつけたんでしょうね。

實吉　和泉（大阪府南部）の信太（しのだ）の森でしたっけ？　お父さん（安倍保名（やすな））とのロマンスがあったに違いないとして信太ギツネの物語が生まれるんですよ。

　昔の人はそういうふうにお話を作って語り伝えてくれた。われわれはそれを面白いなと思いながら、おばあちゃんやおじいちゃんから聞いたりしたわけですよ。それ

大阪市の安倍晴明神社に鎮座する安倍晴明像には白狐が寄り添う。

をちゃんとまとめて伝えてくれる童話作家もいた。

山口　そういうことですよね。

實吉　それを、趣味のいい童話作家、一流の童話作家が作ると、その本はもう永久に取っときたいぐらいのものになるわけですね。

UMAから生まれるファンタジーが面白い

山口　マッカーサーを殺しに行ったケンムン（☞333P）の話を松谷みよ子先生が書いているんですが、ガジュマルの木のあたりでケンムンがいなくなったから、「おかしいな」と言っていた。そうしたら、沖縄を苦しめたマッカーサーを殺しにアメリカに行っていた、という伝説を語っているんですね。

ケンムンは奄美群島に伝わる妖怪で、外観や性質が沖縄の妖怪キジムナーと共通する（図版は『南島雑話』に描かれたケンムン［水蝹〈ケンモン〉］／奄美博物館蔵）。

ケンムンというのはUMAとされますけど、それに付随するファンタジーが面白かったりしますね。

天野　僕も2014年に奄美大島へ行ってきたんですけど、郷土館で聞いた話で、1947年、戦後のドサクサに闇商売で捕まった罪人を収容する刑務所を建てることになった。だが、その場所はケンムンが棲んで

沖縄県ではガジュマル（写真）の大木にはキジムナーという妖精のような存在が棲むと信じられている。

いそうなガジュマルの森で、伐採をしなければならない。伐採を命じられた受刑者たちは怖がって誰も木を切りに行かない。

山口　祟りがあるから……。

天野　はい。そこで責任者は「ガジュマルを切るときは、これはマッカーサーの命令だと唱えればいい。祟りは切る者ではなく、命令者のマッカーサーに行く」と機転を利かし、彼らの説得に成功したそうです。彼らを捕らえたのは米軍であり、その上のマッカーサーは目のかたき。松谷先生が書いた話は、たぶんそこから派生した物語じゃないですか。

山口　マッカーサーも高齢でしたし、ストレスがかかって死んだのかもしれないですけど、それを「ケンムンにやられたんだ」と考えるところが面白いですね。

天野　木を切るとき、受刑者たちが「申し訳ありません」と言いながら切ったそうですよ。

山口　そりゃ、怖いですよね。

天野　今の若者と違って、当時の人ですから。ケンムンの存在を本気で信じていたので、本当に怖かったらしいですよ。

山口　そういう信仰がなくなってきた中でも、ＵＭＡはどうにかまだファンタジーが残っているのかなって思います。

ニューネッシーの死体を捨ててしまったのは何とももったいない

實吉　ところで、ニューネッシー（☞367P）はどうなったんでしたっけ？

山口　ニューネッシーですか。あれ、引き上げた後、捨てちゃいましたよね。

實吉　捨てちゃっておいてウバザメだなんて、19世紀からあるような説ですよ。

その頃からヨーロッパのアカデミックな学者は、恐竜かもしれない骨や漂流物が出ても、いや違う、これはウバザメの骨に違いないと言って退けてしまったのです。だからニューネッシーのとき、同じ否定説が出たので、僕はまたかと思いましたよ。

編集部　では、ニューネッシーは何だったと思われますか。

ニューネッシーは、1977年4月25日、日本のトロール船・瑞洋丸が太平洋上で引き上げた、巨大な腐乱死体で、正体はウバザメだったとされている。

實吉　ウバザメじゃないことは確かです。あの形はプレシオサウルスに近いですけれど、プレシオサウルスにしては合わないところもあります。でも原型としてはプレシオサウルスです。

山口　2010年に天野さんと「UMAサミット2010」というイベントをやったことがあって、そのときに話が出ましたよね。あれ1年後に違う船が

1852年1月13日に、太平洋の赤道無風帯を航行していた捕鯨帆船モノンガヘラ号は、海中をのたうつ巨大な生き物を発見する。船長シーバリーは3艘のボートを出してその獲物を何とか仕留めると、その巨大な頭部を切断して保存のため大きな塩漬け桶に入れ、残りは投棄したという（図版は『北方民族文化誌』1555年に描かれたシーサーペント）。

プレシオサウルスの復元図

もう1回上げたらしいんですよ。でも、それも捨てちゃったんです。

編集部　それも捨てちゃったんですか⁉

山口　珍しい動物は何でも捨てちゃうんですよね。

實吉　骨ぐらい取っておけばいいのにね、もったいない。捨てちゃうから嘘じゃないかと思われるじゃないですか。

シーバリー船長のオオウミヘビというのも、本当にシーサーペントじゃないかと思うぐらい大きかったんだけど、海のかなたへ消えたでしょう。それを言うと嘘だと思われますよ。反ばくできないですからね。

持ってくるのは大変ご迷惑だったでしょうけれど、それぐらいはしてほしかったな。

編集部　かなりくさいんでしょうけどね。

天野　ええ、やっぱり他の魚ににおいが移っちゃうと商売に影響があるらしくてね。

第2章

世界のUMA、どれが実在している可能性があるか

ヒマラヤの尾根を人間の子どもくらいの大きさのものが歩いていた！

編集部　次は世界のUMAに行きたいと思います。日本編と同じように天野さんからベスト5を紹介していただいて、お二人に論評していただく形でお願いできますか。

天野　では僕から始めますね。まず1位、これもかなりコテコテなんですが、イエティを挙げました。イエティって3～4ｍの巨人だというのは言われなくなったじゃないですか、そんなのはいないって。

高橋好輝（よしてる）さんという、「イエティ・プロジェクト・ジャパン」という捜索隊で3度隊長を務めた登山家がいらっしゃって、その人のつてで今から3、4年前でしたか、一度ラジオに一緒に出演したことがあるんです。2008年の第3次捜索のとき、高橋隊長が足跡を発見したときのエピソードを聞かせてもらったのですが、実はイエティ・プロジェクト・ジャパンは、その様子をインターネットで当時配信しておりまして、リアルタイムで来た「足跡発見！」の一報には色めき立ちまし

たよ。

それには伏線があって、２００３年の第2次捜索のとき、４３２０ｍのベースキャンプの地点から見える４５００ｍの尾根というか、山の稜線を４体の影が歩いているのを一人の隊員が見つけたそうです。それで「あそこを歩いているのは誰だ」と。みんなトランシーバーを持ってますので、全員が位置確認すると、各自定位置についている。

ベースキャンプの他に、何人かに分かれて別のキャンプを設置し、何か所かに定点カメラを置いているので、観測する場所が分かれています。それで、全員がそれぞれの位置から確認をしたわけです……つまり、そこにいたのは隊員以外の何ものかってことです。

しかし、その稜線まで行くのにものすごく時間がかかる。次の日に行ってみたら人が行けない斜面に13個の足跡がついていた。そして２００８年に同所で、今度は至近距離で裸足の足跡が発見できたのです。

山口　裸足ですか。

天野　はい。18㎝ぐらいの大きさの足跡です。そんな高所に人間の子どもが裸足でいるわけがないので、高橋好輝さんは「これは！」と思ったそうなんですね。

１９５１年にイギリスの登山家エリック・シプトンが撮影した30㎝の足跡の写真、そして１９５

天野ミチヒロ氏が選ぶ　実在の可能性がある世界のUMA

1位	イエティ	2位	シーサーペント
3位	カナス湖の巨大魚		
4位	巨大ダコ	5位	キャディ

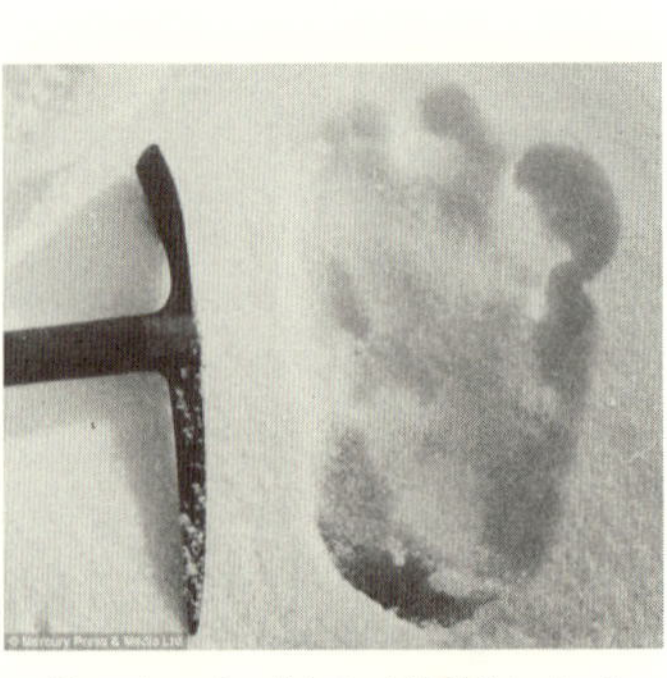

エリック・シプトンが撮影したイエティの足跡とされる写真

4年に探検隊を組織したロンドンのデイリーメール社が現地で大量配布した毛むくじゃらの巨人のイラスト。これが世界に拡散して、怪物的なイエティのイメージが刷り込まれましたね。

　僕らもそれをずっと信じていたんですけど、高橋隊長が言うには、どうやらもっと人間の子どもぐらいの、この高地に適応したものがいるんじゃないかという。それを聞いて信憑性が増しましたね。

　でも、こういう話を民放のテレビとかに言うと「つまんねえ」と言われちゃうんですよ。大発見というからには巨大じゃないと駄目だという。

山口　僕もそれとまったく同じことがありましたよ。以前某テレビで實吉先生と話していて、「昔のチンパンジーのようなやつで、雪の中で過ごしていたやつがいるから、あれイエティでいいですよね」と言っていたんですよね。

　スタッフにその話をしたら、「そんなのは単なる猿じゃないですか。怪物じゃないから駄目ですよ」と言われたんですよ。

實吉　巨大なチンパンジーは単なる猿じゃないんだけどね。

山口　だから4mもある必要ないんですよ。

實吉　必要ないです。

著名登山家も目撃している イエティが存在している可能性は高い

實吉　それから洞窟オランウータン、これは実在してましたね。そういうのは大怪物であって、単なる猿じゃない。

　私が半生をかけてこれだけ言っているのに、猿と類人猿の区別もついてない人が多い。お尻を見ろ、しっぽはないぞ、ぐらいのことは、どんな素人だってわかるはずなんだけど。彼らはまだチンパンジーをお猿さんだと思っている。

山口　モンキーでくくろうとするんですね。

實吉　モンキーというか、エイプなんですよ。アンスロポイド（anthropoid／類人猿）ですよ。

天野　先ほどのヒマラヤのイエティは高地順応した未知のエイプじゃないかって思うんです。

山口　その可能性は絶対ありますよ。だって、あそこには踏み込めないようなジャングルがあるじゃないですか。あそこにもし類人猿の類いがコロニーを作っていたら、ときどき餌を求めてやって来る可能性ありますよね。

實吉　ありますよ。

天野　要は何をしに来ているのか、ですね。住居はそこになくって、森林限界というか、ちゃんと森林のあるところに隠れ住んでいるんじゃないか。オカピもイトゥリの森（コンゴ民主共和国北東部）

に隠棲していましたけど、人間の行ける登攀（とうはん）ルートって決まっているじゃないですか。彼らはそうじゃないところに行けるんですよね。

イエティの足跡を見たときに、普通だったら点々と続くはずなのに、続いてないんですよ。遠くの方にポンとついている。つまり斜面を大ジャンプしているんです。そこはシェルパが死んでいるような場所なんですよ。

僕もその場所の地形はイエティ・プロジェクト・ジャパンの報告書に掲載された写真でしか見たことがないので細かくはわからないですけど、滑落して死んじゃうような大変なところなんでしょうね。そこを彼らは野性的な身体能力でピョンピョン飛んでいるわけですよ。

片足しかついてないところがあって、たぶんそこは下りたんだろうと。でもエイプだったらあり得るんじゃないですか。

山口　そういうことか。山の妖怪って一本足という伝説も多いですが、その辺の話と一致しますね。

實吉　一致しますね。

天野　人間の立ち幅跳びみたいに「よっこいしょ」と両足でジャンプしているんじゃなくて、たぶんピョーンとジャンプして行っちゃうんだと思うんです。

山口　パッと見、人間みたいで、片足で移動していると思っちゃうぐらい身体能力がすごいんでしょうね。

天野　それを聞いてから、やっぱりイエティは存在する可能性があり得る。そういう信憑性のあるサイズだったらあり得るのかなと思いました。

山口　洞窟オランウータンがヒマラヤで生き残っていたという説はどうですか。

天野　洞窟（穴居）オランウータンは實吉先生の『UMA解体新書』（新紀元社）という本で読みましたけど、それが獣人型UMAの正体の一つという説も面白いなと思いました。

實吉　もう一つ説得力のあるのは、オランウータンはヒマラヤみたいな寒いところにいたから毛が生えていたんじゃないか。今の東南アジアのオランウータンは、何もあんなに毛が生えてなくったっていいんですよ。でも祖先の寒かった頃の特徴を、ちゃんと残してあるんですね。

それから今おっしゃった、初期の探検隊の時代に盛んにいろんなイエティが伝えられた。その中にポンコ・マンチェだったかな、小さいのもありましたよ。日本の探検隊が雪男の子を発見したという。

ピョンピョンとは飛ばないけど、ピョーンぐらい飛んでったという。それは視線が真っすぐだったから猿と間違えたんじゃないかといわれた。

ユキザルと呼ばれるようなチベットコバナテングザルも中にはあるんだけれども、それじゃない。尾っぽはなかったということで小型雪男も確かに伝えられていた。

でも、みんな大きいのを好むから、いても「雪男の子どもだろう」と言って矮小のは見ないんだな。「そういえば大小2匹で現れたこともあるから、それは夫婦だろう。夫婦がいたら子どもがいるだろう」という。そういうふうに考えるので、小さいのはあまり興味を持たれなかった。

山口　懐疑派の人が地元の方言で「イエティ」はメス熊のことだから、それで決着だとかいうけど、田部井淳子さんとか、名だたる山岳家が目撃しているんですよね。いくら低酸素状態であっても、熊なのか類人猿なのかぐらいは見分けがつきますよ。あれほど何十年も山に登っている人たちだからね。

僕、やっぱりイエティの存在は堅いと思いますよ。

天野　高橋好輝隊長も、「確かにイエティというのは現地では別の意味に使っていて、僕らが言っているイエティを呼ぶときはバンマンチェ（森の人）とか、ちゃんと差別化はできている」と言ってました。

山口　ではイエティという言葉だけがひとり歩きしちゃった。

天野　そういうことみたいですね。

實吉　ひとり歩きしたということは、メディアがお気に召したからだな。

雪男は実在するだけでなく、何種類もいるだろう

天野　２０１１年にシベリアの雪男事件ってあったじゃないですか、テレビでもやっていたけど、西シベリアのケメロボ州で発見された体毛などにより、現地で開かれた「国際イエティ会議」で、

ケメロボ州には95％の確率でイエティが生存しているという結論に達しました。
そこはイエティのすみかじゃないんだけどと思いながら観ていました。あれは目撃地点がアルタイ山脈とサヤン山脈が交差する場所なので、アルマス（シベリアの獣人）ですよ。マスコミはそれをイエティって言っちゃうんですよね。だから知らない人は「ああそうか。シベリアにイエティいるのか」と思ってしまう。チベットとかネパールでは、イエティも重要な観光資源です。

山口　そうですね。相当お金が落ちてますね。

天野　だからケメロボでも観光をやろうと思ったらしいんですよ。でもアルマスじゃつまんないじゃないですか。

山口　ビッグネームじゃないからね。

天野　イエティの名前を勝手に使っているんですね。日本でだけイエティって伝わっているのかなと思って、一応外国のニュース（英文）でも調べてみたんですよ。そうしたらやっぱりイエティって書いていました。
その話を高橋隊長にしたら、「あれはアルマスだよ」と。ちゃんとわかってました。

山口　アルマスとイエティとビッグフットをみんなごちゃごちゃにするんですから、ひどいもんですよ。マニアはわかってます。UMA好きはすべてわかっている。一般社会がわかってくれないだけ。
UMA本を一般の人も読むんですが、何度修正しても駄目なんです。「ヒマラヤのビッグフットですか」と言うから、「いや、それはイエティです」と言っても聞かないんですよ。「あなた方専門家だけでしょ、こだわっているのは」なんて言われる。

實吉　言うこと聞いてくれないね。自分たちの通用語を使いたがるんですよ。

ビッグフットはオマーとも言うし、サスクワッチとも言うんだけど、本にも書いてあるからと使い分けても、すべてビッグフットに直しちゃうんです。

私、カナダでしばしば経験しましたけど、足跡というのはしばらくたつと溶けて非常に大きく見えてくるんです。熊の足跡なんて、こんな大きな熊がいたら大変だと思うくらい大きくなる。ちょっと日が照ると、全体は溶けてないけど、輪郭が微妙に溶けてくる。

人間の足跡かどうかを見分けるには土踏まず、それからかかとが直角かどうかも大事な点ですね。かかとが丸くなっていたら類人猿なんだから。原始人と思えるのはせいぜい親指が発達しているところぐらいかな。

山口　そうですね、木登りで。

實吉　木登りをするので、体を支えるから親指が発達する。その点以外は足跡は当てにならない。物的証拠だから、その写真が尊重されちゃって、みんなすぐ足が大きいって言うんだよね。

先ほどおっしゃったように、子どもあるいは小型の雪男の足跡だってできるんだし。

山口　小型だと面白くないんです。

實吉　そう、そんなかわいいんじゃ面白くない。そういう場合は、その雪男の少年を捕まえて連れて来て、よしよしとやってなければいけない。そうすれば話題になりますよ。

天野　でもオランウータンは、ちっちゃくても力強そうですね。握力とかものすごいでしょうね。

實吉　そうですよ。昔から言われているのは、ライフルを「く」の字にねじ曲げるんだって。

山口　すごいですね、そんなに強いんですか。

天野　冒頭（プロローグ）で触れたモノスの正体みたいに紹介されていた、でかいやつ。あいつも腕力強いんですかね。

實吉　そりゃ強いでしょ。あれだけ高いところから一遍も落っこちないんだからね。

天野　握手したら手がつぶされる。

實吉　握手などできません。あんな高いところ、細い枝もあるところを自由自在に跳び回っているんだから、ものすごく握力があるに違いないです。

天野　（人間とチンパンジーとの混血動物とされる）オリバーくんとも怖くて握手できないですね。

編集部　では、イエティは実在していそうだ、その可能性があるということでいいですか。

實吉　いそうなだけでなく、いろんな種類がいることを一般の方々にも認めてもらいたい。認められるべきですね。

山口　そうですね。でかいのと小さいのと、いろいろ言われていますものね。

『北越雪譜』に描かれた異獣は高知能の類人猿か

實吉　一番「エッ!?」と思ったのは、雪男と言われるものが弓矢を持って歩いていたという目撃者がいたことです。道具を立派に使用するんですって。

山口　やつらはもう完全に文化があると?

實吉　はい。岩屋に住んでいるとも言われますしね。住まいも持っているんだ。

山口　『北越雪譜（ほくえつせっぷ）』（江戸後期における越後魚沼の雪国の生活を活写した書籍）に、「異獣」というのが出てくるんですけど、あれなど食べ物をやると喜んで荷物を担いでくれるそうですね。人間とコミュニケーションをある程度できたりしたという。

鈴木牧之（ぼくし）による江戸時代の書物『北越雪譜』に描かれた謎の獣・異獣

實吉　いわゆる「黒ん坊」ってやつでしょ。荷物担がせるんだから、ある程度大きくなければね。その代わりに、お弁当を食わせてやる。

山口　そうすると働くって言います。

實吉　だから、きこりたちは怖がらない。

山口　それを考えると、やっぱり日本にも知能が高い類人猿系のものがいたんじゃないか。

實吉　人が火に当たっているところに黙って入ってきて、「飯くれ」と言ったとかね。火に当たるというくらいだから怖がらないでいる。

いい度胸だけど、馴れていて驚かない。馴れるほどしょっちゅう来るようになったんですね。それが、『椿説弓張月』とか『近世説美少年録』とか、日本の古典文学にちょいちょい出てくるんですね。

山口　ヒヒ退治って話になってますね。

實吉　ヒヒと呼ばれる怪獣については、もう少し研究が必要ですね。

ヒヒの正体は脳下垂体に異常のある猿か

山口　『本当にいる日本の「未知生物（ＵＭＡ）」案内』（笠倉出版社）という本にも書いたんですが、仙台の郊外で脳下垂体に異常がある、ちょっと大きめの猿が出たことがあるんです。

實吉　脳下垂体に異常があれば、ばかでかい猿もできるんかな。

天野　何㎝ぐらいだったんですか。

山口　１ｍ30㎝ぐらいはあったんじゃないんですかね。日本人でいうと、ジャイアント馬場さん（２０９㎝）とか、最近の格闘家だとチェ・ホンマン（２１８㎝）とか２ｍ以上あるじゃないですか。

二人とも脳腫瘍の手術を受けているんですよね。馬場さんは若い頃に取っているんですけど、チェ・ホンマンも2008年の6月に脳腫瘍（脳下垂体腺腫）を除去しています。だから脳下垂体異常のある猿が出てくれれば、十分巨大化してヒヒになるかなと思っているんです。

實吉　日本のヒヒ伝説は二つあるんですよ。怖い方は子どもをさらっていくという。さらっていくからには強力で大きくて、怪力を持ってなければならない。

それからもう一つは、岩の上にじっとしているんですね。それで旅人はそこ通るとき怖いから、「どうぞ通してください」とお願いすると、通してくれるというんです。

山口　へえ、知能があるんですね。

實吉　こわごわその下を通ると、別に何もしない。そういう二つの伝説があって、その怖い方を岩見重太郎やその他は退治したわけです。ただし、それには必ず人見御供（ひとみごくう）をとるという話が付いてますけどね。

レイヨウ

ただ、これは別の話と混ざったんだと思いますね。その証拠に岩見重太郎は花嫁さんの衣装を着て、女に化けて箱の中に入って行ったということです。

山口　なるほど。ところでチンパンジーは肉食で、小動物を握力で絞め殺して食べるそうですね。

實吉　そうらしいですね。レイヨウや他のサルを捕るんじゃなかったかな。それから自分以外の猿を捕る。捕食をやる。

山口　狩りをしますよね。だから血の味とか肉の味を覚えている。エイプと言われるものが日本にいたとしたら、人間の子どもとか食べちゃうかもしれませんね。

實吉　食べちゃうかもしれないね。その味を覚えて、また捕るかもしれない。

シーサーペントの正体はリュウグウノツカイか

天野　2位は信憑性ないってみんなに言われるかもしれないけど、シーサーペント（大ウミヘビ）を持ってきました。これを2位にしたのは、大昔から現代まで、海の男たちの間でものすごく目撃談が多くって、どれも既存の生物に当てはまらない特徴を持っているので。

例えば潮を吹いたりするけど、クジラには見えない。かといって単なる細長い魚類でもない。一体何だろう。正体がわからないが、いわゆるシーサーペントという未確認の巨大生物はいるんじゃないか。正しく言うと、グレートシーサーペントですね、でっかいシーサーペント。

實吉　グレートシーサーペントと見なせるようなものはいるんじゃないかと？

天野　はい、そうです。

實吉　僕が最初、つつましい説を立てたのは、海を渡る大蛇の話です。クラカタウ島が大噴火したとき島は完全に消滅し、岩だけが残ったんですね。しかるに、24年たって行ってみたら植物が生えていた。

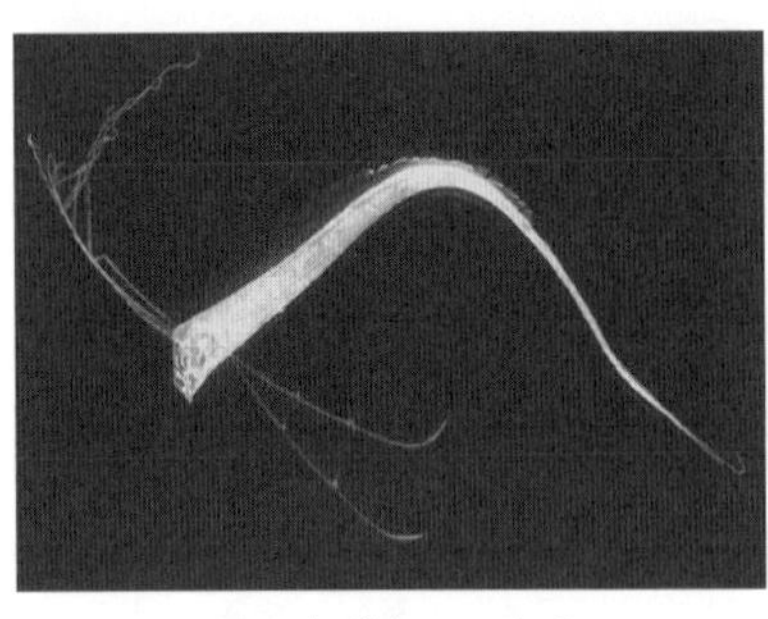

リュウグウノツカイ

クラカタウは、インドネシアのジャワ島とスマトラ島の中間にある火山島の総称で、535年と1883年に大噴火した（写真は1927年に生まれた火山島アナク・クラカタウ）。

さらに二十数年たって行ってみたらワニがいて、大蛇がいた。多数はいなかったけど数匹はいたという探検記録が残ってます。

ということは、海を泳いで渡る大蛇というのが確かに存在するということですよ。その島の近海って、300㎞ぐらい離れているんですよ。30㎞としても驚くべきものでしょう。

山口　そうですね。今できている小笠原諸島の西之島にも、そのうち鳥がフンをしたら……。

實吉　ええ、鳥のフンで種が運ばれてくると、生態系ができる可能性は十分にありますよ。

山口　100年ぐらいたてば蛇も渡ってくるかもしれない。

實吉　100年ぐらいたてば自然に渡ってくるでしょうね。

山口　海に巨大なものがいるというのは、118Pで取り上げた浜名湖の「ハマちゃん」ともリンクするんですけど、深海魚でやたらでかいのがいるのかなと僕は思ったんです。リュウグウノツカイに似たいろんな種類のやつがいるのかなと。

實吉　賛成してもいいんですけど、あいつはテープ状で縦に細

あやかし（鳥山石燕『今昔百鬼拾遺』より）

いでしょ。それ、蛇に見えるかなということなんだよね。

あんなに薄っぺらな帯状の動物ですよ。それは魚としてはきれいだけどね。

山口　リュウグウノツカイが泳いでいるときの動画を見て、これは人魚のモデルだという人もいるけど、どう見ても人魚じゃないだろうって思ったんですよね。妖怪で言うと「あやかし」という海に出る蛇体の妖怪がいるけど、むしろそっちに近い形状ですね。

わりと細長いからドラゴンとかシーサーペントの伝説は、あの類いがモデルという可能性はあるかなって気はしますけどね。

シーバリー船長の話は眉唾だが、面白い

實吉　天野さん、シーサーペントの話は絶対いるんだという証明が付いているわけですね。探検記録があるんだから、その探検記録を信ずる限りは海を渡る大蛇というものは存在する、と。

僕はＵＭＡの本を書いたときに、ぜひみんなに信じてもらえるような現実的なものを書きたかっ

たから、絶対いると思えるものだけにしたんですよ。そうしたら編集者が満足しない。テレビと同じなんです。「もっとすごいのないですか。空想的でもいいから、あなたが思ったものでもいいから」と。

天野　空想的でもいいんですって？

實吉　そう。「冗談じゃない。空想を書いているんじゃない」と言うと、「わかりました。そこはなるべく抑えて、例外でもいいし、証拠がなくてもいいです。先生が何とかしてください。正体の推理ができさえすればいいんです」なんて言うんです。

それで私は、「アウストラロピテクスがパラントロプスを迫害して、パラントロプスが東へ東へ移動して、ベーリング海峡を渡って、とうとうインディアンより古いビッグフットになった」と、とんでもない話を書いたら大喜びしちゃったんですよ。これは空想ですよ。ただし、それぞれに置かれている理由を生態学的に類推したわけなんですが。

その推理でいくとね、シーバリー船長のウミヘビだけはやめておこうと思ったんです。でも、それを書け、書けって言うんですよ。

天野　話が面白いですからね。1852年にシーバリー船長のモノンガヘラ号が捕獲した全長30mのシーサーペント（☞163P）ですね。

實吉　話はすごく面白い。それで、その方がイラストが入るからイラストレーターが喜んじゃって、力作を描いてくれたんだけど、その蛇が船の横幅に匹敵するぐらい大きいんだ、横幅がですよ。

山口　そんなでかいやつはいないですよ（笑）。

實吉　そんなのがいたら、しょっちゅう見つかりますよね。そんな話もあるということで、1852年、全長300mもあるモノンガヘラ号という帆船のシーバリー船長は、「大ウミヘビ」を捕まえた報告書だけは近くを航行していた船のガヴィット船長に託し、「大ウミヘビ」の頭を載せたモノンガヘラ号はそのまま消えてしまった。モノンガヘラ号の船長は航海の途中でちゃんと航海日誌のようなものを書いて、イギリス当局に届ければいいものを、なぜか他の船の船長に預けたという。

そして、そのモノンガヘラ号の船名板が何年ものちにアリューシャン列島の一つの島へ流れ着いた……というのですがね。

これでは駄目だ。僕は、これは話だけだよということで書いたんだけど、これが話題になっちゃったんですよ。

天野　それが僕にも伝わっているわけですね。飛鳥昭雄さん、それ漫画化してますよ。

山口　飛鳥さんは、より面白く、よりパワーアップさせますからね。

首と尾の長い恐竜が生存していればシーサーペントに見える

實吉 恐竜でいうと、仮にディプロドクスがいるとしたら体長27mか。それぐらいあるやつが、頭と尾と背の一部しか出さないで泳いでいたら、シーサーペントに見えますね。

山口 やつらは長年時間を経て、陸棲だったものが海洋になじんだということですね。

實吉 そうそう、陸棲だったものが水になじんで、海になじんで、ますます体を浮かせて、川底を蹴りながら泳いだ足跡は残っているんですね。

だから、それが背が立たなくなっても、象が泳げることでもわかるように、前へ進むはずだ。そのときに首が長くて尾が長いということは浮力と摩擦ですよね。案外、遠洋航海をやる長頸竜がいるかもしれませんからね。

そこまで推理できるならば、これもシーサーペントの正体のうちに入れてもいいんじゃないか。なぜそんなのが生き残っているかについては、いろんな推理を働かせればいいわけです。いつもの恐竜生存説の理

ディプロドクスはジュラ紀（2億1200万年前から1億4300万年前）後期の北アメリカに棲息していた四脚歩行の大型草食恐竜。体長27m、体高4m

グレートバリアリーフのオタマジャクシ（?）

屈をこね回せばいいだけです。

山口　グレートバリアリーフのあの写真というのはトリックですよね。黒い布か何かを浅瀬に流せば、ああいうふうに見えるんですかね。

天野　あと写真の角度のトリックもあると思います。オタマジャクシみたいに見えるけど、真横から見たらきっと長細いやつだと思うんですけどね。

山口　僕、実験したいなと思っているんです。船をわざと深いところに浮かべてね。

實吉　あの犯人はゴムボートを沈めたんじゃなかった？　ユーベルマン（ベルギーの動物学者）の調査によれば動いてないんだよね。

天野　これは1964年にフランス人写真家ロベルト・ル・セーレックが、クイーンズランド州ウィットサンデー島の浅瀬で撮ったとされる大ウミヘビの有名な捏造写真ですね。

僕が初めて知ったのは『週刊少年サンデー』1966年2月20日号での巻頭カラー「青い怪竜」という特集記事ですが、本人の手記が掲載されていて、ダイビングで8mの距離まで近づいてみたら、「グァーッ」と鋭い歯が並んだ口を開け、ゆっくりと動き出し外洋に泳いでいってしまったと書いてありました。

實吉　よくあるパターンですね。あれはカラー写真をアップしたからよかったんだ。人を喜ばせたんだ。

天野　頭だけで2m、全長25～30m。体は青黒く、2mおきに縞模様があり、横腹に2mの傷を負っていて臓物らしきものも見えると、観察も詳細なんですよね。

山口　『週刊少年サンデー』の記事は、通常の文献より話を盛っていますね（笑）。

天野　はい、数字も1・5倍ほど（笑）。写真に疑問を持ったユーベルマンがセーレックの素性を調べたところ、有名な詐欺師でインターポールに追われる国際指名手配犯だったのです。でも合成写真ではなく、実物大を作って沈めたのでリアリティーがあった。僕は30歳くらいまで信じていましたよ（笑）。

イグアノドンの復元図

實吉　よく作ってあるでしょ。こんなにうまく作っていたら本当だと思ってしまいますよ。

山口　天野さんは、インドの「列車をまたいだイグアノドン」も信じていたんですよね。

天野　お恥ずかしい話、そうなんです。『怪獣画報』（1966年発行、秋田書店）に「1948年、アッサム地方に身長6mのイグアノドンが現れ、走る列車をまたいでいった」と（笑）。あり得ない話ですが、今の40代、50代はこういう本を読んで育ったのです。ロマンがありました。

だから僕、それが嘘だとしても記事を書いた方に対して「騙された！」という怒りはないです。むしろ楽しませてもらいましたから。

「スクリュー尾のガー助」誕生秘話

山口　そうなんですよ。僕らはみんなこういう本で妄想して育ったんです。この手の本にいろいろ影響を受けて、「面白いな」と思ったんですね。

『なぜなに世界の大怪獣』（小学館、1972年）という本を今見ると、とんでもないですよ。スクリュー尾のガー助（☞372P）も載ってますね。これだけ見ると、スクリュー尾のガー助って、こんなに凶暴だったんだって思っちゃいますね。

スクリュー尾のガー助（小学館のなぜなに学習図鑑18『なぜなに世界の大怪獣』より）

天野　僕が最初に知ったのは1969年9月7日号の『週刊少年キング』での斎藤守弘さんが書いた巻頭記事でしたが、實吉先生も『世界の怪動物99の謎』（サンポウジャーナル、1977年）の中で紹介していますね。

實吉　スクリュー尾のガー助か。あるいはハーキンマーかね。元の写真はありますか。

天野　あります。ビル・ニクソン夫人が二人の息子と作成した、実景にコリトサウルスだかのカモノハシ竜のイラストをはめ込んだ写真。

實吉　コリトサウルスね。正確にはコリトサウルスでもないんですよ。よく見るとね、口のところがくちばし状じゃないでしょ。

山口　僕、ガー助を最初翻訳した斎藤守弘先生に会ったんですよ。そうしたら、やっぱり海外のマガジンに載っているやつをそのまま翻訳したとおっしゃっていた。

僕が、「ガー助というのは日本人向けに訳したんですよね」と聞いたら、「そうです」とおっしゃるんです。「スクリュー尾というのは何ですか」と聞いたら、「スクリューテールとかいう表現があったから」だと。そして、「こんなふうに動くんだよ」と尾の動きを説明してくれた。

本当なのかなって思ったんですけど。フラットヘッド・レイクモンスターが元ネタの写真らしくて……。

實吉　フラットヘッドね。斎藤先生、いい加減なこと教えているよ。

天野　フラットヘッド湖では１８００年代末から怪物の噂が絶えず、捕獲に賞金がかけられたことがあります。その正体はシロチョウザメが有力視されていますが。

コリトサウルスは白亜紀（約１億4300万年前から約6500万年前まで）後期に、北アメリカ大陸に棲息した大型の鳥脚類。その頭部の形が古代ギリシャのコリント族のヘルメットにある飾りに似ているため、「コリント式の（ヘルメットを持った）爬虫類」を意味する名称がついた。

山口　これ、山本弘さん（ＳＦ作家）が自分のブログで紹介していて、これだろうなと思って斎藤先生に見せたら、「僕が訳したのはこの新聞記事じゃなくて、マガジンだ」と言っていたので、これの翻訳じゃないんですって。マガジンの方にはスクリューテールという言葉が出てくるのかもしれないですね。

僕はてっきり「暁の超特急」とか、そういうスポーツ選手に付けるようなキャラ付けをするためのニックネームかと思ったんですが、斎藤先生は訳しただけだっておっしゃってましたね。

實吉　それでは、「スクリュー尾のガー助」という名前は斎藤先生の創作みたいなものだ。

山口　ガー助は創作だけど、スクリュー尾というのは翻訳前の原文にもあったんだと。ガー助というと子どもに親しまれますからね。アヒルみたいな顔しているからガー助ってあだ名を付けたんだと。

ハーキンマーというのは誰が言い出したんでしょうね。

實吉　誰だかわからないらしいですね。意味もわからない。かっこいいんだけどね。

山口　誰かが言い始めたんだと思うんですが、ハーキンマーの方がかっこいいですよね。

實吉　斎藤守弘さんだっけ？　マウンテンブーマーという動物も紹介している。

のちにロバート・Ｔ・バッカーの『恐竜異説』で、北米西部にいる大型昆虫やトカゲ類を食う胴の短い肉食トカゲとわかりましたがね。

山口　僕、もう3回ぐらい斎藤守弘さんにインタビューしてますけど、「じぼっこ」という妖怪がいるじゃないですか。あれは「日本SF作家クラブ」をつくったときに星新一さんの「ボッコちゃん」のキャラをモデルにして、樹木から出てくるぼっこちゃんということで「じぼっこ」にしたっておっしゃってました。

それを、Iさんという民俗学者の先生が、民俗学の本に妖怪の一種として「じぼっこ」と書いていた。いやいや、斎藤先生が作ったキャラなのに、民俗学者がデータとして入れちゃ駄目でしょ。

「スクリューのガー助」と「スクリュー尾のガー助」の2種類あるわけ

天野 斎藤先生は確か、「ガシャンボ」も作ったんじゃなかったでしたっけ。

山口 ガシャンボは古来からありましたよ。斎藤先生が創作したのはガシャドクロですね。ガシャドクロは、西洋の骸骨の幽霊がいるじゃないですか。あれを日本版に訳して斎藤先生が作ったんです。有名なガシャドクロの絵は水木しげる先生が作りました。

ガシャドクロの「ガ」を飢餓の「餓」にして、ガシャの「シャ」を武者の「者」にして「餓者髑髏（がしゃどくろ）」（＝飢えた者の髑髏）なんていう当て字をした本もあります。そうやってよけい面白くなった例じゃないでしょうか。

モデルは浮世絵の有名な滝夜叉姫（たきやしゃひめ）の絵ですよ。それで、相馬の古内裏（ふるだいり）の構図を水木先生が使うんですね。そうなるとより面白くなっちゃって、最近でも鬼太郎と戦ったりしているんです。

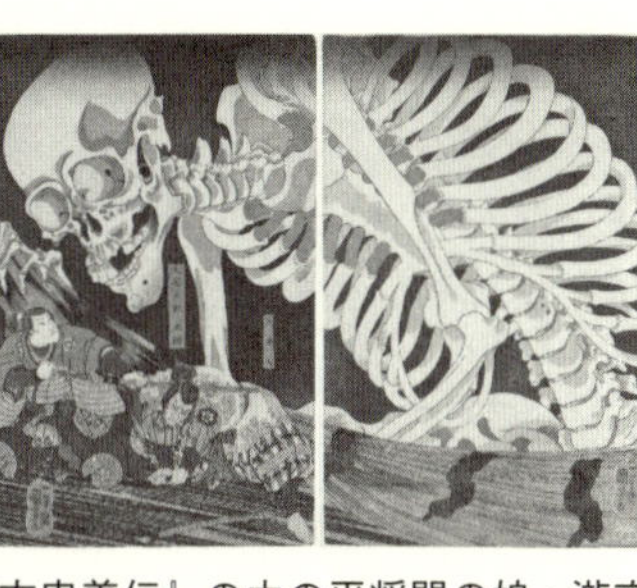
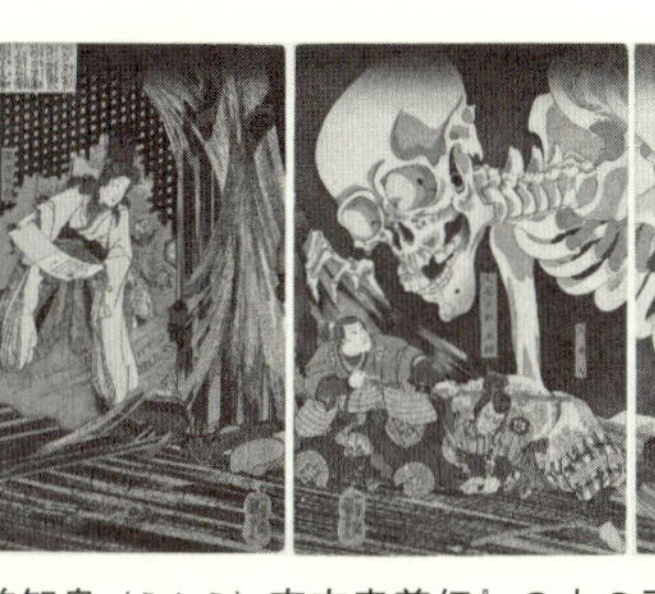

『善知鳥（うとう）安方忠義伝』の中の平将門の娘・瀧夜叉姫が操る巨大な骸骨と戦う場面を浮世絵に仕立てた「相馬の古内裏」（歌川国芳画）

斎藤先生が作ったキャラなのに、水木さんが採用したから鬼太郎と戦わせていたりする。

實吉　斎藤先生と、あのゲゲの先生が二人一緒になったら、妖怪の100や200、すぐできそうな気がするね。

山口　中岡俊哉先生（超常現象研究家）・佐藤有文先生（怪奇作家）と合わせて4人で、いろいろキャラをかぶせていった。それを分解する仕事を、僕は今やっているんです。これが大変なんですよ。

實吉　いずれにせよ、元は「されこうべ（しゃれこうべ）」だ。されこうべという言葉は一生懸命考えられていたんですね。「され」は「さらされてすすけた」という意味だから、野辺に曝されたこうべ＝頭蓋骨のことなんだよね。

山口　そうですね。「しゃれこうべ」は「洒落たこうべ」。昭和の頃は万事ゆるかったので、UMA情報も相当意訳されていますね。だから、いろいろわからないんですよ。

天野　僕も統一させるための作業に結構追われました。伝言ゲームみたいに途中で名前が一字違っちゃったりする。

實吉　一字違っちゃったら、後が大変なんですよ。また解かなければならない。

山口　先ほどの話に戻るけど、「スクリュー尾のガー助」と「スクリュー尾のガー助」の2種類あるんですよ。斎藤先生に聞いたら、自分としてはスクリュー尾のガー助と書いたんだけど、編集者が「尾」が誤字だと思って取ったりして、スクリューのガー助になり、結局2種類になったんだという。

天野　編集者が勝手に変えちゃうんですよね。前に紹介した『なぜなに世界の大怪獣』では「スクリューの」になっています。

實吉　編集者が勝手なまねしちゃあ駄目ですよ。一つには、こういうものをゲテモノと言って、品（しな）下（くだ）るものとして扱う気風があるでしょ。私が一生懸命書いた初期の動物ものを「微笑ましい」なんていう人はその口ですよ。

その人と同じような気持ちを現役の編集者も持ってましてね、われわれのやっていることなど三流記者だというような自己卑下があるわけです。あるいは自己被虐があるわけですね。そうすると、こんな尾の字なんて間違いだろうと勝手に直しちゃったりする。

天野　ひどいですね。

實吉　ちゃんと見識のある編集者さんが、われわれとちゃんと動物学的なディスカッションをやって決めるならいいんだけれどね。英米の記者はそうじゃないんじゃないかって思ったけど、英米の記者も同じようなものです、似てますね。

山口　編集者たちはとにかく面白おかしくしようという精神でやってますからね。どうしても作家とか物書きが書いても、その通りにしてくれない。

實吉　そうなんです。それが残念なんですよ。作家たるもの、一般の人に一生懸命事実を面白く伝えようとしているんだから、それを勝手にいじられては困ります。

カナス湖の巨大魚の正体はアムールイトウか

天野　次の第3位ですが、僕はカナス湖の巨大魚を挙げました。10年ほど前にＮＨＫで特集され、個人的に信ぴょう性が増しました。よくＵＭＡ本で「ハナス湖のハナッシー」と書かれているものです。

山口　正確な発音は何が正しいんですかね。

天野　その番組に出ていた、巨大魚を研究している新疆（しんきょう）大学の黄（ファン）博士が「カナス」と発音していたので、それで僕もカナス湖にしました。

耳をそばだてて聞いていたら「カナス湖」と確かに言っているんです。日本旅行の案内でも「カナス湖」と表記されていました。

實吉　それについては、私はよくわかりません。

天野　カナス湖は中国・ロシア・モンゴルの国境にあるんですよ。結構軍事的な要所で一般人は容易に近づけないところもあるのですが、昔から馬を呑んだ巨大魚がいるって言われていた。それを作家の開高健（かいこうたけし）が許可を得て釣りに行ったんです。1988年だったかな。

實吉　「オーパ！」の開高健ね。あの男、よく釣りに行くんでしょ。

山口　犬を呑んだイワナでしたっけ？

天野　中国では大紅魚（ターホンユイ）と呼ばれるアムールイトウの巨大種じゃないかって言われていて、開高さんが行くぐらいだから、とてつもないアムールイトウがいるんじゃないかと。普通のアムールイトウは最大でも1・5mぐらいらしいんですけど、そこには10m級のものがいるって言われているんです。

　それが写真に撮られていて、背中が赤みがかっているんですよ。その赤みが浮かんでいるところを尺で計算したら9〜12mあったんです。群れではなくて、1頭でその大きさだって。

實吉　1頭でその大きさ？

アムールイトウはシベリア、モンゴルなどの河川に棲息する。体長2m、体重90kgに達するものもあるとされる（写真は北モンゴルのウール川で2007年に撮影されたもの）。

天野　話半分に聞いたとして、5mでもでかいですよね。馬を呑んだというのは伝説なので、それは大げさに言っているのかもしれないけど、未知の巨大魚はいるんじゃないか。

　中国では学術的調査が入ったけど、まだ突き止められていないと思って3位に入れてみたんです。1988年にテレビ局の新疆電視台の馮（マー）カメラマンが撮影した魚影は20mとか大げさに伝えられているんですけど、そうなると信じたくなくなっちゃうんですが、5〜6mでもいたらすごいんじゃないかなと思う。

實吉　5mでも驚異ですよ。

山口　淡水魚で5mって驚異的じゃないですか。

天野　はい。アマゾンのピラルクーで4mぐらいですか。

實吉　ピラルクーは最大で4mまでいきますかね。うろこの1枚1枚が靴べらの代わりに使えるぐらいですから、大きくて一人じゃ絶対運べませんよ。

そのぐらい重いんだけど、実際に巻き尺で測ってみると、2~3mはあったかなという感じなんです。ちょっと待ってください、あれが淡水魚最大でよかったかな。

山口　ヨーロッパオオナマズもでかいですよね。いずれにしろ、5m超えがあったら、とんでもない化け物ですよ。それで現地の人は、カナス湖の巨大魚の存在は堅いって言っているんですかね。

天野　2004年に旅行者が3~4mの魚影を撮影したというのですが、リアルなサイズですかね。

YouTubeの動画を見て、「ロビソン」と名づけた

山口　先ほど、カナス湖の発音が難しいという話が出ましたけど、僕、聞き間違えたことがあったんですよ。あるときYouTubeで、吸血鬼みたいな毛むくじゃらの化け物が出てくる動画を見てい

たんです。
ブラジルかアルゼンチンあたりの人が上げたものなんですけど、どう見てもゴリラみたいに見えるんですね。動画の中で現地の言葉でしゃべっていて、英語じゃないからさっぱりわからないんですけど、「ロビンソン」と言っているんですよ。だから、ロビンソンという怪物がいるんだと思って、永岡書店から出した子ども向けのUMA図鑑にそう書いたんです。
ところが、実は「ロビゾン」だったんです。増刷分から「ロビゾン」と修正しました。僕はプロレスファンだから、ビル・ロビンソンのことが頭にあったので、そういうふうに書いちゃったんです。現地の人の発音って聞きづらいですよね。

實吉 聞きづらいでしょうけど、「ロビンニョ」と言わなかったですか。ロビソンって聞こえました？

山口 僕はロビンソンって聞こえたので、そう書いちゃった。

實吉 そうですか。彼らが書いた字では見てないんですか。

山口 字面は見てないですね。YouTubeでしゃべっているのを見ただけですから。

實吉 そうですか。なら私も何も言えないな。ロビンニョというとオオカミのことなんです。

山口 現地に英語が使える人がいて、英語で書いているのを読むと、「近くを通ると異臭がする」とか「狼男みたいなものだ」みたいなことが書いてある。どうも西洋から狼男思想が入ってきて、現地の怪物伝説と混じって、ロビソンというイメージが作られたらしいんですね。

實吉　そうですか。いくらかわかった。
ブラジルふう狼男はいるんですよね。かまれると自分もオオカミになっちゃうんだ。それをロビズオーメン（狼の男）というのですが、発音するとロビゾーメと聞こえます。それが「ロビソン」と伝わったのじゃないか。

メキシコのウルフウーマンと「鍛冶が嬶」

山口　メキシコにはウルフウーマンがいたらしいですよ。まあ当然狼男がいればメスもいるでしょうし、オオカミを人間視する動きってどこでもありますよね。

鍛冶が嬶は鍛冶屋の女房（または婆さん）に化けて日常生活を送っており、仲間の要請に応じて旅人を襲うとされる妖怪（図版は竹原春泉画『絵本百物語』に描かれた鍛冶が嬶）

「うちのおふくろ、実はオオカミに化けていた」という話は、日本だと「鍛冶が嬶（かじがかかあ）」とか「鍛冶が婆（ばば）」とか、あそこら辺ですかね。

實吉　オオカミ婆の話か、確かにありますね。化け猫ばあさんと同じ系統ですね。たいていはうちのお母さんがお墓参りに行った帰りに嵐に遭って、行方がわからなくなるんです。大変だ、大変だって探しているときに、

塚原卜伝は戦国時代の剣士、兵法家で、父祖伝来の鹿島古流（鹿島中古流）に加え、天真正伝香取神道流を修め、鹿島新当流を開いた（図版は講談で有名な「宮本武蔵の鍋蓋試合」の場面を描いた月岡芳年画「武蔵塚原試合図」。左が武蔵、右が卜伝）。

ひょっこりと杖をついて一人だけで帰ってくる。これが怪しいわけですね。

それ以来、そのお母さんはなんだか今までと違って、お魚がいやに好きになったり、異臭が好きになったりして、しかも食べるところを見ていると、手で持たず、いきなりかぶりつくようにして食べていたりする。これは怪しいということで、その息子と一緒に退治するという話だよね。そこに塚原卜伝のような豪傑が出てきて、これは怪しいという

山口　大体同じパターンですよね。オオカミって、やっぱりそういうふうに神聖視される動物だったんですね。

オオカミという名前でもオオカミではないものがいる

天野　實吉先生、南米だとオオカミ自体いないんですか。

實吉　オオカミと言っていいものはいないです。

山口　アンデスオオカミっていないんですか。

實吉　アンデスオオカミは南米本土には関係ない。それからアシナガオオカミというのもいたな。

タテガミオオカミもいた。

これはそんな名前が付いているだけで、本当のオオカミじゃないです。だから私の先生に当たる平岩米吉先生（１８９８～１９８６、在野の動物学者、作家）は、「あれはそう呼んじゃいけない。アンデスオオカミも野生のイヌ科動物だ。だからタテガミオオカミはアシナガイヌと呼ぶべきだ」と言っておられた。

これは平岩先生の『犬を飼う知恵』（築地書館）という名著の犬科動物の項にある説明で、先生は「肢長犬」と書いておられました。

天野　ややこしいですね。

實吉　ややこしいですよ。アンデスオオカミでしょ、フォークランドオオカミでしょ、中には本当のオオカミもすっと混じっちゃったりするから。

天野　フォークランドオオカミも違うんですか。

實吉　フォークランドオオカミはオオカミです。

天野　よかった。タテガミオオカミってウルフかと思っていた。

實吉　そのほか、ブッシュドッグ（やぶ犬）というのがいるでしょ。あれバカみたいな顔しているんだけど、あれも結構強固な群れを成していて、

フォークランドオオカミはフォークランド諸島で唯一の在来のイヌ科動物であったが、開拓移民による島の開発と狩猟によって棲息数を減らし、1876年に絶滅した（図版は、オランダのイラストレーターが描いたフォークランドオオカミ）。

アマゾンを本拠としてかなり暴れてますから、オオカミが発達できなかった。

山口　そうなんだ。

天野　僕、横浜のズーラシアでやぶ犬見たんだけど、チョコマカした動きがちょっと面白いなって思いました。

實吉　あれ、かわいいでしょ。あれ飼えば飼えますよ。
　飼えるんだけれど、かみつかれるとなかなか放さなくて困るそうです。なかなか強いんです。

ブッシュドッグ（やぶ犬）はパナマからボリビアまで分布する原始的な種で、沼地付近の森林に棲み、10頭以下の群れで鳥獣を追いかけて捕食する。

国境線に怪物がいるのは情報機関の情報操作か

山口　話をカナス湖の巨大魚に戻しますと、北朝鮮と中国の境界の天池に「テッシー」がいると言うじゃないですか。外国との国境線には必ずといっていいほど怪物がいるんですよね。
　僕は、なんで国境に出るのかというのが気になって仕方ないんです。情報機関の情報操作でもあるのかなとか、人を寄せ付けないためかとか、潜水艇で工作活動をしているのがばれないように、向こう岸の敵国の領域にスパイを送り込んで帰ってくる小型潜水艇をＵＭＡ伝説で隠しているのかなとか、いろいろ考えるんですよ。

特にチャイニーズネッシー（テッシー）が出る天池、天湖って言うんですか、あそこは確か最近できた人造湖ですよね。だから、そんなでかいやつがいるとは思えないんですよね。

天野　あそこ、白頭山といって金正日の生誕地ですよね。

山口　そうなんですよ、2代目の金正日の聖地。だから、最初は金正日が水泳しているところがUMAに間違えられたんじゃないかっていう冗談があって（笑）。

天野　一応、吉利（チイリ）と名付けられていましたね。確かに、一人乗り潜水艇の訓練説も出ています。

編集部　写真はあるんですか。

天野　写真は撮られてます。2002年に20〜30体の物体が撮影され、CNNが全世界に報道しました。

實吉　いわゆる分界線（軍事境界線）でしょ。つまり北朝鮮と韓国の国境38度線で、あそこは縦は2kmぐらいしかないんだそうですよ。横は韓半島の国幅だけあるわけだ。

だからあそこには、ひょっとしたら虎がいる、オオカミがいる、いろんな鳥がいるということまでは言っていいんですよ。そこまでは言えるんです。

虎については論議があって、「もういません」って言う人もいるけれど、あるとき、どうも原始的な鳴子（なるこ）（鳥獣に荒らされるのを防ぐための仕掛け）が鳴ったんですって。それでクレイモア地雷というのをグイッとやったら、ボカーンと音がしたという。あくる日行ってみたら虎が粉みじんになっ

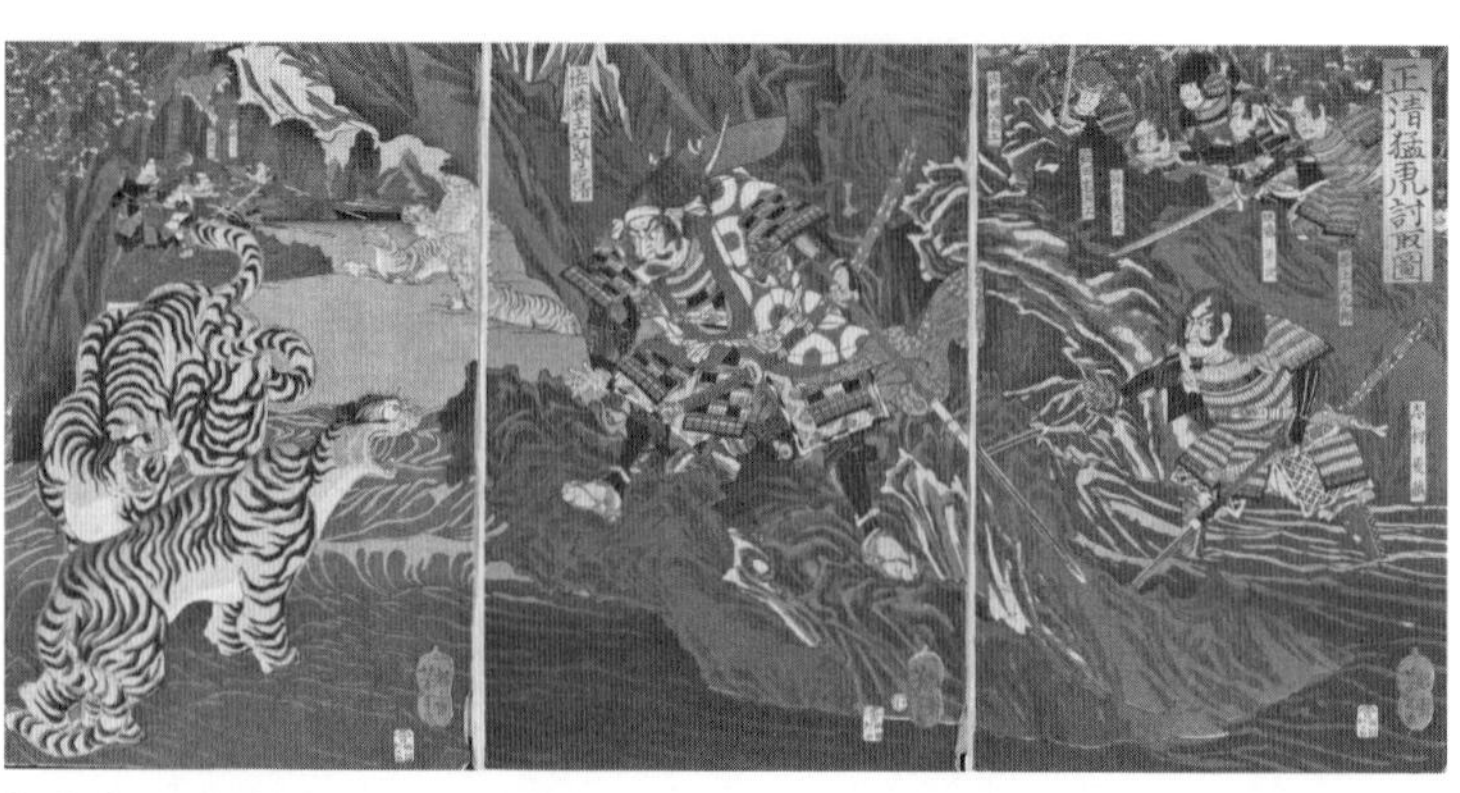

加藤清正は朝鮮出兵中に虎退治をしたという伝承が残るが、本来は黒田長政とその家臣の逸話が、後世に清正の逸話にすり替えられたという（図版は月岡芳年画「加藤清正の虎退治」）。

ていたという話が南朝鮮に伝わって、成島悦雄さん（井の頭自然文化園園長）が、私も同人であった『動物文学』誌に書かれたわけです。

それでSF作家の豊田有恒さん――私と親しかったんだけれど――虎が大好きでね。大喜びであちこちに書いていました。虎は韓国語で「ホランイ」と言うんだってね。

山口　僕らは加藤清正伝説で虎退治っていうのを習って、ずっと親しんできたので、朝鮮の虎が滅びてしまうと、ちょっとさみしいですね。

實吉　そうですよね。彼らは動物学的事実などどうでもいい民族だから、相変わらず「いるいる」と言ってますよ。

山口　ニホンアシカ（☞359P）の生き残りが一部、北朝鮮のエリアにいるって聞いたんですけど。

實吉　北朝鮮のエリアでしたらいてもいいし、オオカミがいてもいい。でも虎となると首をひねるけど、いない

天王寺動物園に保存されているニホンアシカの剥製

と断言もできない。

山口　北朝鮮に「お金払うからニホンアシカとカワウソ、ちょっと分けて」と言って、ちょっと仲よくできないものですかね。

實吉　どうですかね。3代目が、そういう平和な話ができればいいんですけどね。

中国人は沙悟浄をカッパにするなと怒っている

山口　中国は最近UMAが増えていますよね。中国の各地の湖にUMAがいるじゃないですか。何匹もいますよ。

英語で書いている中国人がいて、でかいのがいたといっぱい書いてる。どこまでが本当で、どこからが嘘なのか。観光戦略で「いる」と言っているだけなんじゃないのかとも思っていますよ。英語で書けば、日本とかアメリカからUMA好きが来ますからね。でも中国だったら何かでかい巨大個体はいそうな気もするんですけどね。

中国人は「水怪」（水に棲息する怪物）と書いているけど、あの言葉も、日本人はちょっとわくわくする。中国人に日本の『西遊記』を見せると、みんな怒りますよ。沙悟浄（さごじょう）をカッパの類いにし

沙悟浄の前身は深沙神（じんじゃしん）といい、毘沙門天（びしゃもんてん）の化身とされるが、前世の玄奘を食って妖怪と化したとされる（図版は、『西遊記』の簡本『西遊真詮』に描かれた沙悟浄）。

ているが、これは水の神なんだからカッパにするなって怒るんですよ。僕ら日本人はすぐカッパにしたがるんです。

實吉　あれは最初、沙悟浄（沙僧）というものが知られたときに、訳者が一生懸命考えたんですよ。これをどうやったら日本の民衆にわからせることができるか。そうだ、カッパがいるじゃないかって。

実際、カッパそっくりなんですよ。だから皿まで作っちゃったわけです。

山口　先生、エノケン（榎本健一）さんが孫悟空を演じた『エノケンの孫悟空』って映画（1940年）がありましたけど、あれで沙悟浄＝カッパのイメージが固まったんですか。

實吉　いや、それ以前に、講談で取り上げられた頃からですね。立川文庫の頃から「河童の沙悟浄」と書いてあったんです。だから江戸時代からそういう訳し方をしていた。

そのおかげで沙悟浄はなんの働きもないつまらない男なのに、あれだけ有名になっちゃった。キャラクターとしては実に駄目なんですよね。活躍もしないしね。

兄貴の孫悟空と八戒のけんかを仲裁もしないし、三蔵法師に忠誠を尽くしもしないし、駄目な男ですよ。

山口　まさか實吉先生から沙悟浄へのそんな厳しい駄目出しが出るとは思わなかった（笑）。

實吉　僕は孫悟空よりも沙悟浄に、猿飛佐助よりも霧隠才蔵（講談本に登場する忍者で、「真田十勇士」の一人。真田幸村に仕え、兄弟分の猿飛佐助と大坂の陣で活躍した）に肩入れするタイプなんです。主役よりも副役の方が、一癖あった役の方が好きです。

山口　わかります。

實吉氏、ミズダコと格闘する

天野　第4位はダイオウイカ級の巨大ダコを挙げさせてもらいました。まだ見つかっていないけど、今の時点でミズダコが一番でかいじゃないですか。これは自分の願望も入っちゃっているんですが。

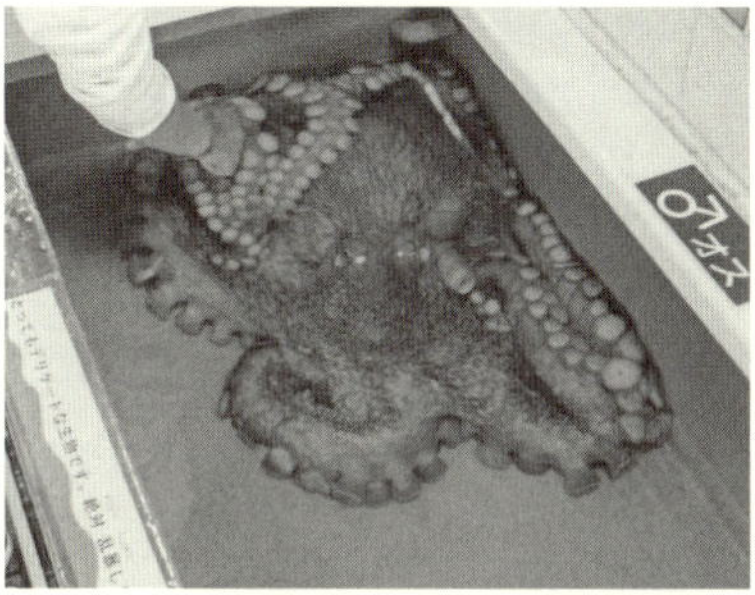

實吉　待ってくださいよ。ミズダコもそんな大きいのがいると、証明されましたっけ？　大丈夫ですか。

山口　天野さんはルスカ（バハマの巨大ダコ）が好きだからね。ルスカはＵＭＡファンしか通じない話ですよ。

天野　そうなんですよ。ミズダコって最大でせいぜい4、5ｍぐらいですかね。脚広げても10ｍはないですよね。10ｍ超えがあったらいいなという願望があって……。

ミズダコは世界最大のタコで、胴の長さは40㎝くらいだが、脚を含めると全長３〜５ｍになる（写真は福井県坂井市の越前松島水族館で飼育されているミズダコ）。

實吉　僕はミズダコが一番大きいということはかねがね知っていたんだけれど、それでもずいぶん小さく言ってましたよ。タコというのはすぐ大きくなるけれど、すぐ死んじゃうんだ、寿命が短いんだ。

それで、ミズダコが世界最大だけれど、せいぜい1m半ぐらいだって言ってましたよ。そうしたら、「なんだそれで世界一か」と言われ、悔しいからジャック＝イヴ・クストーとか、そういう学者の話をしきりに読んだ。そうしたら水の英雄みたいなのが出てくるわ、出てくるわ。大きさがどんどん伸びていって、タコでは最大値が8mまで行ったかな。

それで、タコには限らないんだが、巨大動物がいるということでカナダへ行って、水中カメラマンを潜らせて捕獲し、写真を撮ったときも、脚を伸ばしても4mはなかったかな。あれだけ大きいからミズダコだと思うんだけど。

ジャック＝イヴ・クストー（1910～1997）はフランスの海洋学者、探検家、発明家（写真は1976年撮影）

甲板の真ん中に放り出しておくとね、彼らすぐわかるみたいで。ほら、リーダーハンドという特別な腕がありますよね、その1本をスーッと一方へ伸ばすんですよ。そっちに排水溝があるということがわかっているみたいなんだよ。手の先に目があるみたいで。

天野　そこから逃げようとするんですね。

實吉　逃げようとする。そうすると他の脚が一斉に手伝ってくわけです。それで、「おー、待て待て」と、僕はその坊主頭を冷酷無残にギューッと引っこ抜きましたけどね。排水溝から逃げられた日には恥ですからね。

でも潜った人や現地の人によると、4mぐらいはその湾では珍しくないという。僕が行ったときも3m級が2時間以内に3匹も4匹も捕れましたからね。そこはタコを食わない国だから捕れるんですよ。

一番大きなミズダコはそのくらい。大きいからミズダコだったと思うんですが、図鑑で見てもわからないんですよ。タコってやつは決まった形がないんでね。

20年生存しているタコなら全長10mになり得る

天野　僕も、タコのサイズってどこを測ってんのかなと思っていたんです。広げたのか、頭から脚の先なのか。

實吉　脚なんだから頭の下だけ測るはずですね。全長なんていう場合は別ですよ。全長という場合は頭と脚をギューンと伸ばしたところ。

山口　全長10mのタコがいる可能性はあるんですか。

實吉　可能性はあるでしょうね。

山口　だとしたら十分怪物ですよね。やられたらひとたまりもない。

天野　僕は「世界まる見え！　テレビ特捜部」（日本テレビ系）という、ビートたけしさんがやっている番組で見たタコが、今まで見たタコの中で一番でかかったんですけど、脚広げると7～8mあったんです。それ見たときに、あれ図鑑のタコよりでかいなと思いました。カナダのブリティッシュコロンビア州の西海岸とバンクーバー島の間の海峡はかなり富栄養というんですかね、生物が結構大きくなる。

實吉　富栄養のところに棲んでいると、中には長命なタコもいる。それとタコを食う魚もあまりいないからね。

山口　ということは、長生きすればするほどどんどん大きくなっていく可能性がある？

實吉　ありますね。例えばタコは4～5年の寿命だというんだけど、4～5年では10mにはならないだろう。7mも無理だろう。それを考えると、思ったよりも長命だ。

そこで考えたのは、クジラなどは耳の垢（あか）のたまり方で正確な年齢を測ることができるんだね。年輪のようにわかるので、100年を超えたのもいることがわかってきた。

タコの場合もどこか硬い部分があって、年に一遍増えるというところがあればいいんだけれど、ないもんだからよくわからない。

山口　イカなど軟体動物の年齢測定って、かなり難しいんですか。

實吉　イカはもっと難しいです。イカの方が脚が長いんだから。

山口　タコで20年ぐらい生きているやつがいたら、10mぐらいあり得るわけですね。

實吉　可能性としては、あり得ますね。逆に7mとか5mのものがいたら10年以上は立派に生きている、長生きなタコだと思っていい。

天野　天敵はいないということですか。

實吉　いないことはないですよ。ウツボのように口の中が歯でいっぱいになっているような魚にはかなわない。かなわないんですけど、大きさによってはとても呑めないってのもあるし、脚は少しぐらい食われても、すぐ生えちゃう連中だから。

山口　タコって結構、未確認生物みたいなのが多くてね。妖怪で「ヘビダコ」というのがいるんですが、7本脚のタコはヘビダコといって食べない。なぜなら、もともとヘビであったものが水中に入ってタコに化けた妖怪だという伝説があるんです。

面白い伝説だなと思っていたら、インドネシアの方で、タコが1本の細長いウミヘビみたいに擬態することによって天敵から逃れるっていう話があったんですね。そういう擬態ダコ――「ミステリアス・オクトパス」と言ったかな――そういうのがインドネシアあたりで見つかったんですよ。

そう考えていくと、まだまだ軟体動物でルスカとかヘビダコって言われているような、タコに関する幻想動物史みたいのを裏付ける新しい生態を持ったやつがいる可能性はありますよね。

實吉　ありますね、大いにあります。

山口　ルスカのタコって、タコ焼きだと何人分ぐらいですかね。まずそうな感じがしますけど。

天野　やっぱり大きいのってまずそう。ダイオウイカもまずいって言うじゃないですか。

山口　僕、ダイオウイカ食べたんだけど、意外といけましたよ。イカのキャラクターでやっている芸人さんがいて、その人がイベントの後で持ってきてくれて。真空パックに入った燻製みたいなものだったけど。
もっとアンモニア臭とか強くて、まずいかと思ったら、意外といけました。おいしくはないけど、飢え死にするくらいだったら食べた方がいい。食料危機になったら、みんなでダイオウイカ食べた方がいいです（笑）。

キャディと馬信仰の接点

天野　5位にはUMAでは結構ビッグネームの「キャディ」を持ってきました。これは目撃談が結構リアルで、目撃場所も特定されているんで。

『キャドボロサウルス』（Heritage House Pub刊）に描かれたキャディ

キャディって名前が付いてますけど、カナダのバンクーバー島南端にあるキャドボロから、この付近の湾内で目撃例が多発したことから「キャドボロサウルス」という名称がフルネームです。

シーサーペントとかレイクモンスターもそうですけど、馬のような長い顔をして、頭部から首にかけてタテガミもしくは毛のようなものが生えているという。

普通、嘘をつくのならもっと違う嘘をつくと思うんです。「ヘビの巨大なやつ」とか言うと思うんですけど、目撃談が非常に哺乳類的なんですよね。オオウミヘビを哺乳類みたいな特徴で言うというのは、嘘としてはちょっと違うかなと思う。キャディみたいな海洋生物がいるんじゃないかと思うんです。

山口　気になるのは、水棲ＵＭＡの目撃談で必ず顔が馬みたいっていう話が出てくるじゃないですか。僕は妖怪伝説の中にＵＭＡデータがあると思うんですよね。沼に出る妖精で、顔が馬みたいな妖精が浮かび上がってきて、その背中に乗ると水中に引きずり込まれちゃうとかね、ケルピーでしたっけ？

實吉　ケルピー（スコットランドの川や湖で目撃される、美しい馬の姿をした幻獣）ですね。

山口　それとか五島列島のあたりに出たという「海鹿（うみしか）」という怪物がいるんですけど、顔が鹿とか馬みたいで、船に襲いかかってきて人間を食うとされる。そう考えていくと、やっぱり顔が馬面（うまづら）のような生物がいたんじゃないのかなとは思いますね。

天野　そう思うしかないような……。いたら魅力的なんですけどね。

山口　キャディの子どもの死骸がクジラの腹の中から出てきたといわれるけど、あれはどこまで本当の話なんですか。１９３７年に撮影された、その死骸の写真が妙に変なリアリティーがあるんですよね。

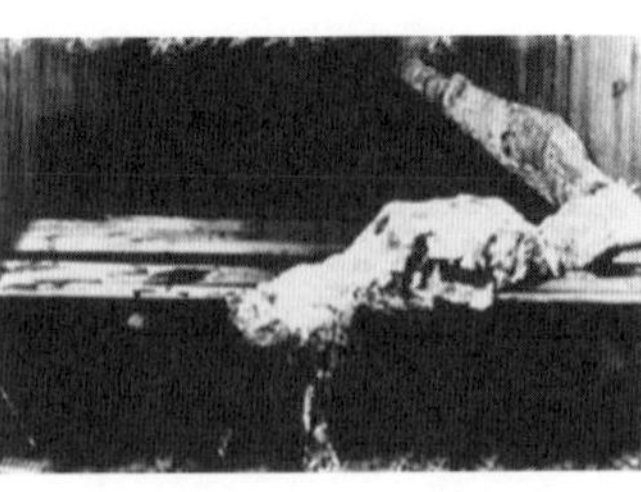

キャディの死骸とされる写真。1947年にカナダ・バンクーバー島で撮影されたという。

天野　キャディの死骸を、並べた木箱の上に置いている写真がよくＵＭＡの本に出ていますね。

山口　キャディは結構存在が堅いんじゃないかな。馬みたいな頭の形してますね。

實吉　こんな角ばった顔では、水中では抵抗が多いから発達しそうもないですけどね。そういうのがしばしば現れて、子どもたちと親しくなって、うっかり跨ったらさらっていくという。そのまんま海へ、あるいは湖へ飛び込んでしまうというのは、北ヨーロッパに非常にたくさん伝わっている伝説ですよね。

日本には「河童駒引」という膨大な伝説群があるんですよ。馬と猿、あるいは馬と人間との関係を石田英一郎さん（文化人類学者・民族学者）が一生かかって研究したんですね。

カッパが馬を取るとか、取られるとか、子どもが水馬、妖馬にさらわれるというモチーフの伝説民話が日・中・欧あらゆる国に伝わっていることを研究したのが石田先生の『河童駒引考』という大著です。

それを踏まえると、キャディはカナダあるいはインディアンに異説として伝わったものじゃないだろうか。

山口　ノルウェーにも「セルマ」（ノルウェーのセヨール湖に棲むという伝説の大蛇）がいるんですけど、

あれも馬みたいな顔をしていますね。

實吉　北ヨーロッパでは、馬は非常に貴重品だし、また大事にする。崇拝もした。だからそういうふうに妖怪化する、あるいは水神化する傾向が強かった。恐れられると同時に崇められていた。そういうことと関係していた。

日本はカッパと馬というのは関心が高いから、カッパが馬を引くという話になったんでしょう。

天野　キャディは島と大陸間に挟まれたジョージア海峡に出没するヒアチュカルクという先住民の伝承にすでにあったといいますね。

實吉　伝承の骨子はやはり子どもをさらうんですか。

天野　そこまでは本には書いてないんですが、１９６８年に捕鯨船で、生きたままキャディの子どもらしき生物を捕獲した方がいらっしゃる。それは体長40㎝ほどで、尾がスペード形に二股に割れ、先端が細いヒレ状になっていた。

住民がその生物を見つめていると、「助けてください」と訴えるように目がうるうるしていたので、同情心が芽生え、逃がしてあげたという話です。

實吉　そりゃ、涙ぐましい話で大変結構です。人間をさらっていくという話は、乗せて歩き回ったという意味からいうと、人間に親しみを示してもいるわけですよね。そういう形の怪物がいるかとなると、わからない。

非常に水の抵抗が大きいから、あの形をしたものが水中を泳いでいるわけがない。

山口　日頃、そのUMAは陸棲というのは考えられないですか。
實吉　陸棲ね。そうすると水馬と関係が出てくる。馬は本当は泳ぎたくならない動物です。しかし人間が水馬の訓練をやると喜んで水に入るようになる。
　そういうことはあるでしょう。そうすると毎日水に入るのが出てくるかもしれない。
山口　その馬面の怪物って、一体何ものなんですかね。
實吉　そのように人間に馴れた馬の中には非常に優秀なのがいて、死んでからも姿を現したという伝説なのか。あるいは毎日水に入ったり、海へ入ったりする習慣のついた、半水棲化した馬というのも考えられますね。
山口　では、霊的なものを目撃したのがもとになっている可能性もありますか。
實吉　あると思いますよ。霊的なものならば、馬への信仰とか、恐怖ということにつながっているでしょう。人間の奥底にある、馬に対する尊敬心とか畏怖心が、馬頭観音といった信仰を生んだのかもしれませんね。
山口　では、実際のキャディは馬面ではなかったかもしれませんかね。馬に見えるけど、馬面ではないのかもしれない。
天野　ひょっとしたら肉付きがもうちょっと水中で動くのに適したようになっていると考えられないですかね。でも人は、馬、鹿、ラクダといった印象を持っているんだな。
山口　水棲生物に馬とかラクダに似た顔をしているやつがいたということですよね。馬面の怪物が

馬頭観音は観音菩薩の化身で、人身で頭が馬のものと、馬の頭飾りをつけたものがあり、馬頭は諸悪魔を下す力を象徴し、煩悩を断つ功徳があるとされる。しかし一般には馬の無病息災の守り神として信仰される（写真は千葉県香取市で撮影された馬に乗った馬頭観音）。

出る理由は、先生がおっしゃるように馬に対する信仰心とか畏怖心があるのかもしれませんね。ちなみに南極ゴジラ（☞368P）も水棲生物とは思えない顔をしているしね。

實吉　確かに水棲生物とは思えない顔しているね。

天野　イルカとかクジラみたいに海で生活するには、「収れん」（系統の異なる生物同士が、近似した形質を持つ方向に進化する現象）って言うんですか、ああいう魚みたいな形になっていくのが常識ですよね。ところが、この場合は顔が当てはまらないんですよね。それが不思議で。こういうのって、キャディに限らず、本当に多いんですよね。

山口　馬面って多いですよ。

實吉　ですから、その馬のような怪物がもし日頃泳いでいるとすれば、首だけは浮いているはずなんですよ。水馬のイメージはそうなんですよ。

「恐竜が生き残っているかどうか」は永遠のテーマ

山口　そういえば、ステゴサウルスそっくりのレリーフがあるからと聞いて、アンコール・トムに見に行ったことがあるんです。写真も撮ってきたんですけど、どう見てもステゴサウルスなんですよ。

旧日本陸軍であああいう生物を見たという話があって、ステゴサウルスがもっと矮小化して、小型化したような末裔がいた可能性があるのかなと思いますね。僕らUMAファンの一番の願望は、恐竜に生き残っていてほしいということですよね。

實吉　生き残っていてほしいけれど、小さくなっているんじゃ、魅力がないな。語り伝えたり想像したりするにも、せめて5～6m以上はないとね。

山口　でもどうなんですか、恐竜は生き残っている可能性はありますか。

實吉　恐竜がいる可能性があるかというのは永遠のテーマでしょうね。これから100年たっても、人類は同じ興味を持っているん

アンコール・トムのステゴサウルスそっくりのレリーフ（上）

じゃないかな。

山口　陸棲の恐竜はもう無理ですよね。

實吉　はい。ですから私よりももっと真面目な学者、古生物学者のところへ、小林少年みたいな少年がやってきて、「先生、恐竜はこの世にいるんです」と言うところから始まる理想的ないい小説を書こうと思ったことがある。

思ったんだけれど、そういう設問から始めた以上、博士はどうしてもその少年と一緒に恐竜を見に行かなければならない。それに、日本の——日本とは限らない、どこだっていいんだけれど——ある地方に恐竜がたった1個体でもいいから生存していることを推理しなければならない。

そりゃ、3つも4つも説はありますよ。その地方だけは自然が他と隔離されていたとかね。でも、温度や湿度が古代と同じというのがあり得るかというと、非常に難しいですね。空気はどんどん変化しちゃうからね。

それに、そこに人が立ち入らない条件が、戦争中も通して、大きな地震を経てもあったかどうかも考えなければならない。だからその少年と博士の冒険はさて置いて、そのテーマが一番難しくなってくるんですよ。

ローペンの正体は巨大グンカンドリではないか

編集部　では次は敏太郎さん、いかがですか。

山口　僕は1位にアルマス（ロシアの獣人）を持ってきました。ベスト5は別表の通りですね。

僕はわりと有名どころを中心にしました。ローペンはとにかく好きなんです。翼竜が生きていてほしいなという願望を込めてという感じですね。

ニューギニアにいるローペンなど、翼竜だったら生き残っている可能性があるのかな、巨大湖の水棲の巨大爬虫類だったらあり得るのかとも思ってね。

でも、ローペンも数が減っているって聞いたんですよ。現地の新聞とか読んでいると、何十匹もいたのが、今は数匹しかメスを求めて尾っぽが点滅しなくなったと書いてある。

僕、グンカンドリの巨大な個体グループがローペンだと思っているんですけど。グンカンドリのでかいやつで、人の味を覚えたやつがいるんじゃないかな。

天変地異のときに生存できる可能性があるのは空を飛ぶやつか、海に潜るようなやつしかいない。

ローペンはパプア・ニューギニアのアドミラル諸島に棲息するといわれる翼竜。蛍光塗料を塗ったように体が光るという（写真はhttp://www.lazerhorse.org/より）。

山口敏太郎氏が選ぶ　実在の可能性がある世界のUMA

1位	アルマス	2位	オゴポゴ
3位	イエティ	4位	キャディ
5位	ローペン		

グンカンドリは亜熱帯から熱帯の外洋の島々に棲む大型の海鳥で、全長70～110㎝、翼を広げた長さは大型種では2.4ｍにもなるとされる（写真は枝をつかんだグンカンドリ）。

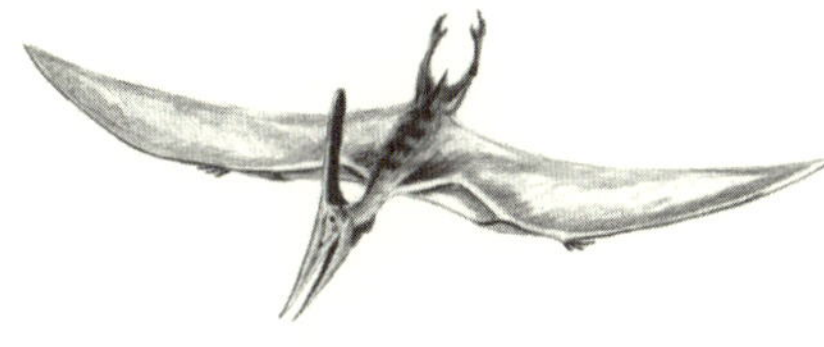

白亜紀（約１億4300万年前から約6500万年前まで）後期に栄えた翼竜プテラノドンの復元図

実吉　翼竜の方が、まだいられるかな。木の上からぶら下がっている。あるいは洞窟に住んでいる。

飛べるんだから空気の汚染に耐えられるならば続いているかもしれませんね。育雛（いくすう）行動もできるんだから子孫は残せるはず。

生き残っている可能性のある恐竜は何かというと、翼竜だということですね。とっぴみたいだけど確かに翼竜の方がいいな、抵抗がいくらか少ないからね。

山口　翼竜は可能性があると思うんですよね。ラドンみたいに何メートルもあるような巨大な翼竜もいたと聞いていて、そっちが生き残ってくれていた方が怪獣みたいで面白いなと思う。小型の翼竜だったら、アフリカとかパプアニューギニアにいる可能性はあるのかなと思う。

実吉　たかだか６ｍぐらいですからね、翼竜の代表プテラノドンでそのぐらいです。

メガラニアやトカゲの残存種はいる可能性がある

山口　天野さんはどうですか。どんな恐竜の種類が生き残っていると思いますか。

天野　陸棲は難しいんじゃないかなと思いますね。陸棲の場合は、僕はメガラニアとかトカゲの残存種の方が、まだ信憑性があるのかなと思う。

巨大トカゲ、どうですかね。メガラニアの生き残りがいたら、大変な発見ですよね。

實吉　メガラニアがもしいたら、もう大変な大発見で、今からそこへ飛んで行きたいところだけれども、騒がれるかというと、そうでもないかもしれません。コモドドラゴンのもうちょっと大きいやつだぐらいですからね。

天野　ニューギニアとかオーストラリアの大陸では目撃情報はあるんですよ。そういう話を聞くとワクワクしちゃうんですけどね。

實吉　オーストラリアはオオトカゲの本国みたいなもんだからね。

山口　中国の辺境に、巨大なトカゲが太平洋戦争の末期ぐらいまではいたらしいけど、絶滅したという話がありましたよね。

天野　タイでは日本兵がやっつけた話もあります。洞窟に閉じ込めた捕虜が毎日減っていく。どうやら中には竜のような大トカゲがいて、こっちも

メガラニアは約４万年前にオーストラリアに生きていたとされる陸棲のオオトカゲ（図版は、復元図）

そいつに食われる危険性があるので、手りゅう弾で退治したという話はありますね。

山口　意外と人知れず、ここ100年のうちに滅亡している巨大生物とか、巨大爬虫類は結構多いかもしれないですね。フィリピンのルソン島で見つかった巨大トカゲは地元の村民がみんなでバクバク食っていたんですって。

たまたまネットに写真をアップしたら、「それ、新種のトカゲだよ」と欧米人とか日本人が気付いて、それで世界に広がったんです。現地の人って子どもの頃から普通に食っているもんだから珍しいものだとは思わなくて、人に言われて、「これ珍しいの?」というくらいの感覚なんですね。

實吉　なるほど、それが未知の新種だったんだ。いかにもありそうですね。

「先住民族の伝説にもあった」と説明するときに気をつけるべきこと

山口　2位に挙げたオゴポゴもやっぱりいますよね。カナダのオカナガン湖で目撃されたレイクモンスターですね。

天野　あとで述べたいことがあったので、隠しておいたんですけど、実は僕も上位にランクさせています。

山口　オゴポゴとか屈斜路湖のクッシー（☞314P）とか、必ずもともと先住民族の怪獣伝説があったという話が多いですね。必ずしも先住民族の伝説がUMA目撃談と同一のものを指している

オゴポゴはカナダ・ブリティッシュコロンビア州のオカナガン湖で目撃される水棲のUMAで、体長は約6～30mで、頭部は山羊や馬や牛に似ているとされ、背中にコブがあるという（写真はオカナガン地方の中心都市ケロウナの湖畔にあるオゴポゴのオブジェ）。

とは言えないですけど。

天野　本当にそう思います。

山口　ネイティブ・アメリカンも見ていたという設定は、ちょっと燃えるところもあるんですけど、参考程度にしておいた方がいいですよね。

天野　僕もそう言ってきました。

實吉　できれば、その先住民族がどれくらい昔の、何と呼ばれた民族で、何より早く、何より遅いということ……例えばアメリカ・インディアンより遅いとか、ヒバゴンより早いというような言い方をしてくださったら先住民説でもいいんですけどね。そうでないと何でもそっちに押し付けちゃって「何モン」だの「何シー」だのっていったって、しようがないよね。

山口　それに、その頃からいた動物ってもう相当数が滅びていますよね。生物学という概念ができたのがまだ２００～３００年前ですから、それより昔だったらもう記録にないところでどんどん絶滅している。

今いたら、「なんじゃ、これ！」というのがいっぱいいたはずですよね。

天野　軟骨魚類のＵＭＡがいたとしても、軟骨だと残らないんですよね。

リバイアサンは旧約聖書「ヨブ記」（41：1～34）に記された水棲の巨大な幻獣で、レビヤタンとも。硬いうろこを持ち、目は光り口からは火花を発し、鼻からは煙を出し息は炎のようだという。17世紀を代表するイギリスの政治哲学者ホッブズは国家主権の絶対性をリバイアサンにたとえ、著作（1651年）の表題に採用した（図版は、フランスの画家ギュスターヴ・ドレの彫刻画に描かれたリバイアサン）。

實吉　残りませんね。軟骨だと残らないです。

天野　軟骨の巨大なもの――サメとかエイのわけのわからない、見たこともないような巨大なものがいたかもしれない。

山口　そうですよ。リバイアサンのモデルになった巨大なやつが絶対いたはずです。だから、本当にまだこれから発見されるんじゃないかなという気がしますよね。

UMAにもセンスのいい名前をつけたい

山口　天野さんはオゴポゴが好き過ぎて、富士五湖の西湖の怪物に「サイポゴ」と名づけたんですよね。

天野　実際は同行した隊員が名づけたのですが、何とかシーばかりじゃ面白くないなと思って採用しました。

山口　そうなんです。当時、サイコラーとかサッシーとかいろんなのが出たけど、今、サイポゴが勝っていますよね。僕が無理やり広げているんだけど、サイポゴっていうオゴポゴ系の名前が増えた方がいいなと思う。

天野 ありがとうございます。でも、そんなマイナーな言い方、大丈夫ですかね。

山口 いや、もう何とかシーばっかりで飽きましたからね。味わいがない。なんで海外みたいに多様な名前にしてくれないのかなと思う。

天野 向こうはなかなかネーミングセンスがいいですものね。

山口 キャディにしてもかっこいいですものね。

實吉 センスがいいですよ。

山口 おらが町の怪物なんだから、もっと愛着が湧く名前にしてもらいたい。

天野 そうですよ。犬に何でもコロとか太郎とか付けるのと一緒で、UMAもキラキラネームまで行かなくていいから、もうちょっとセンスのいい名前をと思っていますよ。

實吉 ツチノコは「全国一覧表」が作れるくらい、つつましいけど地方ごとの名前にしゃれっ気があった。ツトッコとか、そういう名前の付け方って風雅でしたね。

天野 いいですよね、そういう呼び方って。

實吉 いいでしょ。今の人も依然としてつつましいんですよ。つつましいから、「あれはオゴポゴじゃなかった。こういうんだ」と説明するだけで、言挙(ことあ)げしない。ところが名前を真っ先に付けて流行らせたがるのがメディアですね。

天野　メディアが火をつけちゃうんです。

山口　それで、「もっと違う名前にしましょう」と言うと、「いや、ネッシーのイメージがあるから、これ以上は駄目」みたいなことを言う。そんなのおまえらの勝手な感覚じゃん。

實吉　あの人たちの勝手な感覚で、いつのまにか限定しちゃうんです。

天野　なんでも何とかシーって付けちゃうのって研究の邪魔にもなっているようですね。

實吉　現になっていますよ。何々シー、何々シーって、みんなシーを付けるんで。

天野　そう考えると、千葉県松戸市の「すぐやる課」の「マッドドン」は面白かったな。

山口　怪獣っぽい感じですね。何とかサウルスとか、何とかラスというのはもっと増やしたいですね。

天野　キャディはもともとキャドボロサウルス。略してキャディになった。

山口　そうそう、あれかっこいいですよね。子どもの死骸の写真を實吉先生に見ていただきましたね。

實吉　では、オゴポゴは二人で一緒に、最終章で改めて語り合ってもらいましょうか。

イラク戦争のときに巨大なバッジャー(アナグマ)が現れた

山口　「エイリアンビッグキャット」という大型のネコ科の生物がイギリス国内にいるといって、

何年か前にわりと鮮明な写真が撮られているんですけど、あれ本当なんですかね。

實吉　それ、ピューマらしい？

山口　ピューマより大きい気がします。フランスでも2014年11月にパリ郊外セーヌ＝エ＝マルヌ県にトラが出現したという事件がありました。確かにトラみたいに見えるんですけど、トラにしては小ぶりだったんです。ネコ科の動物みたいだなって、遠目に見て思いました。

實吉　ああ、そうですか。フランスはルーガルーなんだけどね。フランスでは今でもルーガルーという鬼オオカミが出るという話がよくあるんですよ。

山口　あとフランス貴族とイギリス貴族が、趣味でアフリカとかいろんな地域の動物を集めていたと聞きますね。かつて貴族が飼っていた猛獣たちの一部が野生化したやつが若干いるのかなと思って。

ルーガルーはフランスでは狼人間全般を指す一般的な言葉。しかし、地域によってニュアンスが異なり、例えばケイジャン地方などでは、狼（または犬）の頭と人間の体を持つ獣人とされることが多い（図版はルーガルーを描いたリトグラフ［1858年］）。

實吉　子を残すには、その相手がいなければね。

山口　当然、それに近いネコ科の大型のものがいなければですね。イギリス人の周りって意外と変な動物がいて、2007年イラク戦争のときにイギリス軍の占領エリアになったバスラというところで巨大なバッジャー（アナグマ）が出て、農家の家畜を襲っているといううわさが広まったんです。

「イギリス軍が連れてきて放った」と住民たちが怯えたんですね。現地にもアナグマはいるんですけど、僕の結論としては、結核菌を持っていたアナグマが家畜に病気を移して、多くの家畜が死んでいるので、そのアナグマに対する恐怖心が巨大アナグマの伝説を作ったのかなって。

ただ戦争状態にあるエリアにＵＭＡは生まれにくいはず（戦争中だと妖怪もＵＭＡも現れるどころじゃないから）なので、戦争中でもこういう話が出てくるのは真実味があるのかなと思ったんです。

實吉　戦争中には変なうわさを流して怖がらせたり、憂さ晴らしするでしょ。それが戦後になると、メリケン兵が置いていった陰謀だとか、そういう話になるわけですよ。

山口　このバッジャーもイギリス軍の生物兵器だと？

實吉　そうでしょ。それを残してわれわれをまだいじめようとしているんだという、いかにもイラク人やアフリカ人が言いそうな話だけど、相手は必ず彼らの国を植民地にした白人なんですな。

山口　そうなんです。必ず白人が暗躍しているんです。

實吉　必ず暗躍してます。手塚治虫の漫画をタイで新たに作ろうとしたときに、手塚治虫は忙しいから手塚の作品をよく知っているアメリカ人を監督に雇ったと。そのときにその監督がタイ人に向かって、「いいですか、悪人はみんな白人にしてくださいよ」と言ったんです、白人がですよ。自分たちが悪人だということをちゃんと自覚しているらしい。

ですから、タイ、ベトナム、韓国も入れていいと思うが、そこでは悪人は必ず鼻の高い、ひげを生やした白人なんです。ところが、不思議に日本の漫画にそういうのが出てくるときは親切な白人になるんですよ。

阪本牙城の『タンク・タンクロー』という戦前から続く漫画があった。それが戦後になると、主人公のタンクローにパイプをくわえた白人のアドバイザーがつくようになった。これもその一例ですね。

オーストラリアのドロップベアは進化の途中形態かも

山口　實吉先生と天野さんにぜひお知らせしたい新しいUMAがいます。ドロップベアといって、日本人では僕が初めて翻訳して2年ぐらい前から紹介しているんですけれど、オーストラリアのUMAなんですよ。熊ってオーストラリアにいないはずなので、熊的な有袋類もいるのかなって思っているんですけど。

實吉　確かにオーストラリアには熊はいないはず。

山口　コアラを大型にしたような特殊なやつで、見た目は熊に見えるから「ドロップベア」と呼ばれているんですが、体重120kgぐらいで、木の上にいる。下に獲物が通りかかると上からドロップする……落ちてくるんですよ。

實吉　相当うまいんだな。

ドロップベアのイラスト

山口　2mぐらい上から120kgの大男がフライング・ボディアタックをやったら、落下した勢いで大概皆さん失神しますよ。「空飛ぶ蛇」っているじゃないですか、東南アジアで滑空してくるやつ。あんな感じで木の上から地表の動物に襲いかかるんじゃないかな。

上から体当たりして失神した人間の後頭部から食べてしまうから、地元の人がブッシュウォーキングでユーカリの木の下をどうしても通らなくてはならないときは、首筋に現地の食べ物を塗って出かけるんだそうです。日本で言うとマーガリンみたいなもので、それを朝みんな食べるそうです。

ドロップベアはそのにおいが嫌いだから寄って来ないんだという。それがニュージーランドにも棲息している俗説がある。

天野　それ、ベジマイトですね、すごいくさいんですよ。僕、オーストラリアに行ったとき味見したけど食えなかった。発酵食品ですね。日本でいう納豆ですよ。あれをパンに付けて食べるんですよね。

あの地域でそれだけ大型で、哺乳類っぽいものだったら袋もありそうな気もしますよね。

山口　もしいるとすれば、たぶん有袋類で、生態系の上では熊と同じ位置にいるんじゃないですかね。でもコアラが大型化したやつっていますかね。

ベジマイトのトースト

天野　タイガーもデビルも昔はすごく大型化していたというけど、コアラはどうですかね。

實吉　今それを考えているんです。コアラが巨大だった時代が考えられますが、それが重くなったから降りてきたわけで、その途中の形態を今の話が語っているのかもしれませんね。

だんだん降りるようになった。飛び降りるように、つまり地上性にだんだん今移っている。

山口　では、そこでちょっと分岐した種がいる。

實吉　分岐した種がいて、それで地上へ降りたおそらく地上性の巨大有袋類がいたと思うけど、たぶんあの足のせいで発達ができなかったと思う。あの爪ではうまく歩けませんから。

例のオオナマケモノというのがありますでしょ。私が本の中で「光る怪獣」という名前で書いているやつです。あのオオナマケモノの場合は、福田芳生(よしお)博士が『化石探検』という本に書いていたな。その爪を使ってほとんど立ったまま歩けるようになってからは、サーベルタイガーが襲ってきても平気になったんじゃないかというほどの大怪獣になったという説をね。

それが生き延びて、アラスカまで棲息範囲を広めたというのは実に驚異的なんだけれど、有袋類とか貧歯類(ひんし)――ナマケモノね。貧歯類のような原始的な動物が生活力や適応力がある場合もあるので、他の有袋類が南米からの狭い地区を渡って、カナダまで行っている例があります。オポッサムですね。それがあるので下等だからといって適応力がないとは限らない。

ただし巨大という負い目があるから現代までは生き残れたんだろうかと。それが森林の中に少しいるとすれば、さてなぜ発光するか。これはわかりません。北極圏に近いとなれば光が妙な作用を

ノドチャミユビナマケモノ（上）とキタオポッサム

するでしょうからね。

毛が灰色といっても灰白色になる。周りが雪ですから白いほどまぎれるわけだ。それが屈折光線によってきらめくように見えるかもしれませんね。

山口　光の加減？

實吉　そう、光の加減ですね。カナダでは風もないのにサーッと雪が落ちるところをよく見ました。

それがなんだか不思議な光を出すんですね。光線の具合によっては虹色に見えるんですよ。キラキラと光が屈折するんですね。

そういう影響じゃないかと思ったのだが、そういう巨大動物になっても残存した例があるとすれば、おっしゃった落っこちてくるドロップベアという熊は、進化の中段の形態にあったのがオーストラリアにもあったんじゃないか。しかし大きさを保ち過ぎて、やはり適応の途中で駄目になったとか。

ガダルカナルジャイアンツはデニソワ人の末裔か

山口　次は「ガダルカナルジャイアンツ」の話をしたいんです。『キングコング』のモデルになったとも言われる巨人がソロモン諸島の島にいるというんですね。

そのことを書いた本を僕の友人のケイ・ミズモリくんが訳していて、僕も急いで向こう（英語）のサイトを読んだんですけど、「巨人は茶色がかった体毛を長く伸ばし、濃い眉毛をしていて、平べったい鼻が特徴で、大きく分類して3種類いる」らしいんです。

2～3ｍぐらいのやつが3グループいるという。各グループはそれぞれ数百頭から、場合によっては数千頭の個体数がいるんだとか。人間に対しては非常に攻撃的らしく、ポポマナセウ山に広がる熱帯ジャングルの西部分が巨人のエリアで、人類はそこに入らないようにしているんですって。人間との交配も可能で、謎の巨人との子孫もソロモンにはいるという。

ざっと読んだんですけど、大体こんなことが書いてありました。巨人が残していったパイプがあるらしいんですね。何のためのパイプかよくわからないんですけど、パイプが壊れてしまって、巨人の子どもが修理をするため人間に接触してきたという話をしてます。

その巨人の子どもはしばらく人間の中で生活をして、お金を貯めて巨人の村に帰っていったと。だからかなり知能が高いやつじゃないかと思われますね。

あと1998年にはゴールドリッジ事件というのが起きていて、ガダルカナル政府がノーザンゴールドリッジ鉱山開発で工事を進めていたときに巨人のエリアに入ったら巨人たちが反発し、10トンあるブルドーザーをひっくり返されたという。

巨人同士で100個ぐらいある単語を操って会話をしているのを聞くと、どうもガダルカナル方言に近いようだと書いてましたね。一部フィジー方言も入っているんじゃないかということで人類にかなり近い。第2次世界大戦中にソロモンを占領した日本軍も巨人たちの存在を知っていたとされており、日本軍は巨人による多大な損害を受けたというふうに書かれてます。

2011年に現地で探検が行われたんですが、その正体をめぐっては諸説あって、インドネシアのスマトラ島にいるとされる類人猿オランペンデクと関係があるという指摘もあり、絶滅した巨大類人猿ギガントピテクスの末裔という説やデニソワ人の末裔という説があります。デニソワ人は3mぐらいあった巨人だという説があって、現在のソロモン諸島の人たちは純血のデニソワ人ではないかともいわれています。これは面白そうですね。

實吉　面白いですね。

山口　3mが平均的な大きさらしいですから、もっとでかいのは6mぐらいのものもいるみたいです。そんな類人猿がいたらも

デニソワ人はネアンデルタール人と並んで、現生人類であるホモ・サピエンス・サピエンスに最も近い化石人類。メラネシア人など現生人類の一部と遺伝子情報を部分的に共有する可能性が高いとされる（写真はデニソワ人の復元図[YouTubeより]）。

うキングコングじゃないですか。

實吉　もうちょっとでキングコングですね。『猿人ジョー・ヤング』（1949年）という映画を覚えてらっしゃいますか。あれが4mぐらいでしょ。

あれ、はじめはそんなに大きくはしないつもりだったんですね。現実性を出すためにピアノを持ち歩く程度にしたんだそうです。3mというとそれよりも……いや、そっか。今の話はそういうゴリラ型じゃないな。

『猿人ジョー・ヤング』のアメリカ版のポスター

山口　ゴリラっぽくないですよね。知性があって言語をしゃべっているらしいから、デニソワ人の末裔なんですかね。デニソワ人は巨人（巨大種）だというのは本当なんですか。

デニソワ人のＤＮＡが今の人類に入っているので、混血はしているんでしょうけれど、よくわからない。天野さん、ソロモン諸島ってどう思いますか。

天野　似た話がマレー半島にあって、7mというのがいるんですけど。

1966年にロイター通信が地元の『マレー・メール』に掲載されていた記事を伝えたのですが、セガマートという村に身長7・5mの類人猿が現れ、55cmの足跡を残していったそうです。性格は臆病で無害だったらしいです。

山口　でも7mの大きさで果たしてこの地球上で生活できるんですかね。

天野　二足歩行だと難しいですよね。だって、あのアンドレ・ザ・ジャイアント（公式プロフィールで身長約223cm、体重約236kgだったプロレスラー）でさえ体重が重過ぎて膝壊して、まともに歩けない体になったんですから。だから、よほど足腰が頑強でないと難しいですよね。

ギリシャ神話や旧約聖書に登場する巨人の話はなぜ生まれたか

山口　巨人の話を続けると、日本史上の有名人では大塩平八郎がすごくでかかったんですよね。2m17cmあったという。人類の限界が2m70cmぐらいだって聞いたんですけど。それ以上は成長できないと。

實吉　今現在の人間からいろいろ考えると、4mにちょっと足りないぐらいまでは歩ける可能性があるんじゃないかと思いますよ。これは、黒沼健（けん）先生（1902～1985、推理作家・SF作家）ぐらいの昔の人の説ですよ。だから僕もちょっと誇張だと思ったけれど、それをもうちょっと小さくすれば、3mは現実性を帯びてきますね。

山口　そうすると3mぐらいの未知の種がいるんじゃ

江戸時代後期の儒学者で、大塩平八郎の乱を起こした大塩は、一説によると身長が217cmだったという（図版は「大塩平八郎像」大阪城天守閣蔵）。

ないか。人類とちょっと違うやつがいるんじゃないかっていう気がしますね。

實吉　かつて巨人時代があったと『旧約聖書』に書いてあるのは、巨大な骨とか、その一部分とか、ひょっとしたら他の動物の骨と間違えたかもしれないけどね。

それからお墓は空っぽなんだけれど、そのお墓がずいぶん大きいとかね。そういう証拠と言うには弱々しいものがいくつかありまして、かつて巨人時代も小人時代もあったんじゃないかといわれている。僕の友達の放送作家が、地球の重力って実は変わっているんじゃないかという話をしていた。

山口　そうか、重力が弱かった時代は巨大生物、巨人の時代があったと。だけど重力が強くなってあまりでかいのは生きられなくなった。

よくギリシャ神話などで地底に巨人がつながれた話とかあるじゃないですか。あれは重力が強くなって動けなくなっていったから、そういうことを象徴的に書いているんじゃないかとも思うんです。でもデニソワ人の末裔で、まあ話半分でも3ｍのやつが人間を食うという話はすごく興味が湧きますね。

實吉　それはあなた、作り語りだよね。先ほどバッジャーの話のときも言ったように、すぐ人間を食う

地底につながれた巨人の例として、ティーターンというギリシャ神話に登場する神々の一群がいる。クロノスとゼウスとの戦いののちにその多くがタルタロスによって地底に幽閉された。彼らが暴れると地震が起きると信じられた（図版は、神々とティーターンの戦いを描いた絵画）。

とか、日本兵をやっつけたとかそういう話になるんですよ。

實吉氏が怪獣ファンとして、モスラやラドンの描き方にモノ申す！

編集部　『シン・ゴジラ』がヒットしたからだと思いますが、最近テレビで「ゴジラ」の映画をたくさんやってくれますね。

實吉　ゴジラのシリーズは全部見てますよ。もうでたらめというか、ゴジラの敵を出し過ぎたね。モスラだけど、ヨナクニサンという蛾がいるでしょ。あの蛾を見たとき、今の若い人はモスラって言うんですよ。話が反対なんです、あっちがモデルなんです。

だからモスラの脚はヨナクニサンみたいになってなければいけないのに、ちゃっちいんですね。それで捕まえてゴジラを釣り上げるなんて、どう見ても無理ですよ。本当の蛾だったらちゃんと6本の脚をMの字に曲げて、それで持っていくならないこともないかもしれないけど、それは空想だからいいとして、最新のゴジラはそういう点が不満なんですよ。

モスラも最初のに比べれば仕掛けがよくなって、飛び方がよくなってきたけれど、相変わらず脚がちゃっちい。精密な仕掛けができるよ

与那国島で初めて発見されたことから名前がついた日本最大の蛾ヨナクニサン

うになったんだったら、触覚ももう少しうまく動けばいいのに。ただの毛糸の棒ではありませんか。それも残念ですね。

ゴジラをやっつけようと思ったら、鱗粉（りんぷん）を吐くなんてばかなことをしないで、口で刺しゃいいんだ。口はクルクルって丸まっているけど、伸ばせば花の蜜を吸うんだから、それをゴジラの急所に刺して、血を吸ってしまえば、それでいけるはずなんですよ。やられたゴジラもそのぐらいでは死なないんだから、復活すりゃいいんだ。

初期の頃のモスラや幼虫の中には20人ぐらいの人間が入っていたらしいんですよ。運動会の20人21脚みたいでしたからね。笑ったというよりも悲しくなっちゃった。

第2、第3の怪物が出てきたというので、楽しみにして見に行ったのに、「なんだこれは！」って。

山口　ラドンは許せますか。

實吉　ラドンは翼竜プテラノドンに似ている限りにおいては許しますけどね。

天野　『空の大怪獣ラドン』の原作、『大怪獣バラン』の原案は、あの推理作家・SF作家で有名な黒沼健さんですよね。

實吉　それではもうご先祖が知り合いみたいなものですよ。黒沼さんの『鬼』なんていう短編は戦後にふさわしいもので良かったな。

鬼が出現して村人を騒がす。鬼はついには海中へ追いつめられて溺死するが、その正体はなんと

『空の大怪獣ラドン』（1956年公開）のポスター

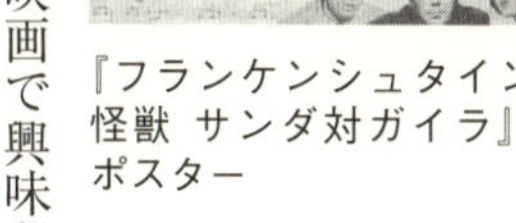

『フランケンシュタインの怪獣 サンダ対ガイラ』のポスター

美しいお嬢さんだったというのが『鬼』の筋。たぶん１９４６年創刊の『ロック』または『宝石』で発表されたと記憶しますが、確かではありません。

山口　『フランケンシュタインの怪獣 サンダ対ガイラ』（１９６６年公開）って、子どもの頃一番怖かった。あれ怖くなかったですか。

天野　日本のゴジラ以外の怪獣映画では最高傑作と思っています。フランケンシュタインがバラゴンと戦う『フランケンシュタイン対地底怪獣』（１９６５年公開）もよかった。結局あれらが『進撃の巨人』につながったんですね。

山口　僕、バラゴンのソフビ持ってますからね。ＵＭＡ好きって、結構ああいう怪獣映画で興味が培養されている可能性ありますよね。

天野　あります、あります。

實吉　ラドンって、前世期の翼竜がよみがえったものですよね。いかにも人間が中に入っているという、ユニークな怪獣を考えたんですから、もう少しかっこいい動かし方があってもよさそうなもんだと思うけれど。

羽ばたき方が下手だったでしょ、まるで飛行機のようで生物的じゃない。前世期の翼竜（翼手竜）がよみがえったものならもっと迫力があるはずなんですよ。なんだか敵機が来襲したような、そういうイメージになっちゃった。

生物じゃねえよって。それがどうもいけない。悔しいけれど、そういう動物の動かし方はアメリカ人にかなわねえんだな。

山口　その点、あの平成版ガメラのギャオスの動きはリアルじゃなかったですか。結構、生物学的によくなかったですか。

實吉　今までのアンギラスとかに比べればいくらかましになってます。

山口　アンギラスのどこがお嫌なんですか。

實吉　アンギラスはだって、歩き方がどうしても人間的過ぎるでしょ。いっそのことあれは四つん這いで歩いた方がよかったと思うんだよな。

そうしたらいくらかステゴサウルスみたいなイメージが出たんじゃないかと思うんだけれど、人間が入るからやっぱりどうしても膝を曲げなければいけない。そこをどうごまかすかなんですよね。

町おこしのために作られた「ホダッグ」

編集部　では次に、実在の動物と間違えられた海外のＵＭＡの話をしていただけますか。

ホダッグ

天野　これは山口さんがご存じだと思うけど、アメリカのウィスコンシン州の町おこしに出てくるホダッグという馬の皮で作ったものを犬とかイノシシにかぶせて怪獣扱いしているやつ。あれなどそうですよね。
今だったらたぶん動物愛護的に問題になるね。
山口　国際問題になりますよ。写真見たけど、ちょっとひどい。完全に虐待ですよ。僕、『東京スポーツ』にホダッグの記事書きましたよ。
天野　別にホダッグという怪獣の目撃例としてあるわけじゃないんですよね。無理やり作ったような感じ。伝説は何かあるんですか。
山口　ないと思います。あれは絶対町おこし用のものですよね。
天野　いまだにホダッグで町おこしをやっているってうわさがありますよね。もちろん動物にはもう着せてはいないと思います。作り物なんでしょうけど。
山口　懲りない人たちですね。でも楽しいんでしょうね。写真で見ると一緒に写っているアメリカ人が楽しそうですもん。
實吉　アメリカ人は今も昔も騒ぐのは好きだからね。ただ今はゴリラを殺しても、殺した方を非難するようになっちゃいましたね。

1893年に「捕獲」されたホダッグ

天野　今じゃできないですよね。1800年代末ですから100年以上前の話で、見世物として有料公開していたんです。沼地に住む四足歩行の怪獣で、頭部に長い角が生えていて、背中は剣状のとげで覆われているという怪獣ですね。

こんなやついないですよね。實吉先生、写真見ますか。(写真を見せながら) 生物としてあり得ないでしょう?

實吉　これは面白い。面白いのは面白いけど、こんなのいないですよ。

山口　いくら町おこしだといっても、ちょっと悪乗りがひどいですよ。この周りを人が取り囲んでいる写真だけど、一人がワーッと倒れたふりしている。他のやつは道具を構えて、みんなで取り囲んで、カメラ目線で見ている。これ悪乗りでゲラゲラ笑って作ってますよ。

損益分岐点を超えると現れるブッシュモンキー

山口　町おこし用に冗談半分に作られたUMAって案外多くて、ブッシュモンキーというのがいるんですけど、あれもある田舎町の町おこしでやっていますね。

實吉達郎氏が選ぶ 実在の可能性がある世界のUMA

▶カディカマラ

「約200年前までオーストラリアに生存していたと考えられ、鈍重、魁偉なUMA。ディプロトドンと同一ともいわれます」

▶タッツェルブルム

「日本ならツチノコぐらいにヨーロッパでは知れ渡っているUMA。一見オオサンショウウオのようで、湖沼に棲み、ときどき姿を現すといいます。主にドイツ、スイス、オーストリアなどで名が通っています」

▶赤いゾウ

「1952年6月15日、ニューギニアのナッソー山脈の上で飛行中の二人のアメリカ人が、わずか数分間だけ14～15頭のゾウを目撃しました。それがみな薄赤いゾウだったといいます。ニューギニアには元来ゾウは分布しません。しかものちに何回も行われた調査によっても再発見されていません」

（注・対談中には触れられなかったので、のちに實吉氏に「　」のコメントをいただきました）

天野　どこですか。

山口　カナダの北方あたりの五大湖の近くですよ。ブッシュモンキーは、ある町に出没する猿なんです。珍しい猿が出るということなんですけど、宿泊するホテルって町に一つしかないんですよ。そのホテルから見えやすい場所に出るんですよ。すでに怪しいですよね（笑）。

英文で書いているのを読んでいると、5人ぐらい泊まらないと出ない。2～3人だと出ない。人件費かかりますから、損益分岐点がたぶん5人ぐらいなんでしょう。

ロケットランチャーみたいので捕まえたやつがいて、野暮なことしなさんなと思うんですけど、捕まえてみたら着ぐるみ着たおっさんだったんです。

でも、また次の月からブッシュモンキーが何食わぬ顔で現れ始めたって書いていて、アメリカ人はたくましいなと思いました。だからホダッグでまだ町おこしやっているって聞いたときに、「そこまでいったらホダッグはアリでいいじゃん。１００年たてば妖怪にしてあげてもいいかも」と思いましたよ。もうアメリカンジョークの世界ですよね。

天野　確かに。ビッグフットもああやって長くみんなで村おこしできるんですかね。

實吉　楽しくやっているんじゃないですか。アメリカの一般市民の方々というのは案外教育ないですよ。あれはイグアナだったかな。新しい動物を持って行っても、当てられませんよ。わからないんですね。

山口　意外とそうですよね。日本の場所を正確に答えられない人も多い。

實吉　ある有名な女性の政治家は、アラスカからロシアが見えると思っていたそうです。それから「アフリカ共和国」という、一つの国があるんだと思っていた人もいたとか。

山口　いろんな意味ですごい国ではありますね。だから動物に対する知識も一般の日本人よりさらにひどい状態ですね。

實吉　でも関心は平均して僕らより

ディプロトドンの模型（オーストラリア・ナラコーテケーブ国立公園所蔵）

タッツェルブルム（サイト「Cryptid Wiki」より）

も彼らの方が上です。理解度が上かどうかは疑問ですけどね。

彼らはモンキーが出ても、スネークが出ても、本気になって大騒ぎしている。それからペット産業も非常に盛んです。そういう意味では僕らよりもずっと関心は高い。

では一般に動物学的、あるいはUMA学的な知識が行き渡っているかというと、全然そういうことはないようですね。あの騒ぎ方を見るとそう思います。

第3章 UMA研究の歴史を振り返る

日本初のUMA研究家は蜂須賀正氏

編集部　ネットで調べると、日本初のUMA研究家といえば蜂須賀正氏（はちすかまさうじ）（１９０３〜１９５３）となっていますけど、合っていますか。

山口　そうですね。蜂須賀正氏は僕の地元・徳島の蜂須賀公の末裔で、蜂須賀家18代の当主です。彼、自分で飛行機を操縦して、世界中いろんなところへ探検に行っていて、極楽鳥の研究などをやっていましたよ。

蜂須賀正氏

實吉　あのドードーに関係ある人でしょ？

山口　ドードー研究の権威というか、マニアでした。もう完全なボンボンで、蜂須賀家の財産をほとんど食いつぶした。そんな冒険旅行やっていたら食いつぶしますよね。でも、うらやましい（笑）。

極楽鳥（フウチョウ）

政治学を勉強するという口実でイギリスに留学したんだけど、政治学の勉強はそっちのけで、もっぱら鳥類の研究に没頭して博物館や古本屋に通い詰めていたそうですよ。鳥とかいろいろなもののマニアだったんじゃないですかね。

お金があるのでどこへでも探検に行けた。南米やら東南アジアやエジプト、モロッコ、コンゴ、アイスランドとか、もういろんなところに行ってますよ。

そういうところから持ち帰ったものでしょうね。今の山階（やましな）鳥類研究所（千葉県我孫子）にも蜂須賀さんが寄付した何十体もの相当貴重な標本があるという話です。

昭和初期、東南アジアにしっぽの生えた人がいて、有尾人（ゆうびじん）ブームっていうのがあった。フィリピンかどこかで撮られた写真を蜂須賀公が見て、フィリピンのジャングルに探検に行ったんですよ。イギリスから一時帰国中の1928年に。結局見つからなかったけど。

天野　有尾人探しは東大（当時は東京帝国大学）の松村瞭（りょう）（1880〜1936）という人類学者に頼まれて行ったようですが、マラリアにかかって途中で帰ってきちゃったんですよね。

山口　だからUMAを初めて探検・調査した祖って、近代においては蜂須賀さんじゃないですか。

天野　日本人で初めて野生のゴリラと遭遇した人だそうですね。

山口　ベルギー政府探検隊のゴリラ観測チームに入っていて、その人たちと一緒にアフリカに行ったんです。だから日本人で初めてゴリラを見たのが彼ですよね。ＵＭＡ研究って、ああいう金持ちの道楽から始まったんじゃないですかね。

實吉　「ＵＭＡ研究の祖」という称号は蜂須賀さんあたりに与えてもいいかもしれないね。

山口　あの人はちょっとぶっ飛んだところがありますからね。

天野　確かにそうですよね。有尾人もＵＭＡって考えればＵＭＡですものね。

山口　扱い的にはもうＵＭＡでしょうね。

實吉　確か写真じゃなかったと思うんだけれど、有尾人を後ろから描いた絵があったと思いますよ。真っ裸でお尻からぶらんと尾が出ている。

　それから四つん這いで歩く人間という写真で出たことがあったんです。オオカミ人間じゃなく、いわゆるアフリカの土人です。アフリカに四足歩行する土人がいたんだそうです。その写真と称するものをどのぐらい信頼していいものか。

　というのは、その頃、街角にそういうびっくり写真がよくあってね、例えば30人の人間がずらっと並んで

昭和初期に有尾人ブームが起きていたきっかけは、大正期に開催された大正博覧会、続いて平和記念東京博覧会の会場に建てられた「南洋館」だった。そこで紹介されている南方の風俗には有尾人も含まれていたため、人々の関心を呼んだ（図版は小栗虫太郎著『有尾人』の表紙）。

いて、背景が大きなイトマキエイだったとか、有尾人がいたとか、唇が長いクチビルニグロとか。クチビルニグロ、知ってます？　彼女らはお嫁に行く前に何か挟んで唇を伸ばすんですって。それがとんでもなく長くなっちゃうのね。

座った椅子がつぶれてしまうアメリカのおでぶさんとか、そういう異常な写真があって、その中の一つに、まさに四つん這いのニグロというのがいて、完全に四つん這いで立ってましたね。

確かに後ろ足と両手のバランスがとれていて、「本物」に見えたのですが、一種の障害児かもしれず、正常なアフリカ人にわざと四つん這いになってもらったのかもしれない。何しろ昭和10年頃のことで記憶がおぼろげになっています。

山口　四つん這いで常に生活しているんですか。

實吉　そう書いてあるんだけど、そんな話を聞いて、その写真を後で作ったのかもしれません。時代ごとに何が皆の好奇心を呼ぶかは、そのときのジャーナリズムによるので、有尾人とか四つん這いの人間とか巨人とか、人間と類人猿のアイノコとか。これが皆の好奇心をあおった。

科学者と称する人が「本当だ、本当だ」と言うもんだから、本気で信じる人もいるわけですね。

オリバーくんは最後は動物保護団体に引き取られた

天野　僕もちょっと調べたんですけど、蜂須賀さんが1928年にフィリピンで有尾人を捜索したって書いてあったんですけど、ネッシーはヒュー・グレイによる最初の写真が撮影されたのが1933年でしょ。イエティの足跡の写真がエリック・シプトン率いる第8次英国エベレスト登山隊に撮られたのが1951年と考えると、日本でまだネッシーもイエティも知られてない頃にUMAの探検に行ってるんですものね。

お金持ちっていいですね、うらやましい。僕もお金あったら全部そっちに使うけどな。

山口 そうですよね。

天野 1950年代までは、世界的に知られるUMAはネッシーとイエティのみでしたが、「3mの宇宙人」として有名なフラットウッズ・モンスターの出現が1952年、日本の南極観測船・宗谷（そうや）が南極ゴジラを見たのが1958年です。

1960年代になると、日本では1962年に第1次ツチノコ・ブームが起こり、アメリカでは1966年にモスマンが暴れ、1967年にはビッグフットのパターソン・フィルムが撮影されました。

1970年代は多かったですねぇ。1970年にヒバゴン。1973年はクッシーと、矢口高雄先生の『バチヘビ』で第2次ツチノコ・ブーム到来。1974年に中国で野人の科学的調査が開始。1976年、人間とチンパンジーの混血種とされるオリバーくん来日。1977年はアメリカでチャンプの写真が撮られ、日本漁船がニューネッシーを釣り上げ、1978年にはイッシーでした。

オリバーくん（YouTubeより）

實吉　オリバーくんはどう見たってチンパンジーですよね。僕はテレビで見ましたし、触りもしたからわかりますけどね。

山口　えっ、あのオリバーくんに触ったんですか。毛でも取ってこられればよかったですね。オリバーくん、2012年に死んだんですよね。晩年は普通の猿として生きた。

天野　そうみたいですね。動物保護団体が引き取ったという話で、孤独な最期だった。

編集部　オリバーくんが晩年におりの中で過ごす映像がYouTubeに上がってますよ。

實吉　オリバーくんの末期ですか、哀れを誘う話ですね。

山口　偽物の末路って大体こうですよね。

實吉　サスクワッチと呼ばれているビッグフットで、見世物で一生を送ったものがいたそうですね。あいつの場合は見世物に出たまんま老衰しちゃって死んじゃったらしいです。

山口　徳島は海野十三（1897～1949／小説家、SF作家、推理作家、科学解説家）も生んでいるし、変わった人材がいっぱい生まれた変なところなんですよ。

天野　山口さんもその一人じゃないですか（笑）。

決して全面否定はしない

編集部　昭和時代のＵＭＡの記事とかテレビ番組で、一般の人が知らないようなエピソードなど話していただけませんか。

山口　これ明らかに嘘だなという記事がありますよ。どの記事とは具体的には挙げませんけど、ああいうのって實吉先生はどういう気持ちで昭和の頃から眺めていたんですか。

實吉　それは、これは信じられるか信じられないかという基準を自分の動物学において置くようになってからはっきりしてきましたね。僕はお化けが好きだとか怪獣が好きだとか、あんな話もあったとか言っているうちは、自分の中での基準がないから道楽、ただの趣味ですね。

はじめの頃、僕は昆虫学者になろうとしたんですけれど、ＴＢＳで後に編成局次長までいった小野さんという親友がいて、この人はそのテレビの画面では動物の「ど」の字も出さないくせに、ものすごく動物が好きだった。彼とは「日本には自然野生犬みたいなものがいたんじゃなかろうか。それがいわゆる山犬であり、実際にはオオカミであったんでなかろうか」なんて話をよくしましたね。素人離れのした説を出すような熱心な人でした。

それで一生懸命ＴＢＳで動物論をやろうとしたんですが、あいにくそのときの社長はなぜか動物が嫌いでね。それで小野さんが動物コンサルタントやら動物好きな人——それこそ黒沼先生でも誰でも呼んでくるからと言って、いろいろ売り込むんだけど、その社長は何を考えていたのか「動物ものはやらない」と頭から拒絶したんですって。彼、悔しくてしょうがないから、僕と親友になったんですね。あれっ、何の話でしたっけ？

山口　やらせの記事とか、やらせのテレビがあるじゃないですか。

實吉　そうそう、それをどう思うかって話でしたね。

パプア・ニューギニアのニューブリテン島にあるダカタウア湖に棲息しているといわれる巨大水棲獣ミゴー（http://scienceblogs.com/ より）

山口　ミゴーのやつとかもインチキでしたっけ？

天野　ＴＢＳの「ＴＨＥ・プレゼンター　ミゴーは実在した」（１９９４年）ですね。

實吉　流木を引っ張ってね。

天野　あれはモケーレ・ムベンベです。まあミゴーもインチキくさいですけど、モケーレ・ムベンベも引っ張ってます。アメリカの人類学者Ｋ・ダッフィーが撮影したとされる動画ですが、實吉先生も出演された90年代の深夜番組『Ｍ10』（テレビ朝日）で、ムベンベ早稲田探検隊のメンバーだったＴ氏が「名前は言えないけど、川で倒木を引っ張ったものです」と語っていました。

山口　名高達郎が行ったのはミゴーでしたっけ？

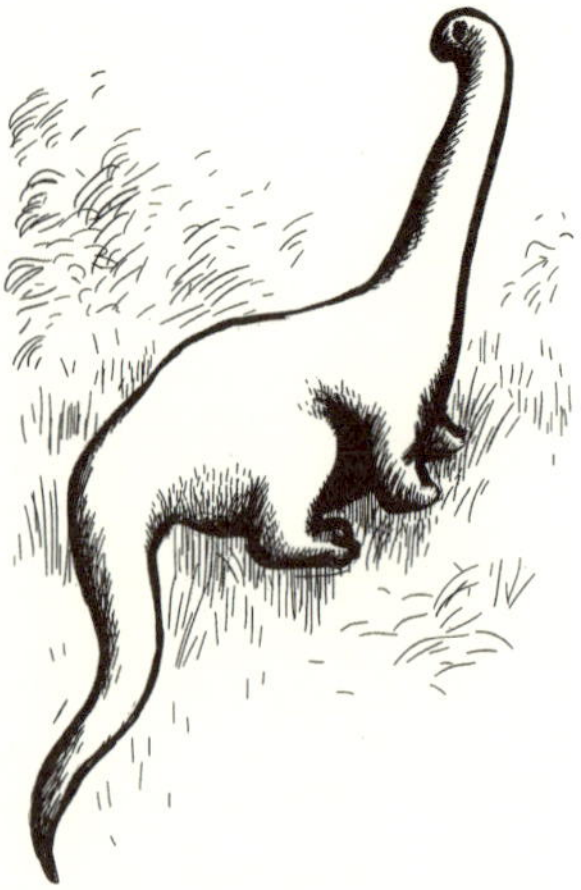

實吉　そうです。そのあたりでそれまで２、３年、小野さんがいろんな動物番組に私を出してくれていて、私が何かいいかげんなことを言うと叱られたんですよ。「あなたはもうプロのコメンテーターではありませんか。もっと自分の言うことを信じなさい。本気になりなさい」とね。

コンゴ共和国の奥地にあるテレ湖、およびその周辺の湿地帯に棲息しているといわれる未確認生物モケーレ・ムベンベ

そのとき僕が研究していた昆虫を、「昆虫なんてつまらねえ。ミクロの世界に入っていてどうするんですか」と言うから腹が立ちましてね。大げんかをやったわけですよ。「１匹の蚊の中には全世界があるんです。知ってらっしゃるんですか」と言い返したんだけど、「蚊の１匹が全世界を表せるはずがない。蚊というのは自然界の一部しか示していない。その蚊が刺す人間とかライオンとかいうものが、自然界の中でどのくらいの位置を占めているか。そのライオンを絶頂として富士山が裾野を広げるように、その裾野の方に下等動物というのはあるんです」とか、そういう話をしてくるんですよ。

要は哺乳類中心主義、鳥類中心主義を私に勧めたんですね。僕も意地っ張りだからヤダヤダ言っていたんだけれどそう言われると大きな動物にも興味を持たないわけにもいかないから、だんだん関心を持つようになっていったんですね。

山口　それでは巨大生物の研究はわりと後なんですか。

實吉　後ですよ。巨大生物っていうのは後でだんだん出てきた発想ですよ。だって怪奇というのは別に巨大である必要はないでしょ。だからもともと不思議なことは好きだって言っていたけど、今申し上げたような理由で、本気になって動物を勉強するようになった。

それで通俗書を読んでいても駄目だと思って、専門書や大学の教科書を片っ端から読みました。また動物園で経験したことなどもいちいち記録するようにしました。それでプロになったんですね。

そうして振り返ってみて、よかったと思いますよ。なぜかというと、「どこそこでこんなものが出るらしい」とか「7mの男がいるそうだ」という話を聞いたときに**「何をバカな」とも言わないし、本当だとも嘘だとも決めつけず、真ん中に立って、あり得るかどうか考える。**

例えば7mの男がいるという話を聞いたとき、果たして7mの人類が歩けるかどうかとか、その国の人たちはどんな気質だろうかとか、その国の気候はどうだったかなとか、そういうようなことを考えて成立するかどうかを判断する。動物学という基準ができたわけですからね。

山口　實吉先生は決して全面否定はしないですものね。いつもありうる可能性をしゃべりますよね。

實吉　全面否定などしないですよ。というか、できないですよ。

山口　某教授とはそこが違う。あの人は検討もしないで判断しますけど。

實吉　僕に言わせると、それが戦前から戦争直後の科学少年の考え方なんです、科学万能主義、合理主義。何でも目で確かめられるもの以外は存在しないというような考え方ね。だから僕は認めない。

それがそのまま大きくなったのが某教授ですよ。誰が何を言っても聞かないでしょ、昔の少年のまんま。

メディアは恣意的に編集する

天野　ＴＢＳだったかな、たぶん山口さんが出演を断った番組だと思うんですけど、アイスランドの氷の上に生物のように動く怪物体が現れたときに、うちに取材に来たんですよ。僕はアイスランドに伝わる怪物スクリムスルなどの肯定説と否定説を7つぐらい並べて、これぐらいの可能性がありますと言った。そうしたら、やっぱり取り上げられたのは、「これはシーサーペントですね」というところでした。

山口　そこだけ抜かれる……。

天野　山口さんから「気を付けてくださいよ」とは言われていたんですけどね。肯定説しか言わない人間だと思われちゃうじゃないですか。そういうところがテレビ作りに協力するのって辛いなと思いますね。

山口　僕もこの前、似たようなことがありましたよ。『10 クローバーフィールド・レーン』というクリッターみたいな宇宙生物が出てきて、最後、人を襲うシーンがある映画について僕がいろいろ説明していたとき、「ちなみに宇宙人の見分け方は？」と聞かれたので、「宇宙人の見分け方はわかりませんけど、『メン・イン・ブラック』と人間の違いは、メン・イン・ブラックは黒ずくめの衣装で出てきて、靴ベラの使い方を知らないとか、たばこを逆さまに吸うとか、そういうアメリカの都市伝説はあります」と言ったら、「オカルト研究家・山口敏太郎、人間と宇宙人の見分け方は『タバコの吸い方を知っているか否か』」と書かれちゃって、僕はだいぶ頭のおかしい人になっちゃいましたよ。

ネットで炎上しちゃって、「敏太郎さん、そんなこと言って大丈夫ですか」と心配されたりして。そんなこと言ってないんだけどって、苦笑するしかないですよ（笑）。

編集部　映画の場面の説明をしていただけなのに？

山口　そう、ハリウッド映画『スター・ウォーズ』の最新作を撮った監督のね。ちょっとクリッターみたいな、宇宙生物みたいなのが出てくるんです。

天野　配給会社がそれを書いちゃったんですか。

山口　いや、記者会見で僕がいろいろ説明したんですよ。それを記者がちょっと面白おかしく書いた。だからマスコミに相当ゆがめられているところはあります。

天野　僕、以前から、山口さんには悪いんですけど、テレビ局が来ると、「すいません、僕じゃなくて、山口さんっていう詳しい方がいらっしゃいますから」と振っちゃう（笑）。山口さん、〝プロレス〟ができるから。

でも、そういうことをやられると防ぎようがないですよね、ゲラをチェックさせてもらわないと駄目ですね。

山口　ときどき、天野さんからかなと思われるものも来て、僕もある程度は受けている。例えば、エンターテインメントが前提の仕事だったらリップサービスもするんですけど、「それはちょっと……」と思うものもありますね。實吉先生もテレビにはずいぶん合わせてらっしゃる方ですよね。

實吉　合わしてます。

山口　編集の仕方で変な感じになりますよね。

實吉　なります。どうしても彼らが私より知らないような口を利かなければならない。そうすると、そこで切っちゃうんですよ。

編集部　切り方によって印象が全然変わっちゃいますものね。

天野　でも今まで見てきて、實吉先生はだいぶバランスよく、うまくやっていると思いますけどね。

實吉　日本人は動物のこと知らないとか、ＵＭＡを知らないことよりも、シャレがわからないことが一番バカにされるのに、自分が知らないことを人から説明されると頭から否定する人がいますね。そういう人は江戸っ子のうちに入らない。いや、もう日本人のうちに入らない。

天野　学者や専門家といわれる人たちは、ちゃんと基礎知識があって、シャレもわかるということで、みんなが支持するんですよね。それができない人は、ちょっとねぇ。

實吉氏、「川口浩探検隊」に協力した思い出を語る

山口　實吉先生は、「川口浩探検隊シリーズ」（1977〜1985年）はわりと冷ややかに見てなかったですか。

實吉　はじめから見てなかったからかもしれませんが、自分が見ていたときは「大蛇、大蛇」と言っておいて、最後に切断された大蛇のようなものをドサッと落としたんです。それが明らかにその土地にいる大蛇ではなかった。インドニシキヘビだったんです。

それで川口浩に、「おまえ何やってんだ。もうちょっと俺に習いに来い」と言いたかったけれど、彼当時は人気があったから全然そんなことをする気はない。

けれどディレクターも専門家に何か言わせたいということで、ときどき呼ばれたわけ

川口浩探検隊シリーズは川口浩が隊長を務めたテレビ朝日系の探検番組で、世界各地の秘境に猛獣・UMA・少数民族などを求めて旅をする。1977年3月から3回放送された水曜スペシャルの探検番組がベースとなり、1978年3月より「川口浩探検隊シリーズ」がスタート。1985年11月まで続いた（図版は、「水曜スペシャル『川口浩 探検シリーズ』川口浩探検隊〜野性の脅威・猛獣編〜DVD BOX［ポリドール映像販売会社］の表紙）。

です。呼ばれるとやっぱり私も何が悪かったとも言えないから、「あり得るかもしれませんね」と適当なことを言っていたわけです。

私はもうその頃は動物学の先生をしていてね。学生にその話をしたら喜んだ。川口浩が人気があったから、その彼を若造扱いする私が学生にとっては面白かったんでしょうね。

山口　川口さんとの共演は何回ぐらいあったんですか。

實吉　実際には2、3回ですね、主に舞台裏でした。

彼は人気者でしたね。今でも「川口浩は活躍したね」と言えば、年長のディレクターたちがちゃんと覚えているもん。だけど、その頃私が言ったことは厳密過ぎたかもしれない。

例えばクラーク・ゲーブルとエバ・ガードナー主演の『モガンボ』という映画、ご覧になった？ゴリラが出てくるアフリカ大冒険映画ですがね。

その中にクラーク・ゲーブルが自分のベッドの中に大蛇を潜ませておいて、女を引っ張り込んだときにわざとその大蛇を出してキャーッと抱きつかせるという面白い場面があった。予定通りエバ・ガードナーがキャーッと言って抱きついて、ラブシーンをやるんだけれど、彼はアフリカの探検の真っ最中だから、テントの中のベッドに大蛇を潜ませたとしたらアフリカニシキヘビでなけれ

『モガンボ』は1953年に製作・公開されたアメリカ映画で、監督はジョン・フォード（図版はアメリカ版のポスター）

ばならない。ところが、よく見たらインドニシキヘビだったんです。

それからこれもアフリカ大冒険映画だったと思うんだけれど、象を撃ち倒す場面があった。その後、象は撃っちゃいけないとされてちっとも撃ち倒さなくなった。だから大冒険で象を撃ち倒すという場面は、ある時期までしかなかったわけです。

ドドドドッと象が出てくるんですよ。冒険家が狙って待っているわけですね。バーンと音がします。ドシーンと倒れます。その瞬間だけインド象になっている。耳をガーッてやって出てくるときはアフリカ象なんですね、いわゆる凶暴なアフリカ象。

倒れたところを見たいなと思っても、向こう側を向いて倒れているから足ぐらいしか見えねえ。だけどこれ、芸を教えたインド象なんだね。

山口　なるほど。そういう感じなんですね。でもすり替わったなんて一般の客は見抜けないですよね。

實吉　見抜けません。それで見逃されちゃったんですね。映画でもそういうことはちょいちょいやってました。

まだそんなに動物学を厳密にやんなければいけないとも言われなかった時代だし、当時は動物保護もあまり言われなかったからね。

犬にかみつかれてもジャガーが我慢する理由

實吉　コロンビアのマテカーニャ市立動物園というところにジャガーにガブガブかみつく犬がいると聞いて、これは面白い話だと思って、今度は私自身が探検隊長になってコロンビアに行ったことがあるんですよ。そうしたら大きなジャガーと大きな犬が一緒のオリに入っていた。

その犬がジャガーが気に入らないのか、やたらかみついているんですよ。それでもジャガーはじっと我慢しているんですよ。

コロンビア・マテカーニャ市立動物園にいるジャガー

「この犬はジャガーの養母だろう」と私が指摘したら、「よくわかるな」と言いました。つまりジャガーが子どもの頃、その犬のおっぱいを飲ませたんです。だからいくら大きくなっても子どもなんです。子どもは親にかみついたりしない。ジャガーはかまれても黙って我慢する。

そういうことを看板にしている動物園があって、南米の動物園は大体そうですけれど、お金を出せば貸してくれるんです。

山口　結構裏話があるんですね。

實吉　あるんですよ。もちろん傷付けないと保証をするとか、契約金も払いますよ。そのときに出てきたのがスタンレー・ブロックというターザンのような白人でした。

冒険ドキュメントをいくつか書いて本を出している人ですが、うまいもので、動物園から借りてきたアナコンダを抱っこして、川の中へ飛び込んで行って大格闘をやり始めたんです。私も一緒になって飛び込んで大活劇をやったわけですよ。これが大評判になりました。『ナブ号の世界動物探検』（1973年、日本テレビ）という番組です。

一方、これはいい例になるんだけど、アマゾン近辺に生まれた日本人の子どもたちは海を知らない。海へ連れていったら喜ぶだろうと思ってサントスの海岸に連れていったんですって。ずっと見回して、「なーんだ、川と同じだ」と言ったという逸話がある。これは私がブラジルに住んでいたとき、アマゾナス州で聞かされたエピソードです。

アマゾンがどのくらい大きいかというと、向こう岸が見えないし、飛行機で渡るにも数分かかるぐらい広いわけだ。そこをアナコンダが横断していたので、今日は時間が遅れたといってインディオが取引のある日本人に言い訳をするから、嘘をつけっていう話もよくあるんですね（笑）。なにしろ、その川幅は30m以上あるんだからね。

山口　日本のそば屋の出前みたいに、「今、出ました」と。そんな感じに近いアマゾンジョークですね。

實吉　まさにアマゾンジョークで、「只今、ヘビがいますので、ちょっと待ってください」と今なら携帯でかけてきたりしてね（もちろん、その頃は携帯電話はありませんでした）。そういうところですね。

中国の裸の「野人」はバナナを持たされた障害者だった

天野　これ平成に入ってからのことですが、ちょっと不謹慎な話なんだけど、たけしさん司会の「世界まる見え！　テレビ特捜部」（日本テレビ系）という番組で、中国の真っ裸の野人というフィルムが流されたんですよ。そのときに、みんながワーッてなっていたのに、たけしさんだけが何にも語らないいんですよ、わかってるから。

誰が見てもあれは甲状腺異常の人だなってわかるんですけど、あれを野人というふうに称して、テレビではあそこにモザイクが入っていたんですよ。そのときスタジオにいた人に聞いたら、スタジオではモザイクなかったよって。

編集部　だからワーッて声が上がった。

天野　そう。その真っ裸の人は曾繁森という名前もわかっているんです。

山口　天野さん、いつも怒ってますもんね、障害者を見世物にするなって。

天野　そうです。だからみんなが野人だって騒いでいた当時から、僕、雑誌のコラムとかで「これは違う、病気の人だよ。まずいだろ」と書いていたんです。そうしたら裏があって、中国湖北省の神農架（しんのうか）を観光地としてＰＲするため、当時、中国政府が野人で村おこしをしようとしていたんですね。家族にお金を払って容認してもらって「雑交野人（人と野人の混血）」として利用していたんです。

猿人が山から出てきて人間の子をさらったとか、女の子を襲ってアイノコを産ませたとか、そういう話があるじゃないですか。それは中国に非常に昔からあるお決まりの話なの。

實吉　ポピュラーなんだね。中国に「ホウワルニャン（猴娃児）説話群」という、みんな同じような内容の民話があってね。必ず子孫を産ませるんです。中国人だね、まさに中国人。

山口　人権意識などないからみんな信じますよね。

編集部　普段は普通に家に帰しているんですか。

天野　そうです。普段は服も着ているはず。

これがひどいのは、わざとバナナ持たせて、食べさせて猿っぽくしているんです。それを突き止めたのは、野人の本を書いた中根研一さん。たぶん山口さんもご存じと思うけど、あの人わざわざ中国に行って名前とか確かめてきたんです。

山口　『中国「野人」騒動記』（大修館書店）という本ですね。面白い研究をやっている人ですよね。

中国人は幽霊は否定するが怪物はいると信じている

山口　でも野人の話は、中国人はみんないまだに楽しそうに話しますね。中国人の友達に聞くと、「野人はいるよ」と言って、「野人の集落がある。繁殖しているコロニーがあるんだ」と本気で語るんですよね。

その友達は、現生人類と交雑が可能で、野人のメスが男の人を捕まえて繁殖するんだって言ってた。子どもが生まれて男の人が逃げていくと、悔しがって目の前で子どもの股を割いて殺すという話があると、うれしそうに語るんです。

中国の人たちって幽霊はいないけど野人はいるみたいなことを言うのが面白いですね。

實吉　本当にいると思っているんじゃないんですか。お化け猿に子どもをはらまされた一族があって、その人たちの姓はみんな「楊」というんだとか大真面目に書いているんですね。

山口　玃猿（かくえん）ですね。

實吉　中国の伝説上の化け猿って、人間界から子どもを得たいという本能を持っているらしく、生まれたら帰してくれるという話もあれば、産んだ子どもが帰ろうとすると殺すとか、いろいろな伝説がある。その中からたまたま逃げ出せたのが「多毛人」といって、毛むくじゃらの女だったりするように、どこまでも現実的なんですよ。

玃猿は中国の伝説上の動物で、玃（かく）、猳国（かこく）、馬化（ばか）ともいう。サルに類し、人間の女性をさらって犯すという（図版は『和漢三才図会』に描かれた「玃」）。

山口　中国の野人や山の妖怪って、「かかとがない」といって、人間みたいにかかとが膨らんでないという記述があったりしますね。

ちょっと気になるのは、日本の妖怪とか心霊でも、かかとのくるぶしのあたりから霊魂が抜けるという話があったり、アグトネブリという東北の妖怪は墓場を歩いている人のかかとを舐めるという話がある。かかと＝霊的なものという考え方自体はあるんですよ。そこで、かかとに関する霊的な考察というのは、今後できるかなと僕は漠然と考えているんですね。

中国人と話をしていると、十何メートルもあるようなすごい魚がいるとか普通に言うんですよね。「白髪三千丈」という言葉もあるように、やたら大げさな言い方をするので、どこまで本当なのかよくわからない。

ただ、幽霊は否定するけれど怪物はいるような口ぶりで話しますね。霊的なものは否定するのに怪物はあっさり認めるような、あの感覚はよくわからないですね。

實吉　自分たちの世界だけが全世界だからね。その他にいるものは全部異類だという。異類の中にはそういうでたらめなものがいるという感覚なのかな。東夷（とうい）、西戎（せいじゅう）、南蛮（なんばん）、北狄（ほくてき）で、四方にいるのは皆、蔑視すべき異民族ですからね。

山口　彼ら中国人から見たら、われわれ日本人は東夷ですからね。

「恐竜が生き残っているわけがない」と言いながら霊的なものは信じている若者が多い

山口　今はどんな映像も作れるようになってしまったから、ネットには明らかにインチキＵＭＡ情報なるものがいっぱいあふれていますね。ネットを見ているような若い層は雪男やイエティなどのいるかもしれないものよりもニンゲン（☞３７９Ｐ）とかチュパカブラとか、フライングヒューマノイド（☞３０９Ｐ）みたいな、ぶっ飛び系が好きなような印象を受けます。生き物として存在していそうなものを若い人が好きになってくれない。

天野さんは基本的に巨大ＵＭＡが好きですよね。

天野　そうですね。やっぱ怪獣好きなんで。

實吉　スカイフィッシュ（☞３０７Ｐ）などは、どうですか。小さいし、かわいらしさもある。

天野　僕はやっぱユーコンテリウム（アラスカの光る巨獣）とか、そういうのが好きですね。

實吉　アラスカの光る巨獣はメガテリウムではないかと本に書きました。

ユーコンテリウムと同じくカナダ西部・ユーコン地方に出現するとされるウインタテリウムはなかなかいない。大正時代に出た本で『世界奇聞全集』（加藤栗泉著）というのを古本屋で見つけたら、その中に「北極圏の恐角獣」というＵＭＡが書いてあったんです。あれは私の発見でね。

ウインタテリウム

メガテリウムは164万～1万年前頃、南アメリカ大陸に棲息していた巨大なナマケモノに似た動物で、オオナマケモノとも（図版は復元想像図）。

その後、フランスのジャン・ジャック・バルロアが「ユーコン地方のパートリッジ・クリークの怪物」として紹介しているのを見て、もう飛び上がったんです。やっぱりあれインチキ話じゃなかったんだ。本場の外人は知っていたんだって。

　そこに書いてあったところによれば、今でもカムチャッカ半島には伝説が残っているようですね。あんな熱帯的なやつがよくあんなとこまで行ったね。ウインタテリウムというと、どうしてもサイに近いような熱帯獣の感じがあるからね。あれがよくもあんな氷原の中で、トナカイを口にくわえて脱兎のごとく走るというんだからね、素晴らしいですよ。

天野　すごく夢のある話ですね。今の人って現存する巨大生物は好きなんだけど、ＵＭＡに結びつけないんですよね。メガテリウムやウインタテリウムなんかの実在した巨大生物が生き残っていたら最高ですけどね。

山口　「恐竜が生き残っているわけがない」と思い込んでいる若い人

は結構いると思うんですけれど、その一方で霊的なものは意外と信じちゃったりする。だから「小さいおじさん」とか「フライングヒューマノイド」みたいな半分霊みたいなＵＭＡは、若い人も「いるかも」と信じるんですね。

でもフライングヒューマノイドはどう考えてもＵＭＡじゃないよね。一応ＵＭＡに入れているけど。結局、生物学をベースに考えたらほとんどはじかれちゃうんだよね。でもそうなっちゃうと今度、テレビ、エンターテインメントが始まらないので、多少お付き合いはされる先生はいますけどね。

實吉　私はなるべくそうしています。

天野　實吉先生は全面否定しないし、科学的な根拠をきちっと付けるから説得力もある。

實吉氏、「ＵＭＡ」という言葉が誕生した経緯を語る

山口　ところで今回、ちょっと詳しいことを實吉先生に確認したかったんですけど、ＵＭＡという名前は南山宏先生（１９３６〜／作家、翻訳家、怪奇現象研究家）に依頼されて作ったということになっていますね。そのときは電話で依頼されたんですか、それとも直（じか）に会われて？

實吉　あの頃私はＳＦ作家としての南山宏さんと盛んに付き合っていたんですよ。ＳＦ作家には思いのほか素人動物学者が多い。あるいは動物が好きだからＳＦの世界に入ったという人も多いの

で、SFの世界で動物を取り上げたいという話が出ていてね。

南山さんは当時早川書房の『SFマガジン』の編集長だったと思うけど、SF作家たちと周辺の作家みたいな人たちが集まって飲むことがよくあって、パーティに私もよく呼ばれていたんですよ。

山口　例えばどんな人がいたんですか。豊田有恒さんとか？

實吉　豊田有恒さんは私の親友みたいなものでね。彼は私と付き合うことによって動物に熱中し始めたんですよ。もともと動物好きだったからね。

「〇〇〇〇？　それいないでもないよ」とか「可能性あるよ」とかね。動物と付き合うときの知恵を授けるから、さあ大変だ。しょっちゅう電話がかかってきてね。

「坂上(さかのうえの)田村麻呂(たむらまろ)の飼っていた鷹の目は何色だったか？」

私は田村麻呂が鷹狩りに使っていた鷹の種類を推測して、その目の色をカラー図鑑で調べて、何とか間に合わせるわけです。

編集部　楽しいエピソードですね。

實吉　そうやってSF作家たちのコンサルタントみたいなことをしていた。そのときケサランパサラン（☞308P）だったかな。何かそういううわさのUMAについて雑誌に書かせてくれと言うために南山さんに電話をかけたんですよ。彼とはそ

794年に蝦夷（えぞ）を征討し、征夷大将軍となった坂上田村麻呂は赤ら顔で目は鷹のように鋭く、黄金色のあごひげがふさふさしていたといわれる（図版は菊池容斎『前賢故実』に描かれた田村麻呂）。

のときに知り合ったんです。

そのときにすぐＵＭＡの話が出たわけじゃなくて、南山さんもいろんな作家の世話をしていた人だから、私も彼の周辺の一人としてパーティに呼ばれていたんです。そんなときですね。

山口　ではケサランパサランがご縁で、實吉先生は南山先生と出会った？

實吉　それから知り合いになって、呼ばれるようになった。僕は酒を飲まないと言いながら付き合っていたわけです。あるとき未知の動物の話が先に出たんだったか、ＵＦＯの方が先に出たんだったか。そういう話題になって、いかにも彼らしい話が始まったんです。

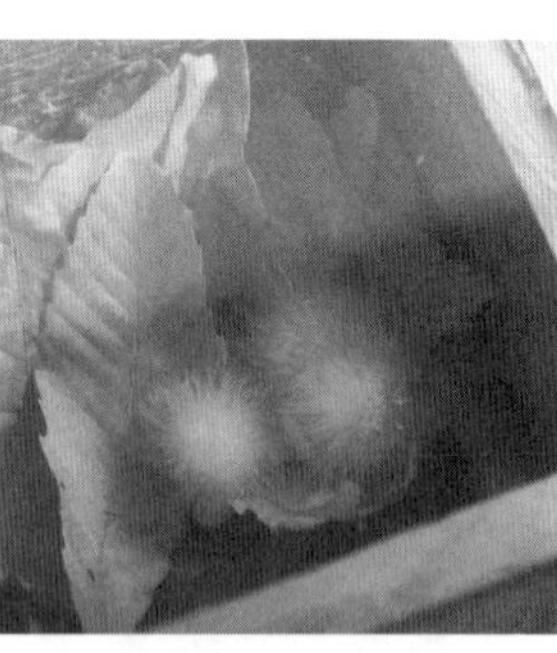

ケサランパサラン（写真は姫路市立動物園で展示されているもの）

山口　酒の席でそういう話が出た？

實吉　酒の席です。彼らは酒を飲もうが飲むまいがＳＦ以外の話をしませんけどね。そういう話ばっかりしていたので、ごく自然な話題として私が、「未知の動物について略称がなくて困っている。いちいち未知の動物、未確認の動物、いや怪獣っていわれるのが嫌だ。絶対嫌だ」と言ったんです。

第一、獣というのは哺乳類のことだからね。そういわれるのも嫌だし、怪動物っていわれるのも嫌だしね。妖怪っぽくなっちゃうから。

そこで「妖怪は怪や妖の字が付かないと人格を表せないというけど、こちらは人格がないんだから別に怪も妖も必要ない。何かないですか」と聞いたら、「ああ、わかった。Unidentified Mysterious Animalの略でUMAはいかがですか」と言ってくれたんです。「ああ、それいいですね」と答えた。

だから彼が考案してくれたんだけど、彼は別にそれを使わなかった。僕に授けてくれたんです。

山口　それ、どこだったか場所は覚えてますか。

實吉　その頃、渋谷界隈に住んでいるSF作家が多かったから、渋谷だったような気がする。あまり大規模な飲み会じゃなかったですね。

山口　その席にいた人で、他に覚えてらっしゃる方はいますか。作家とか編集者とかですか。

實吉　田中光二さんも豊田有恒もいたような気がするな。

天野　平井和正さん（1938〜2015／SF作家）は？

實吉　平井和正もそのあたりにいましたから、いそうなもんだけれど、いなかったね。彼は案外、人嫌いでね。私のことは幸い気に入ってくれたらしくて、どこかに連れてってくれてフルコースをごちそうしてくれたこともあるんだけれどね。

それから間もなく彼がなんだか長いのを書き始めたと聞いているうち、GLAの高橋佳子に感化されて騒動になっちゃったんですけどね。何年かたってからオウム真理教の事件が起きるわけだけど、僕はあの事件は平井さんの『幻魔大戦』の影響下に生まれたんじゃないかと思ってますよ。

麻原彰晃はいかにも幻魔大戦的なことを言っていたからね。選ばれた戦士がどうのとかね。それ以前に私は『幻魔大戦』の解説に書いたこともありますよ。

山口　UMAという名前が生まれた日は確定しているんですか。

實吉　昭和の40年代末から50年代だね。当時はそういう交際をちょいちょいしていたから。

山口　では、ご自分の本の企画が上がったから作ってもらったということではないんですね。

實吉　そうじゃないんです。話題にするために僕も何か略称はないかと思ってはいたんですけどね。

編集部　UMAという言葉が初めて活字として使われたのはいつですか。

天野　初めて使われたのは、確か實吉達郎著『UMA　謎の未確認動物』（スポーツニッポン新聞社出版局、1976年）だと僕は聞いたんですけどね。

實吉　1976年初版発行か。とすると76年から2、3年前だな。

天野　そのときのエピソードは、この本には特に書かれていませんでした。

今では入手困難な実吉達郎著『UMA　謎の未確認動物』（スポーツニッポン新聞社出版局）

實吉　UMAがタイトルに使われたのはこれが初めてと思います。よく聞かれるんだけど、今お話ししたように、場所とか日時とか、正確には覚えていません。

山口　たぶん渋谷で、小規模な人数で飲んでいたという……。

實吉　そうだったと思います。（注）

「UMA」という言葉はどのようにして知られるようになったか

編集部　テレビで一番最初にUMAという言葉を使ったのはいつで、誰なんでしょう？

實吉　1977年か78年頃だったか、確かニューネッシーを取り上げたときに僕が発言したんじゃなかったかな。ビートたけしさんの年末の番組の中で、僕がニューネッシーのでかい写真の前で

（注）編集部で南山宏氏に確認したところ、UMAという言葉が生まれた経緯について、貴重な証言をいただきました。南山氏の許可を得られたので、氏の返答メールの一部を掲載します。

〈UMAの件ですが、造語したのは確かに私です。

實吉さんはちょっと記憶が曖昧でおられるようですが、場所は間違いなく豊田有恒さんのお宅でした。實吉さんのご本が出版されたのが1976年ということですから、その刊行前ということになります。

「これこれこういう内容の本を近く出すんだが、そういう種類の動物を一言で表せる適当な用語がなくて困っている。何かないだろうか」と實吉さんから相談され、ちょっとアルコールが入っていた勢いも手伝って、いささか無責任にUFOから連想して、Unidentified Mysterious Animal 略してUMA、と提案してみたわけです。

当時は海外でも、UMAに相当する適切な用語が存在していなかったので、實吉さんがお悩みになったのも無理はありません（今ではcryptidという用語が使われています）。

實吉さんはとても喜んでくれましたが、まさかこの新造語がこれほどポピュラーになるなんて、そのときは思ってもいませんでした。

しかし私自身は、超常現象専門の書誌学者でもあった故・志水一夫氏が、十数年後に『月刊ムー』誌に連載していた超常現象用語を解説するコラムの中で、「この用語の考案者は南山だったと實吉さんから聞いた」と公表するまで、たとえUMA関連の記事を書いても、自分ではなんとなく面映ゆくて使うことはありませんでした〉

「これはウバザメとは違ってます」と、バッと線引くところ見ました？

天野　僕、あの番組全部見てます。

實吉　そのときは使ってやろうって意識はなかったけど、何の気なしにUMAって言っていたんです。それが初めてだと思う。

天野　周りから「それは何ですか」と聞かれませんでした？

實吉　聞かれましたね。僕はコメンテーターだから何か聞かれるのが商売だから、その都度説明していたんでしょうね。

山口　そういうふうに広がっていったんですね。そういういきさつを今のうちに整理して記録に残しておかないと駄目ですよね。

實吉　そうですね。スポーツニッポンの着眼もよかったね。真っ先にUMAっていうのを書名に使ってくれたからね。

天野　80年代はみんな「UMA」と「未確認動物（生物）」の両方の言葉を使ってましたね。90年代になると僕の周りは「ウマ」とか「ウーマ」とか言う人が多かったです。

山口　いまだにウマとか言う人いますからね。編集者でもそういう認識不足の人がいる。

實吉　UMAだけじゃ何のことかわからないからね。書名で使うときに「未確認動物」という言葉を添えたのは編集者の希望です。

天野　学研の『ムー』はわりと最初からUMAって言葉をばんばん使ってましたね。

山口　確か『ムー』の創刊が1979年でしたよね。

天野　そうですね。オカルト研究家で活躍していたのは、あの頃は山口直樹さんですね。彼はたぶんUMAっていう言葉を知っていたんだと思います。もちろん並木伸一郎さんもいますね。

編集部　一般に広まったのは2000年代ですか。

天野　完全に一般レベルに広がったのはそうかもしれないですね。誰でも知っている言葉になったのはね。

　1990年代まではマニアだけでしたね。UMAって言うとみんな首かしげるので、いちいち説明しなければならなかった。

編集部　2000年代に広がったのは、テレビの影響ですかね。

天野　たけしさんの超常現象番組じゃないですか。

山口　あとネットでしょうね。ここ15、16年はネットで広がっていったのかな。

「UMA」という言葉はどんどん世界に広がりつつある

天野　1990年代って、「UMA」が定着するまで、未知生物とか未確認生命体とかいろんな言葉が使われていたんですよね。他との差別化を図るために、みんないろんな言葉を使い始めていたんですが、大体『ムー』が主導で「未確認生物」という言葉が一番多く使われていた。昔はそんな感じで、ちゃんとした名称がなかった。ですから實吉先生が「UMA」という言葉を使って定着させてくれたのはすごい貢献ですよね。

山口　その言葉を作った時点で、その世界が生まれますからね。言葉を作るというのは本当に大切なことですよ。

實吉　「特許を取っておけばよかったのにバカだな」と言われたことがある。そうしたら遊んで食えたのにって（笑）。

山口　では、「UMA」が定着するという意識は当時全然なかった？

實吉　全然。だから便宜上、僕の著書で使うだけの言葉で、テレビの人もためらわずに使ってくれていいと言っているうちにバーッと広がった。定着しちゃったのはテレビで言ってから2年以内でしたかな。

それから3、4年たった頃、僕の息子が「英語にも入ったみたいだよ」と言ってました。英語の文章の中にUMAという言葉が使われているのを見つけたんでしょうね。

天野　フランスに僕のUMA仲間がいるんですけど、中華圏でもUMAっていう言葉が定着しつつあると言ってました。今は全世界がネットでつながっているので、世界中にUMAマニアがいて、ヨーロッパでもすでに使われているそうです。

山口　世界中に広がっちゃったんですね。

天野　その前はクリーチャーとかいろんな言葉があったじゃないですか。アメリカでは「ヒドゥン・アニマル」（隠棲動物）というのもありましたね。もっとも発案者の南山先生はクリプトズーロジィ（隠棲動物学）に従って「クリプティッド」を使おうとしましたが、UMAの方が広まりました。

　ヨーロッパはユーベルマンさんが活躍して土台を作ったので、僕のフランスの知り合いはユーベルマンさんの孫弟子の世代なんですよ。その人たちが今主導して広めてくれていて、もうUMAが定着しつつあるって言ってました。

實吉　言った者勝ちだったんだね。

山口　そうですよね。表す言葉がなかったですからね。ではアメリカ人ももうUMAで統一しているんですか。アメリカ人はやたらクリーチャーって言いますよね。

天野　まだアメリカの情報はないんですけど、アメリカはひょっとしたら抵抗するかもしれません。

山口　プライドが高いから、日本人が作った言葉なんて使わねえよみたいな。

第4章 UMAはこんなに楽しい

毎年、新種の生物が発見されているのだから、「UMAはいない」なんて言えないはず

編集部　では最後に、それぞれのUMAの楽しみ方を教えていただけますか。

山口　僕は天野さんとかと気は合うんですけど、ちょっと違うのは、僕は別にUMAはインチキでもいいなって思っているところですね。インチキであっても、そういう生き物、怪物がいたっていう話を聞けるだけでワクワクするんですよ。

天野　ははは。でも昔のものはもう認めちゃっている。捏造されたクラブジラ（体長15mの巨大カニ）とかニンゲンとか、ああいうのは嫌だけど、昔の方々が書いた本に紹介されているものは大丈夫です、楽しんでます。

山口　UMAブームになって、インチキUMAであってもいいから増えてくれればいいのかなという思いはあります。ただ、もっとリアリティーのあるUMAの話をしたいなという希望はありますね。

例えばカシミールジャコウジカ――牙のあるシカなんですけど、これが60年ぶりに発見されたとか、熊本でマグロが川を遡上しているのが捕まったとか、こういう絶滅種の数十年ぶりの発見とか、生物の異常行動とかですね。そういうことをみんなでちゃんと話していける日が来たらいいなとは思いますね。

クネクネ（☞379P）とかニンゲンとか都市伝説系のUMAがいて、そういう話をするのも好きなんだけど、リアルな動物の興味深い話とか、本当の意味での未確認生物の話もしたいなという気持ちはあるので、「リアルな情報を待ってます」というところですね。

「ゴリラ以降新種の生物が発見されてない」なんて言う人がいるんだけど、そんなことはない。そういう人は毎年新種の生物が続々と発見されているのを知らないだけなんです。だから「UMAなんていない」と言われるのが本当に悔しくて。UFOや幽霊よりいる確率は数段高いですからね。

實吉　UFOや幽霊と違って、少なくともこの地球上にはいるんだからね。

山口　実際、哺乳類とか爬虫類クラスでも、そこそこの大きさの新種の生物が毎年発見されているので、「未知の生物はいないよ」というのは人間のおごりですね。

實吉　まったくのおごり、思い上がりです。まだまだいくらでもいるんですから。

山口　自分はすべて知っていると思ったら大きな間違いで、UMA研究というのは非常に知的なものので、趣味としてもかなり高尚なんです。ある程度、教養がないと話ができない。

ちゃんと勉強をしていれば未知の生物がまだまだいるとわかるんですけどね。テレビの制作スタッフが表層的な知識で話したりすると、イライラするときがありますよ。
實吉 だって半分も言わないうちに、「では恐竜ですか」「では怪獣ですか」とかさえぎってくるんだものね。「怪獣っていう動物があるか！」と怒鳴りつけたいぐらい（笑）。

怪獣という動物はいませんよ。だから歴史やら生物学やら民俗学やら、それに遺伝子工学もちょっと知っていて、妖怪のこととかも知ってないとＵＭＡについては話せないんですよ。
山口 本当の通人（つうじん）じゃないと話ができない。相当本を読んで勉強しないとわからないので、悪いけど誰でも入り込める世界じゃないですね。
實吉 共通語がないから話し合いができないんだ、残念だけどね。

かわいい動物ばかり紹介するテレビ番組を見ていたら「ＵＭＡ好き」は育たない

山口 特に若い世代にはぜひＵＭＡに興味を持ってもらいたいと思います。30代って中沢健氏ぐらいしかＵＭＡの本を書いている人がいない。20代はいないんですよ。困ったことに動物に興味がないように見える。

僕らが子どもの頃は『野生の王国』（１９６３～１９９０年に放送されていたドキュメンタリー番組）とかいろいろな動物番組があって、ああいうのを見て育ったけど、今は動物番組といえば犬とか猫ばっかりだもん。

天野　よくないのは、今はライオンが動物を食べるところを流すと残酷だってクレームが来ちゃう時代であることですね。こんな時代だとUMA好きな子どもはなかなか出てこない。

山口　ありのままの自然を見せなければ駄目なんだよね。

天野　メディアは子どもをバカにしているんですよ。われわれが子どもの頃のウルトラマンとかウルトラセブンって、反核、反戦、民族差別などの社会問題とかを折り込んでて内容もすごかった。それが、だんだん怪獣が出てきて暴れるだけの子どもじみた番組が粗製乱造されるようになった。一周して平成のウルトラマン・シリーズの良質の脚本でドラマツルギーもしっかりしているのだが、表現の規制が昭和よりキツくなっているので、あのときのパワーは感じられないですね。

實吉　私、「シャーロック・ホームズ・クラブ」に属しているんですが、今や中年になっている一部の人がウルトラマン・シリーズの系統を論じ、親戚関係を論じ、「いやそれは違う！」などと熱い議論を戦わせているのを何度も見ましたよ。その世代にとって、ウルトラマンはもう友達になっているんだね。

それと、NHKの『ダーウィンが来た！　生きもの新伝説』に、「ちょっと待った〜！」と言いながら出てくる変なじいさんがいますよね。あんなのが出てこなければ、もっと面白いのにね。

山口　「ヒゲじい」ね。一応子ども向けに作られたキャラなんですけど。

實吉　子ども向けに作ったんなら、もうちょっとかわいいのであってほしいな。ああいうかわいさは嫌でね。いっそのことあれがダーウィンならいいんだけど。「ダーウィンが来た」という番組なんだから。

山口　今はテレビでも雑誌でもとにかく犬・猫ばかりですね。もっと希少動物を扱ってくれればいいのに。

天野　今は猫ブーム。

山口　猫を取り上げるにしても、もっとやりようがあるだろうにと思うんですけどね。

UMA出現地を正確に調べると新発見がある

編集部　ではご自分にとってのUMA研究とは何かということと、これからのUMA研究に期待することなど話していただけますか。

天野　これだけは言っておきたいというのが一つあるので、まず僕から話させてもらいます。

僕はあまり科学的な素養がないので、一般の方々と変わらぬアプローチでUMAをずっと研究してきたんですが、何をやったかというとコレクターですね、UMAグッズのコレクション。日本で発売されたUMA本とフィギュア……人形や玩具はコンプリートを目指しています。海外ものもできる限り集め、村おこしの現地みやげものも買っています。

實吉　そうか、お人形もあるんだ。

天野　はい、人形はたくさんあるんですよ。ツチノコとかモンキーマンとかのソフトビニールの人形の監修もやっています。メーカーに作らせて、こういうのにしてと希望を言ったり、解説文を書いたりとか、それぐらい好きなんです。

研究については、科学的なこととか民俗学的な面などは實吉先生と山口さんの本を読めばほとんど書いてあるので、僕がやったことは、過去から現在に至る文献を総ざらいして、世界地図の詳細なのを買ってきて、何がどこにいつ出たのかというのを極力正確にまとめてみたことぐらいでしょうかね。

でも、そうすることによっていろいろわかることもあって、例えば謎の海洋生物カバゴン。これがニュージーランドのリトルトン半島沖で目撃されたことになっているんですが、その緯度・経度が「南緯44度、東経173度」とある。

ところがその位置を調べるとそこはリトルトン半島より近いのがバンクス半島だったんです。そういうところも調べて、なるべく正確な地点を割り出すというのが僕のモットーで、バンクス半島の40km沖に出たということがわかった。

カバゴンが出たのは1971年なんですけど、ある文献では74年になっていて、これは間違いだと思うんです。南山さんの本で確認したら、やっぱり71年になっていた。

その後、1977年にニューネッシーが出ましたね。ニューネッシーが引き上げられたところを調べると、南緯43度、東経173度で、カバゴンとほぼ同じ海域なんですよ。これ結構知られてなくって。

山口　ではカバゴンと同一個体の可能性がある、と？

天野　そうなんです。あのニュースが出たときに、地元の漁師たちが「あれはわれわれが見たヤツでは？」と色めき立った。彼らは1971年に近海で「ブォーッ」と鳴いた全長8～10mの怪物を目撃していたんです。これもひょっとしたら……。カバゴンとニューネッシーは似ても似つかないじゃないですか。でもあれ死体なので、ひょっとしたら生きている姿って全然違うかもしれない。

カバゴンと漁師の見た怪物は哺乳類的なのかなとも考えられますよね。顔出してブォーッと息吐いたり目を出したりって、魚類ではなさそうだ。どこに出たかというのを調べると、いろいろと新しい発見があるのがすごく面白くって。

次に「のちほど話したい」と言っていたオゴポゴですが、棲息地オカナガン湖から支流を通じてコロンビア川というのがカナダのブリティッシュコロンビア州や米国北西部を長くだらだらっと通っていて、その支流のいくつかがバンクーバー島の南方へ注ぐ。そこら辺ってキャディのテリトリーなんですよ。そして二つは特徴的に似ている。

山口　では同一種？

天野　たぶん、ですけどね。馬を連想させる頭部に2本の角のような突起、尾の先が割れているなど、オゴポゴとキャディって似ているんです。1960年代以降、14のダムがコロンビア州にできていますが、オゴポゴっていうのは陸封型のUMAで、ひょっとしたらキャディの陸封されたものなのかな……とかね。

山口　キャディが卵を産みに行っているときに、うっかり封印されてしまったとか？
實吉　帰れなくなっちゃった。
山口　ありがちですね。面白い。
天野　そんなことを想像するのも楽しいなあって思うんです。

北米の東海岸はシーサーペントが多い

天野　これはマイナーなんですけど、アイルランドの「リー湖の怪獣」って聞きませんか。３人の神父が同時に見たことで知られる。

ある情報では「ダーグ湖に怪獣が出た」とか、別の本では「リムリックという町の海辺に首長竜が出た」とか書いてあるんだけど、これを地図で調べると全部シャノン川という川でつながっているんですね。同じ川の海の河口と、途中とその奥の水源の方、そういうところでいろんな首長竜型の怪物が見られたということは、ひょっとしたら同一のものではないとか考えると面白いと思う。

それと北米の東海岸に沿った海域って、すごくシーサーペントが多いんです。北はニューファンドランド島を中心に、カナダの方からニューヨーク沖、南はフロリダやメキシコ湾まで、この辺はシーサーペント通りというか、シーサーペントがしょっちゅう出ています。その中心地に位置するチェサピーク湾にはチェシーというのが出ています。

山口　逆に、西海岸はあまり出ないんですか。

天野　西海岸はキャディで有名ですが、東側より少なくて、太平洋の外洋に行くといっぱいいるんです。

山口　ではウナギみたいに、繁殖するところがあるんですかね。

天野　その可能性ありますよね。そうやってＵＭＡの出現地を、俯瞰（ふかん）して関連性を結びつけていくのですが、こんな困った例もあります。

先ほど話題に挙がった（☞１８４Ｐ）秋田書店の『怪獣画報』で知った列車をまたぐイグアノドンですが、文献によって内容が極端に違う場合があるんですよ。小学館の『なぜなに世界の大怪獣』で、インドのアリパラ村にイグアノドンそっくりの怪獣が現れ、村の家を破壊して死傷者を出したと書いてあります。列車をまたいだヤツは人に危害を加えなかったので、両者は別物だと思っていました。しかし１９４８年、アッサム地方アリパラ村、身長６ｍ、イグアノドン似、という共通項の多さから、これ、同じものですよね？

山口　同じでしょうね。また聞きなどで、どこかで情報が汚染されてしまった。

天野　でしょうね。別の文献には「１９４８年、バーバリ地方で恐竜のような怪獣が１００人に目撃された」とあって、これも元は同じかなと。アリパラという村の名も文献によっては「パリパラ」などと英文和訳の際の個人差が考えられ統一されていないので、その「バーバリ」も同所の可能性ありかな。

で、もともとアッサム地方には沼地に棲むブルと呼ばれる怪物がいて、1951年にインドで報道されイギリスの『デイリーメール』紙の後援で探検隊も出たそうなんです。これがリアルで、体長は4m強、丸みがかった胴体に短い首と長い尾。短い手には鋭い爪。背中にトゲのような突起があり、体色は灰色で腹は白い。未知の大トカゲか両生類かUMAとして興味津々ですが、案外そんなのに尾ひれがついて怪獣話に発展したのかもしれません。

そうやって推理してみることもUMAの研究の楽しみの一つですね。

あと、1934年にフランスの海岸で死体が発見された首長竜みたいな怪物の漂着物。これ、別の文献でケルクヴィルって書いてあったんですよ。ケルクヴィルの海岸に漂着した怪獣。世界地図でスペルを調べていて、あ、これって『シェルブールの雨傘』（1964年）というフランス映画のシェルブールじゃないかと気づいたんです。そういうふうにして、いろんな整理をしています。

山口　地理学から見るUMA考察は初めて聞きました。

實吉　私も初めて聞きました。

天野　そのUMAが本物か嘘かは別にして、情報を統一しとこうかなと思って書いたのが『本当にいる世界の「未知生物」案内』（笠倉出版社）なんですね。とにかく大変で、倒れかけながら書いてました。辛かったです。後で気付いたことがいっぱいあったので、次の版で直しますけどね。

ただ一つだけ特定できないUMAがありまして、それは實吉先生の『世界の怪動物99の謎』（サンポウジャーナル）の120ページにある「フィンランド、モナガン県のドロメード湖の巨龍」です。ここがどこだかわかりますか、先生。

實吉　……申し訳ない。ちょっと思い出せません。

山口　いずれにせよ、『本当にいる世界の「未知生物」案内』は名著ですよ。

天野　ありがとうございます！

昔からすぐチョウザメ説を持ち出されてUMAは否定されてきた

天野　僕、どれかの本に「北半球のレイクモンスターって、たぶんほとんどチョウザメかヨーロッパオオナマズじゃないか」と書いたことがあるんです。チョウザメかヨーロッパオオナマズを昔の人が見間違えて、ドラゴン伝説と結びつけたりしたんじゃないかという仮説ですね。

實吉　昔の人はすぐチョウザメって言うんだけど、あれは嫌だね。ニューネッシーに対してもウバザメとか言ってる。

もう戦前も戦前、支那事変が始まる前に北大の大島正満教授による『動物物語』と『動物奇談』という二大名著が出たんですよ。これ戦後版も出たんだけど、戦後版は書き換えてあって駄目だった。

この二大名著、戦災で焼けちゃったんです。だからなんの証拠もないんですがね。

大島正満著『動物物語』（1933年）

確か『動物奇談』に出ていた覚えがあるんだけれど、捕鯨船だったか、漂着物だったか、それも明らかじゃないが、ある怪物が出ていたと思う。

そのときに人々は騒いだけれども、確かモルガン博士が、「ウバザメにすぎない。以前にも例がある」とか言ってぶち壊しちゃった。それで、なんだウバザメかと思ったら、ニューネッシーでまたウバザメ説を言う人が出てきたでしょ。だからアカデミズムってやつはいつまでたっても歳を取らないのかと思いましたよ。

それで先ほど話した大きな写真を私が×を書いて否定したのも（☞273P）、ビートたけしの許しを得てやったんです。「そうやっていいか」というと、「どうぞどうぞ、こんな写真何枚もありますから」と。「ヤッター！」と思ってスカッとしましたね。

動物学校で教えてみて感じたこと

編集部　続いて實吉さん、これからやりたいこととかUMA研究に期待したいことなど、お話しいただけますか。
實吉　私、そんなに真面目な意図を持ってやっていませんよ。UMA研究なんていうのは怪奇趣味とか、お化け趣味とか、風流心とか、そういうものから始まるのでね。科学的追究とかそんなことは後から付けた理屈であって、怪物なり怪しいものなり、どこにいるかわからない動物なりに激しい好奇心を燃やす。

それらに近い図を手に入れただけでうれしいという心理から、それが本当かな、あり得るかな、あり得ないかなと判断したいために動物学を学んだようなところがあります。

あくまで動物が大好きということが先にあり、その大好きなものをもう一つの大好きなものに用いた結果、幸いに人さまから評価していただけるだけの見方、見識に達したわけですね。

では僕はそれを若い人にどう伝えたいと思っているかというと、先ほども話に出たように、今の若い人はあまり学びたいという気がないようですね。

私は3つか4つの動物学校で教えました。動物学校というのは具体的にいうと、愛犬業界で業者が自分たちの愛犬美容師を養成するためにつくった学校です。私立――もう純粋な私塾です。

そういうところで犬の毛の刈り方とか、猫の扱い方とか、お産の仕方とかいうのを覚える他に、一般的知識として動物学も知っておきたいだろうから、そっちの先生も呼ぼうじゃないかというので、いわば一般動物学のようなものを教える立場で僕は雇われました。

学院って名前だったから学院長になったこともあります。それで延べで1000人以上の若い人に教えましたよ。愛犬美容師ですから、ほとんどは女の子です。

愛犬美容師は、愛犬を5匹だったかな、お得意に持っていれば一人でご飯が食べられるんですよ。独身の女の子にはいいでしょう？

そうしたら男の子と面倒くさい関係を持たなくてもやっていけるし、もともと犬や猫が好きでやっていることだから多少の苦労は何でもないしね。女の子って一般に真面目ですから、奥さま方の信用を得ることもできるし、一時非常に人気が出て、ペット業界でも注目された時代があったんです。

ある人などはこれからはペットの知識が必要だとか、ペットのお墓を作ろうじゃないか、なんてことを言い出した人もいた。この事業はそれほどうまくいかなかったようですけどね。

そういう時代に、仮に100人としましょう。100人の男女を教えた。女性の方が多いからそのうち3分の1ぐらいが男性かな。

若者ですから、中にはときどきマニアックな子がいるわけです。もう私が部屋に帰りたいのにくっついてきて、いつまでたっても質問が途切れないというようなマニアがときどき現れるんだけど、どうもそういう若者の執着したような目を見ていると、駄目じゃないかと思ってしまう。

マニアといっても心が偏っている。それしかないというふうに偏執狂的になっちゃう子がいるんです。そういう子は、それこそ「ドロメード湖の怪物っていうのは本当にいるんでしょうか。でも先生……」という話をするのは好きだけれども、ライオンの生態には興味はないのか、キリンの首がどうして進化したか、あの進化は今でも進んでいるのかどうか考えたことはあるのか、受精卵はどうしたらかえるのか言ってみろって言っても、これができないんだね。

そういう動物に関する一般的なことを知らないで、僕が関心があるのはドロメード湖の怪物だけだってやられるとね。答えるのが嫌になっちゃって、そういうマニアックな若者は僕のまな弟子にはならないんです。なりそうでならない。もしなっていたら、その後数十人の弟子を僕はもう率いているはずです。

そのようなことですから、動物学は僕にとってあくまで動物学として、私の専門分野として弟子も取らず、独立してやっております。生き甲斐になってます。

その中の趣味の一つが怪物趣味であって、本を書く動機にもなった。なってみると、では先生ついでに植物も書いてくださいとかですね。そういうふうに広がっていったんです。

若い人にはUMAの世界を大いに享受してもらいたい

山口　妖怪もお好きですよね。

實吉　妖怪も僕にとっては一種の生物学ですからね。柳田國男（やなぎたくにお）先生に私は私淑していたんですが、柳田先生のような古典的な昔の民俗学者などは非常にお慕いする価値があるわけです。柳田先生も実はオオカミのことを散々お書きになっているのに、実はオオカミのオの字もご存じないんです。

山口　伝承にしか興味がないんですね。実際の生態はあまり気にしてない。

實吉　全然気にしていらっしゃらない。オオカミが凶暴だというふうに伝わっていると凶暴だとお

柳田國男（1875～1962）は日本民俗学の創始者。貴族院書記官長を退官後、朝日新聞社に入社。国内を旅して民俗・伝承を調査した。著書に『遠野物語』『石神問答』『海上の道』など

思いになっちゃっているわけだね。批判がおありにならない。

　また一面では「この伝説は日本特有のものである」ということをなるべく言わないようにするような非常に慎ましい方なんだ。だからいろいろ聞いてみたかったけどね。先生の研究は「妹の力」から「桃太郎の誕生」まで全部読みました。

　その中に出てくる動物の話を取り上げては吟味してみました。そうすると妖怪と近くなってくるわけね。「妖怪民俗学」ですね。

山口　そうですね。妖怪と動物ってすごく深い関係がありますよね。

實吉　「枕返し」っていう妖怪がいるけど、どれくらい前からいたかというと、それほど昔からでもないみたいなんですね。ではどれぐらい昔だろうか、家康は死んでいたのかなとか具体的に調べると、ますます面白くなる。まして時代劇とか江戸っ子の風俗とかと取り合わせてみると、面白いのなんのって、歩いても歩いても追いつかない深さがあります。

　水戸黄門の講談についても申し上げましたけれども、渡部昇一さん（英文学者）がしばしば講談の話をするんですね。あれほどのアカデミックな学者が少年講談の大ファンだった。真田十勇士の一人だった三好清海入道が大好きだった。真田幸村を夢中になって読んだというんです。あの方

「枕返し」は夜中、寝ついた人間の枕元に現れ、枕をひっくり返していく妖怪（図版は竜斎閑人正澄画『狂歌百物語』に描かれた枕返し）

は私とほとんど同世代です。

　その時代の男の子たちは親に勉強しろ勉強しろと言われながら、実はああいう本を読んでいたんであって、その中から歴史ってものを学んでいる。今の人たちはインチキ歴史かもしれないけれど、大河ドラマで歴史ってものを学んでいる。フランスの民衆だって同じようなものですよ、『三銃士』（アレクサンドル・デュマによる小説）で歴史を学んでいるんですからね。

山口　大河ドラマはかなり嘘が入ってますけど、それでいいんですね。

實吉　ずいぶん入ってます。あれで学ばれちゃかなわない部分もあるけど、一般の大衆はそれでいいわけです。中国人は『三国志』ですね。

山口　先生がやってらっしゃるのって博物学ですよね。いろんな分野を網羅している。

實吉　そう。だからある時期にはインド文学に夢中になったときもあるし、ある時期はキリスト教徒だったこともあります。そういうふうですから専門分野が広くなる。肝心なことは何もしないけれど、好奇心旺盛な人間にはなります。

　その人間から申し上げると、ＵＭＡ研究・動物研究は本当に多種多様で、立体的でもあれば平面的にも広がるし話題にはなるし、とても有益だから大いにやろうじゃないですかということです。

それから若い人には逆に、もうちょっと深く突っ込めよ、深くやれよと言いたい。偏らずに深くって難しいだろうけどね。

おまえには好きな動物がいるだろう？　まさか動物が嫌いでこの学校に入ってきはしないだろう？　動物が好きなんだろ？　そうしたら猫に引っかかれただけじゃすまねえ、猫がなんで爪をガリガリやるか考えてみろ。そういうことを進めてちょっと不真面目の真面目みたいな気持ちでUMA研究・動物研究の世界を大いに享受してもらいたい。

そのぐらいですね。しゃべると切りがないからこれくらいにしておきます。

編集部　では最後に敏太郎さん、UMA研究への取り組み方をお聞かせください。

山口　現代人はみんな疲れ切っているじゃないですか。それで自然豊かな地方に行くとほっとしたりする。日本人は相変わらず長時間働いているし、組織の中のしがらみもある。だから、よけいに自然に癒されたいと思いますよね。UMAを調べていると、野生とか自然を感じられてストレス解消になる部分があるんですね。

それからどんな情報でもすぐに否定せず、調べながら「楽しむ」のがいいんじゃないかと思います。インチキな情報も「誰がこんなインチキを考えたんだろう」「背景には何があったのか」と考えると面白かったりするんですよね。怪しげな情報の中にも、ときどきどうも変だぞという部分があったり、思いがけず真実としか思えないこともあったりするんですね。そのときにはドキッとして喜べばいいと思うんですよね。

エピローグ――UMA好きは派閥もなく、みんな仲よし

山口　天野さん、もっとトークライブとか出てくださいよ。いろんな文献のデータベースをお持ちだから、お客さんたちも喜ぶと思う。フィギュアもたくさんありますよね？

天野　コレクションルームにはウルトラ怪獣とかゴジラなど、ありとあらゆる怪獣を置いてますよ。

實吉　ウルトラ怪獣にゴジラか。いいじゃないですか。僕は今回はゴジラの話は出ないと思っていた。もっぱら科学的に行くかと思っていたけど。

天野　先生が怪獣の話を語ってくださってよかったですよ。ずーっとアンギラスのことも聞きたかったんですよ僕。先生の著書で読んだ南アフリカのアンキロサウルスの記事には興奮しました。

實吉　怪獣映画については映画を見てきた歴史が私の頭の中にずーっとありますからね。

山口　先日、斎藤守弘先生に会って話したら、「『インデペンデンス・デイ』の続編、俺行きたいんだよね」とおっしゃっていて、「新作のハリウッド映画もちゃんと見に行かれているなんて素晴らしい」とうれしくなりました。84歳になられても（斎藤氏は1932年生まれ）新作映画をどんどん見ているというのはいいですね。

天野　大したもんです。

實吉　斎藤守弘さん、僕のうちの近くにおられたことがあるんですよ。ときどき来て話したことあるんですよ。それぞれの著書を知ったのは僕の方が先でしたね。斎藤先生が「あなたもお書きになるんですか」みたいなことをおっしゃっていた。

山口　貴重な話ですね。山口敏太郎タートルカンパニーのパーティをやったときに斎藤先生が来てくれたんですよ。天野さんとか僕とか實吉先生って、もうＵＭＡが好き過ぎてどうしようもない人たちですね。

天野　僕、それで会社辞めちゃいましたからね（笑）。

山口　未確認生物は面白いですよね。

天野　僕は科学が苦手だったので、科学的な部分は本当に實吉先生とか、いろんな人の話や書いたものを参考にしています。１９６０年代に子ども時代に夢中になったものがベースになってますね。山口さんもそうですよね。

山口　そうですね。

天野　ただ、中岡俊哉さんの本なんかは、ひどいんですけどね。子どものときは全部信じてましたね。

實吉　そう、「密林の怪人」なんていう話を書いていたね。

天野　だんだん大きくなって大人になると、これはおか

しいなって気づく。

實吉　彼はその後、知られなくなっちゃったね。

山口　大体高校生ぐらいで気がつくんですよね。

天野　僕は20歳過ぎてまで信じていた（笑）。いや、30過ぎても！

山口　ＵＭＡはあと、飛鳥昭雄さんとか中沢健くんとか、並木伸一郎さんとかやっている人が結構いるんですけど、南山先生も含めてもめることはないんですよ。ＵＦＯはいろんな派閥とかセクトがあるんですよ。心霊や怪談もセクトがあって、俺のやり方はこうだとか、いろいろあるんですよね。

　ところがＵＭＡは派閥、セクトがないんですよね。なぜなんでしょうね。

實吉　捉われない感じでやらないと、ＵＭＡの研究って入れませんからね。「ＵＭＡの中で俺の好きなものは信じるけれど」とか「俺のよく知っている人が言ったのは信じるけれど、知識もない人が言ったのは信じない」というふうに我を張らないでしょ。張ったら収集品が減って、つまんないですからね。

山口　つまんないですね。

實吉　ＵＭＡは比較の対象がたくさんあった方が面白いんだから、あの人がこう言ったとか、この人がこう言ったとか、それを比較して調べるところが面白いんだから。ときには証言が全部散り散りバラバラでどうにもならない場合だってありますよね。その場合は、そのUMAは何種類かあるんじゃないかと考えるしかない。

山口　チュパカブラとかそうですね。

實吉　そうです。表現が全部違って散り散りバラバラ。仮に「派」とすれば諸子百家だ。

山口　動物の話になると、みんな楽しそうに話すので、UMAってノーサイドになるんですよね。僕はそれが一番好きなところですね。

編集部　知的ですし、幅が広い議論になりますね。

山口　繰り返すけど、勉強していない人はUMAを語れないんですよ。心霊好きには変な人もいますけど、UMAはいないですよ。よく勉強している人が多い。

編集部　どれが実在するかとか細かいところでは意見が分かれるんでしょうけども。

山口　それはありますよ。

實吉　別にけんかはしません。けんかしないのは、UMAは実在するかどうかで論争しているわけではないから。そんな問題は超越しているので、むしろ趣味の世界と言った方がいいでしょう。深くて広い趣味の世界。

山口・天野　そうですね。

山口　極端な話、そのUMAはいないなと思っても、話題になるだけでもちょっとうれしい。

天野　僕も同じ。

實吉　いや、いなくたっていいんですよ。「いた」と言われたことだけでうれしい。

天野　ネッシーって、インチキ写真だったと告白されたじゃないですか。でも僕、全然がっかりしなかったもん。

山口　いなくてもいいんですよね。どこそこにＵＭＡ伝説があったというだけで、うれしくなるところはある。

天野　そうなんです。

山口　僕たち、やっぱり、どうしようもないＵＭＡバカですね（笑）。

天野　そうです、そうです、ＵＭＡバカです（笑）。

（２０１６年６月20日・７月７日に東京・新宿で行われた鼎談に加筆・修正しました）

巻末付録 日本のUMA450種全解説！

山口敏太郎氏の秘蔵データを公開。日本のUMAに関する情報を450体余り分網羅しました。（監修・山口敏太郎氏）

UMAという概念と分類について

まず、UMAという概念は現在、かなり広がっている。本来のUMAに加え、妖怪や都市伝説的怪物、新種生物、希少生物、巨大生物、突然変異、帰化生物、テレポートアニマル、空想のキャラクターがUMAと誤認されうる存在として、UMAの範疇には含まれている。つまり、今やUMAという言葉の指し示す範疇は、従来のUMAらしいUMAに加え、UMAと誤認しうるものも含まれているのだ。

UMAという総称の説明

1	UMA	本来のUMA	
2	FMA	妖怪・都市伝説、霊的存在	UMAと 誤認されるもの
3	RA	希少生物、突然変異	UMAと誤認されるもの
4	キャラクター アニマル	脳内映像として目撃者増加中	UMAと誤認されるもの

上記4つの分野が、UMAと総称されているようである。なお、もっと詳しい説明は、次ページにある分類を見ていただきたい。

※なお、フェイクアニマルは分類に入れているが、“生物”ではないので、4つの分類には入れていない。

分類

UMAの分類を以下のように行った。

方法としては、生物を次の四分野に分類する。実際の生物（RA＝リアルアニマル）、未確認生物（UMA）、神話や伝説上の妖怪・怪物（FMA＝ファンタジーミステリアスアニマル）、明らかに書籍、漫画、映画、ゲームで企業や作家により創作された著作権が含有するもの（キャラクターアニマル）。

その生物のリアリティは、実際の生物（RA=リアルアニマル）→未確認生物（UMA）→神話や伝説上の妖怪・怪物（FMA［フォーマ］＝ファンタジーミステリアスアニマル）→明らかに書籍、漫画、映画、ゲームで企業や作家により創作された著作権が含有するもの（キャラクターアニマル）という順に減少していく。

この順番を逆行すると、そのルーツが分析できる。つまり、キャラクターアニマルが生まれたルーツは、FMA（フォーマ）であったり、UMAやRA（リアルアニマル）であったりする。またFMA（フォーマ）は、UMAの目撃事例や変わったRA（リアルアニマル）が誕生したルーツであったりする。さらに近代に生まれたUMAのルーツは、RA（リアルアニマル）の珍種や帰化生物、巨大な個体や新種の生物、古代生物の生き残りであったりもする。

かつて博物学が発展した頃、渾然としていた生物がRA（リアルアニマル）とFMA（フォーマ）に分割され、二十世紀以降この両者をつなぐUMAの概念と、商業主義に基づいたキャラクターアニマルが生まれた。この四分野の認識が新たなUMA研究を開くのである。

キャラクターアニマル

書籍・漫画・映画など創作物で作り上げられた商業ベースの生物。

例）ポケモン、ビックリマン、ウルトラ怪獣、仮面ライダー怪人

FMA（フォーマ）

1．伝説妖怪

伝説の妖怪、民話や神話の魔物…民話、伝説、口承により証言される妖怪的怪物。

例）牛鬼、不死鳥、白澤

2．怪人

都市伝説の怪人…国の内外を問わずフォークロアの怪物。

例）ゴム人間

UMA

1．近代怪物…江戸〜昭和初期の公的資料、古文書、明治以降の新聞・マスコミ、その他書籍・民俗学史料などに見られる、確実に何かが出現したと思われる怪物談。

2．未確認動物（UMA）…戦後〜平成に生存した人間による目撃・体験談。

※なお、UMAは棲息地により、さらに小細目に分類できる（今回はスペースの関係で小細目はカットした）。

水棲　魚

水棲　四足歩行

水棲　半魚人

水棲　異形

陸棲　獣

陸棲　ヒューマノイド

陸棲　異形

空　鳥

空　異形

合成生物

RA（リアルアニマル）

1．希少生物…既知生物だが、個体が少なく貴重な生物。UMA扱いされることが多い。

2．巨大生物…同種の個体の体長・体重より著しく大きい生物。倍数体を含む。

3．突然変異…その個体のみに起こる特別な特徴を持つ生物。

4．新種生物…明らかに新種と思われる生物。一般にあまり知られていない生物。

5．テレポートアニマル…本来その場所に棲息しない生物、ペットの逃走など。

6．帰化生物…外国産の生物で、日本で繁殖し定着したもの。

7．絶滅動物…絶滅したとされる生物、あるいは絶滅寸前の生物。

フェイクアニマル

1．誤認・創作生物…故意、あるいは不可抗力によって創作・誤認された生物。

2．工芸品…見世物文化発達、仏教の教化、個人的嗜好の中で開発された生物工芸品。

3．否生物…生物ではなく、機械、乗り物、未確認飛行物体など。あるいは自然現象。

猿人系UMA

ヒバゴン（未確認生物）

広島県の比婆山に棲むと推測される類人猿に似た怪物。足跡のサイズは縦21㎝、幅22㎝で、体長は1・5mから1・7m程度。物証としてはヒバゴンのものと思われる足跡や体毛が採取されているが、残念ながら正体の特定には至っていない。一応、仮説では巨大クマ説が有力だが、動物園やサーカスから逃走したチンパンジー説、巨大化したニホンザル説も根強い。山口敏太郎氏の仮説では、戦争中に山中に遺棄された類人猿の生き残りだという。

一連のヒバゴン騒動の発端は1970年7月20日であり、広島県比婆郡西城町油木地区で初めて目撃されている。山でキノコ狩り中の小学生によって、熊笹を掻き分け出現したヒバゴンが確認されたのだ。その後、多数の目撃者を出している。1974年には、ヒバゴンと思しき生物が写真撮影された。この写真を鑑定した動物学者たちは、ニホンザルかツキノワグマだろうとしている。もちろん、この写真そのものが、ヒバゴンを写したものではないという意見もある。

ここ20年近く目撃例がないが、町おこしに利用されている。1970年からは、西城町にて「ヒバゴン郷どえりゃあ祭」というヒバゴン関連のイベントが開催されている。土産物には「ヒバゴン饅頭」などがある。地元の食事処「やまびこ」では、「ヒバゴン丼」を扱っている。

ヤマゴン（未確認生物）

広島県福山市で目撃された、体長150㎝の類人猿のような怪物、茶色っぽい灰色の毛、人間に比べ腕が長く筋肉質の身体、目玉が丸いのが特徴である。事件の始まりは、1980年10月23日であり、比婆山からみて南に60㎞行った福山市山野町が現場であった。同所で比婆山のヒバゴンと酷似したゴリラのような怪物が目撃されたのだ。今回は比婆山ではなかったので、「ヒバゴン」ではなく、発見場所である山野町にちなんで「ヤマゴン」と呼ばれた。

具体的な目撃談を見てみよう。山仕事の帰り道、トラックを運転中だった某氏は、橋の手前30mに雨カッパを着た人が立っているのを確認した。近づいてみると、それは毛が濡れた怪物だった。その怪物と某氏は、お互い息を呑み1分間のにらみあいの末、怪物は背を向けてスタスタと歩き出した。待ちかねた後続車が、大きくクラクションを鳴らすと、怪物は驚いたかのように、足を引きずりながら、5m下の原谷川に下ると、山中に姿を消した。この様子は、後続車のドライバーも見ており、目撃事件そのものは信頼性が高い。

クイゴン（未確認生物）

「ヒバゴン」「ヤマゴン」と同一と思われるUMAが広島県御調(みつぎ)郡久井町にも出現している。1982年5月7日のこと、身長2mほどの獣人が2人組の小学生によって目撃されている。若干、「ヒバゴン」よりも身長が高い点が気になるが、同一個体か同種の可能性がありうる。

この怪物は道具を使用するらしく、右手に石を持ち、左手には石斧のような石器を持っていたらしい。地名・久井町にちなみ「クイゴン」とネーミングされた。この時点で、体毛が白くなっていたという情報もあり、「ヒバゴン」と同一個体とするならば、老齢化が心配である。

猿鬼（伝説妖怪）

石川県柳田村に鬼のように凶暴なサルがいた。その名は「猿鬼」という（異説ではサルのような鬼だから猿鬼とも推測されている）。岩井戸神社の裏にある岩穴に棲み、18匹の部下を率いて近所を荒し回ったといわれている。最後は神々の軍勢に攻め立てられ、目玉を射抜かれ死亡した。現在は、御霊が神社に奉られているという。

なお、鹿島郡能登島町には猿鬼の角が残されているという。これは妖怪のデータであるが、巨大化したサルが人々を襲った記録が伝承となった可能性が高い。（参考・『ふるさとの鬼・妖怪』監修・伊藤清司、ぎょうせい他）

猩々（伝説妖怪）

海中に棲息するといわれている赤い毛で覆われた怪物であり、オランウータンに似ている。酒を好む怪物であるという。東北から関西、中国地方まで地域を越えて幅広く伝わるが、もともとは中国で語られていた伝承的な怪物である。

安土桃山から江戸期にかけて、インドネシアから連れてこられたオランウータンがモデルになった可能性がありうる。

タイワンザルとニホンザルの混血ザル（新種生物・帰化生物）

動物園から逃げ出したタイワンザルがニホンザルと混血し、新しいサルが繁殖している。和歌山県を中心に混血ザルの棲息域は広がっており、深刻な遺伝子汚染を引き起こしている。

白い猩々（近代怪物）

明治16年（1883年）4月5日のこと、福岡県下筑前の国、菊池保平氏（鞍手郡山口村189番地）は吉田村に用事があったため、峠を越えていた。すると、山中にてサルのような白い毛だらけの怪物に遭遇した。

菊池氏は思わず悲鳴を上げたが、その悲鳴に怪物も驚いたようであった。菊池氏は吉田村に行く気も失せてしまい、そのまま自宅に帰り、5日ほど寝込んでしまった。（参考・『絵入朝野新聞』明治16年4月27日）

鞍手の猩々（近代怪物）

同じ福岡県で、明治16年5月に似た怪物が目撃されている。鞍手郡山口村に住む夫婦が4月10日畑にて、奇妙な毛だらけの怪物を目撃したのだ。背格好は、10歳ぐらいの子供のようなのだが、髪の毛が長く全身に毛が生えた怪物が山から出てきた。タヌキでもなく、これは猩々だと騒いだところ、怪物は逃走した。（参考・『南海新聞』明治16年5月3日）

野女（伝説妖怪）

福岡県は他にも奇妙な獣人遭遇事件が発生している。上座郡赤谷村（現在の朝倉郡杷木町赤谷）付近の山中を流れる谷川にて、獣人が目撃されているのだ。延享の頃（1744〜1748）に、久六という人物が同所にて薪とり中に怪物と遭遇した。長い髪、女のような顔、身体はうろこっぽい姿だったらしい。（参考・川崎市民ミュージアム『日本の幻獣』）

広島の藍婆（伝説妖怪）

比婆郡東成町に出た妖怪である。鬼の一種、山姥ともいわれるが正体は不明である。比婆山と近く、ヒバゴンとの関連が指摘される。日頃はイノシシ、鹿、オオカミを食べていたが、ときどき木こりや女など人間をさらって、石臼ですりつぶし、貪ったといわれる。その後、覚隠という僧侶が山に入り、藍婆を教化したという。（参考・『広島県民俗資料6　伝説』村岡浅夫、昭和48年）

伊香保温泉獣人（未確認生物）

山口敏太郎氏の友人である漫画家の箱ミネコさん（他にもいくつかペンネームあり）が、群馬県伊香保温泉付近某所にて、怪物の足跡を写真撮影した。

撮影日は2006年の正月であり、子供を連れて身内が居住する同所を訪問していた。携帯にて撮影した。雪の残る道を子供と一緒に散歩中、奇妙な足跡を発見し、その画像を確認すると、確かに雪上に3本指の足跡が確認できる。地元では鳥なのか、獣なのか不明な怪物が現れており、その怪物の足跡写真ではないかと箱女史は判断、山口氏にメールを送付してくれた（出現場所を伊香保温泉付近としたのは地元住民の一部がこれらの足跡の出現現象を畏怖しているため、配慮した）。

写真を受け取った山口氏は、これは不思議な写真であると判断、『東京スポーツ』と相談し、「伊香保温泉獣人」と命名し、2006年4月1日に発表した。掲載日はエイプリルフールだが、写真は実際に撮られたものである。しかも、現場付近はUFO目撃多発地帯とのことで、怪物との関連が指摘されている。

熊本の獣人（未確認生物、誤認・創作生物）

熊本県天草市にある「お万が池」近くで、獣人の痕跡が発見された。なんと、長さ40㎝・幅20㎝もの巨大な足跡が残されていたのだ。日本の野鳥研究を目的に、来日中のカナダ人男性が、遊歩道の脇に広がるぬかるみ上に、点々と残る足跡を発見。この男性が撮影した巨大な足跡の写真も地元紙に掲載されている。（参考・『熊本日日新聞』1995年8月19日）

飛行するUMA

スカイフィッシュ（未確認生物）

アメリカ、ヨーロッパ、日本など世界各地で目撃されており、英語圏では「ロッズ」と呼ばれている。日本では並木伸一郎氏が「スカイフィッシュ」とネーミングした。

高速で空中を飛び（時速80～270㎞ともいわれている）、ときには水中でも移動可能であるという謎の生物であるが、正体は未知の昆虫であるという説、あるいは小型UFOという説もある。古代から棲息する生物とも、近年生まれた生物ともいわれている。

肉眼で捉えるのは困難である。近年ビデオカメラなどで確認され、ようやくその存在が語られるようになった。なお、スカイフィッシュは丸い輪の中をくぐる習性があるという。

鵺（伝説妖怪）

京都の宮廷の屋根で鳴き、源頼政や源義家によって退治された。頭がサル、体がタヌキ、手足は虎、尾は蛇、鳴き声は鳥の鵺に似ていた。それゆえに鵺と名がついた。

なお鵺の遺体はうつぼ舟に乗せられ川に遺棄され、流れ着いた大阪・都島と、兵庫・芦屋市には鵺塚が造られた。

ケサランパサラン（否生物）

白い綿毛がふさふさと生えた植物とも、動物ともいわれる生物で、アザミの冠毛に似た植物性のものと、野ウサギの毛に似た動物性のものの2種類があるという（一説には鉱物系のケサランパサランもある）。ケサランパサランの語源は、袈裟羅・婆裟羅の梵語という説と、ケセラセラという外国語が起源だという説、ただ単に羽毛のようにぱさぱさしているからという説もある。

このケサランパサランを持っていると幸運が舞い込むといわれており、繁栄のお守りのような意味もある。おしろいを入れて、桐の箱で保管すると繁殖するといわれている。

竜（未確認生物・伝承生物）

1976年5月21日に山形県西川町岩根沢で、「竜神沼」という沼の上空を飛翔する不気味な物体が目撃された。渡辺某さん、古沢某さんという二組の夫婦が、タバコ畑で作業中に目撃した。距離は300～500m、長さ4m、太さ30～40cmの物体が水平に飛びつつ、上昇、急降下を繰り返した。

竜（未確認生物・否生物）

2004年、UFO撮影家の武良信行氏によって、六甲山にて撮影された物体。そのビジュアルからは、映画「ネバーエンディング・ストーリー」に出てくるファルコンを連想させる。この写真は、山口敏太郎氏の企画によって、不況を吹き飛ばす縁起物の竜として、『東京スポーツ』に発表された。また生物ではなく、〝未確認物体〟であるという声も多い。

湯殿山の竜（未確認生物）

2006年9月、山形県鶴岡市の湯殿山参籠所にて、竜そのものの形をした奇妙な雲が写真に撮られた。単なる偶然なのか、それとも怪奇現象なのか。聖地・湯殿山のなせる奇跡か、正体は不明である。

大森山の怪鳥（伝説妖怪）

昔、南部地方・尾去村（現在は秋田県）付近に大森山という大きな山があった。文明13年（1481年）のこと、この山から光るものが飛び出て、近隣の村の上空を飛行したという。羽根を広げると長さ十余尋もある怪鳥であり、口から金色の火を噴き、その鳴き声はまるで牛のようであったと伝えられる。

この怪鳥は、毎夜飛び回っては、田畑を荒らし回ったらしい。そこで、慈顕院の山伏が、天に向かって村人とともに祈願を始めた。すると効果があったのか、怪鳥が苦しんでいる声が聞こえてきた。恐る恐る様子を見にいくと、赤沢川が赤く染まり、鳥は5、6か所の傷を受け、死んでいるではないか。

頭は蛇のようで、足は牛であった。毛は赤と白が混ざっていて、ところどころ金毛と銀毛が生えていた。鳥の腹を裂くと、金・銀・銅・鉛など鉱石が大量に出てきた。尾去村の村長が言うには、「夢に勢至菩薩の化身らしき白髪の翁が出てきて、新しい山を掘れと六回もお告げがあった。これこそ、この山を掘れという神様のお告げに間違いない」。

それで採掘が始まったのであるが、この山から多くの金属が出てきた。このときから、大森山の銅山は始まったといわれている。（参考・秋田県鹿角市『陸中の国鹿角の伝説』）

法螺（伝説妖怪）
　和歌山県白浜町で、かつて村の大池から法螺が出たという。大水のとき、黒くてでかいものが流されていった。後には大きな洞窟ができていた。法螺貝は海に千年、山に千年棲み、大蛇となるという。

魚竜（伝説妖怪・近代怪物）
　豊後国（現在の大分県）佐伯侯の藩士・間七郎右衛門は、火術の師範について修行していた。1834年、間は山に登り海を眺めていた。すると海中から竜巻が発生、竜が昇天するのが見えた。
　怪しいと思った間は、鉄砲でこれを撃った。すると、しばらくして海岸に老海獺（年老いたアシカ）が打ち上げられた。これが魚竜に変じたのだろうと判断した。藩主はその勇気を褒め称え、間にその肉を与えた。（参考・『利根川図誌』）

大コウモリ（巨大生物）
　かつて、江戸期までは福山城内には巨大なコウモリがいるといわれていた。（参考・『現行全国妖怪辞典』佐藤清明）

地寄山の大ワシ（近代怪物）
　愛知県豊田市上高村の地寄山は、野生動物さえ登らないほど、険しい山であった。ここに凶悪な大ワシがおり、きこりや麓の村の子供が度々さらわれる悲劇が続いた。「よし、この大ワシを退治しよう」と決断した源助という男が、自ら囮となり大ワシに捕まり、刃物でワシを刺し殺した。（参考・『絵入朝野新聞』明治16年6月8日）

ファードリ（伝説妖怪）
　沖縄県石垣島で、5月上旬に渡ってくる鳥。一声鳴くときは大凶、二声鳴くときは半凶だという。

矢印物体（フォーチュン・フィッシュ・未確認生物）
　東京都内の民家で撮影された。発光しながら、飛び回る謎の物体である。室内で撮影されたスカイフィッシュの写真と似ているが、その後、撮影者の周辺に幸運なことが続いた。水木しげる氏も目撃したとされるカネダマとの関連が想起される。
　スカイフィッシュとカネダマの間をとって、山口敏太郎氏によって命名された。この怪物は2005年ニッポン放送の「ビビる大木のオールナイトニッポン」で放送され反響を呼んだ。

フライングヒューマノイド（否生物・未確認生物）
　ヒトガタをした謎の飛行物体。メキシコなど最初、中南米で目撃された。動画などで飛行している姿が公開されているが、その様子はまるで〝人間が空を飛行している〟かのようにみえる。日本でも奥多摩や兵庫で写真撮影されており、兵庫ではUFO撮影家の武良信行氏による連続写真が話題を呼んだ。
　なお、最近ではメキシコで警官がフライングヒューマノイドに襲われるという事件が起こっており、今後遭遇するケースがエスカレートする可能性もある。なお生物ではなく、エイリアンによるメカやUFOなど、〝未確認物体〟であるという声も多い。

一反もめん（未確認生物・否生物）
　2004年、六甲山においてUFO撮影家の武良信行氏によって撮影された物体。まるで、一反もめんのような物体が上空に向かって上昇していく様子が撮影された。通常の布が、広がったままの形で風に乗り上昇していくことは考えられず、謎の飛行物体であった。
　仮に「一反もめん」と呼称した。これも生物ではなく〝未確認物体〟であるという声も多い。

風狸けん（伝説妖怪・近代怪物）
　恐山（おそれざん）（青森県）の麓に雲から落ちてきたタヌキに羽根の生えた怪物。これを見たら寿命長久だという。（参考・川崎市民ミュージアム『日本の幻獣』）

おごめ（伝説妖怪）
　三宅島に出た怪鳥。山中の木の枝にとまり、赤子のような鳴き声や、「おごめ笑い」という笑い声をあげる。（参考・『日本の民話26　八丈島・沖縄篇』未来社）

巨大くま蜂（近代怪物）
　京都の山につながる能勢郡に子牛ぐらいの巨大な鳥が出た。猟師が山に入り、この鳥を仕留めてみると巨大なくま蜂であった。体長6尺3寸、目方はおよそ16貫であった。（参考・『東京絵入新聞』明治14年6月15日）

ヒドリ（未確認生物）
　新潟県佐渡島の火をくわえて飛び回る鳥。

ほーほー（伝説妖怪）
　山口県宇部市東岐波（きわ）に出る怪鳥。火を食う鳥で火事を起こす。
（参考・『日本妖怪変化語彙』日野巌、日野綏彦）

ピーフキトウリ（伝説妖怪）
　場所は八重山地方。夜、これが鳴いて渡るところには不吉なことが起こるという。

コイナー（伝説妖怪）
　石垣島の怪鳥。夜間、南方の海上から渡ってくる。その鳴き声を聞くことは吉兆である。（参考・『日本妖怪変化語彙』日野巌、日野綏彦）

エギリドリ（伝説妖怪）
　沖縄県石垣島でいう怪鳥。この鳥は夜飛ぶ鳥で、上空を通過すると疫病が流行るという。（参考・『民俗神の系譜』小野重郎）

白い蝶（伝説妖怪）
　高知県吾川（あがわ）郡伊野（いの）町、香美郡野市町に伝わる。夜、飛来する白い蝶。人の亡霊が化身したものともいわれ、夜道を歩く人にまとわりつく。（参考・『旅と伝説』通巻174号）

夜雀（伝説妖怪）
　愛媛、高知、和歌山に出る怪鳥。深夜、道を歩いていると「チッチッチ」と鳴きながら後をつけてくる。これが出ると不吉なことが起こるとも、あるいは山犬出現の前兆だともいわれた。逆に、魔物から護ってくれる存在ともいわれている。

袂雀（伝説妖怪）

高知県高岡郡東津野村、窪川町あたりに伝わる。夜道を歩いていると「チッチッチッ」と鳴いてついてくる。人によって聞こえない場合もある。袂にこの雀が飛び込んできた場合、不吉なことが起こるという。（参考・『土佐の伝説』松谷みよ子他、『綜合日本民俗語彙』民俗学研究所）

ピィーイハト（伝説妖怪）

鹿児島県奄美地方の怪鳥。これが7回鳴くと人が死ぬという。

円盤生物（渦巻き物体・未確認生物）

２００５年には怪談の語り部・ファンキー中村氏により、「円盤物体」と言うべき円形の奇妙な浮遊怪物が撮影されている。

大鵬（伝説妖怪・近代妖怪）

三河国（現在の愛知県東部）碧海郡堤村には大きな用水池があった。夜になると「ゴーゴー」と凄まじい音が聞こえるようになった。漁師が張り込んで見ると、巨大な怪鳥が二羽いるのを発見、すぐさま鉄砲で撃った。

一羽は落下したので調べてみると、全長8尺、片側の翼の長さ9尺5寸もある巨大な鳥であった。眼は馬の目のようで、くちばしは鴨に似ていたという。（参考・『安都満新聞』明治12年6月9日）

うめき鳥（伝説妖怪）

安永3年（１７７４年）卯月のこと、糸車を引くような怪しい音が宮殿の屋根の上で聞こえた。後桃園天皇が調べるように言ったが、正体はわからなかった。同時期に、乳母が鳩のような鳥が南に飛びたったのを目撃したと証言した。

後日、京都市東山若王子澤村にいる「うめき鳥」ではないかと推測された。宮殿の屋根で鳴くことは不吉であるとされ、祈祷を行ったが、天皇自身は余り気にはしていなかった。（参考・『説話』大百科事典3』名著普及会）

体内の怪鳥（近代怪物）

明治31年（１８９８年）6月16日、北海道高島郡祝津村の佐々木儀三郎氏の遺体を焼く途中、体内から奇妙な鳥が出てきた。体長は6寸で、足は蛙のように見え、尾はネズミのように見える。総体は鳥に見えて、翼がある動物であった。（参考・『都新聞』明治31年6月28日）

火を噴くゴイサギ（近代怪物・突然変異）

水に向かって口から火を噴くゴイサギがいたという。（参考・『稲城市文化財調査報告書9集　稲城市の民俗・昔話・伝説・世間話』）

火のこ鳥（伝説妖怪）

火事のとき、風が吹くと、この鳥が火をくわえて飛んでくる。（参考・『浦安町誌　昭和44年11月』信行社）

フリー（伝説妖怪）

北海道のアイヌ神話に出てくる、クジラをわしづかみにするほどの怪鳥。別名ヒウリ、フレウとも呼ばれる。

上空から落下してくる生物

会津の雷獣（近代怪物・伝承怪獣）

享和元年（1801年）7月21日、会津の吉井戸に落ちてきた雷獣。大きさは1尺5～6寸（46cm）、指には水掻きがある。（参考・川崎市民ミュージアム『日本の幻獣』）

まんじや（伝説妖怪）

幕末の頃、清水の茶屋（青木町）で急な夕立にあった人が雨宿りをしていた。すると雨雲から奇妙な動物がひらりと地上に降り立った。その怪物は雨があがった後も、まごまごしていたので、風呂敷で捕獲され、鎖でつながれた。旅人が言うには「まんじや」という怪物であるという。キツネくらいの大きさで全身が黒い。一週間くらい飼ったが飲まず食わずなので、虫の息となった。このまま死ぬと祟りが怖いので逃がしてやると、どこかに逃げていった。以来、同地には落雷がなくなったという。

（参考・『横浜の伝説と口碑』神奈川区鶴見区保土ヶ谷区）

雷獣（伝説妖怪・近代怪物）

明治12年（1879年）、山口県下長門国豊浦辺りは7月31日大雨であった。上岡枝村の士族・須本安晴氏の自宅に落雷が発生、直後付近の池にて異獣の溺死体が発見された。その姿は猫に似ており、足の長さ7寸、掌はクマのようで爪が鋭利であった。なお、頭は犬のようで、尾はキツネのようであった。

（参考・『郵便報知新聞』明治12年8月26日）

芸州の雷獣（伝説妖怪・近代妖怪）

享和元年（1801年）、芸州五日市村（現在の広島市）に雷獣が落下した。体長95cm、体重30kgのカニ・クモに似た姿をしている。

（参考・川崎市民ミュージアム『日本の幻獣』）

大山の雷獣（伝説妖怪・近代妖怪）

明和3年（1766年）10月25日相州大山（現在の神奈川県中部）にて雷獣が出没。タヌキのようなかわいい姿の雷獣であった。（参考・川崎市民ミュージアム『日本の幻獣』）

雷獣（近代怪物）

香川県一宮村寺井に雷獣が落下、捕獲された。福田町の男が見世物にするため、買い取った。（参考・『香川新報』明治25年7月12日）

異獣（近代怪物）

文政6年（1823年）、築地鉄砲州（てっぽうず）の細川邸に落下した怪物。猫より小さくイタチより大きい。一つ目で、長い鼻（あるいは角？）を有しており、足の爪は鋭く、歯並びは細かい。（参考・川崎市民ミュージアム『日本の幻獣』）

雷竜（伝説妖怪）

寛政3年（1791年）5月晦日、因州（現在の鳥取県）城下に落下してきた8尺（2・4m）の怪物。鋭い牙と爪を持ち、タツノオトシゴのような姿をしている。（参考・川崎市民ミュージアム『日本の幻獣』）

赤穂の雷獣（伝説妖怪・近代怪物）

文化3年（1806年）播州赤穂（現在の兵庫県赤穂市）の城下に雷獣が落下した。大きさは1尺3寸（40㎝）。指と指の間に水掻きがあった。（参考・川崎市民ミュージアム『日本の幻獣』）

竹生島の雷獣（伝説妖怪・近代怪物）

享和2年（1802年）江州（滋賀県）竹生島に落ちてきた雷獣。大きさは2尺5寸で、指には水掻きがある。（参考・川崎市民ミュージアム『日本の幻獣』）

水棲ＵＭＡ

イッシー（未確認生物）

鹿児島県・池田湖に棲息するといわれている水棲ＵＭＡである。体長は20ｍであり、こぶが二つあり、蛇かウナギのような身体をしているという。イギリスのメジャーなＵＭＡ「ネッシー」にちなみ「イッシー」と命名された。

常識的に考えて、池田湖はカルデラ湖であり、巨大な爬虫類や両生類がいるとは考えにくいが、一方で逆の考え方もある。池田湖では昔から「池田湖に主がいる」という伝説があることと、付近の神社には竜神が奉られていることである。また、巨大なカニが潜んでいるという古記録もあるらしい。

戦前から、湖面を泳ぐ巨大な怪物が目撃されていた。１９７８年に、集団目撃事件があり、マスコミにも報道されて、全国的にメジャーになった。折しも世は、ウルトラマンやゴジラに起因する怪獣ブームであり、日本中からマスコミや観光客が押し寄せた。また、地元有志による、「イッシー対策委員会」が結成され、観光資源に利用されるようになった。今でも、いかにも怪獣っぽい「イッシー像」が現地に残されている。

さらに決定的だったのは、１９７８年12月16日には鹿児島市のＭ氏が、初のイッシー写真の撮影に成功し、イッシー対策委員会より賞金を進呈されている。

また１９９１年1月4日には動画が撮影された。福岡市に住むＴ氏と家族が指宿スカイラインをドライブ中、湖面に大きな黒い物体を見つけ大騒ぎになった。たまたま持っていた家庭用ビデオカメラで撮影に成功した。正体は、大ウナギ説が有力である。

豊太郎（伝説妖怪・近代怪物）

北海道の豊平川（とよひらがわ）に棲息する伝説の巨大魚。北海道の川を遡上するチョウザメが正体であるといわれている。この豊太郎を銃で狙撃し、キャビアを一斗樽に入れて食べまくったという逸話が残されている。

磯なで（伝説妖怪、誤認・創作生物）

肥前（現在の佐賀県と、壱岐国・対馬国を除く長崎県）松浦の沖に出た怪魚。北風が吹くと姿を現すという。トゲが逆さについた尾で人を撫で、海中に落とし食べてしまう。（参考・『絵本百物語　桃山人夜話』竹原春泉）

イデモチ（伝説妖怪）

熊本県球磨郡にいる淵の主。腹に吸盤があり、人間を殺すといわれている。（参考・『日本怪談集妖怪篇』今野円輔、教養文庫）

アッシー（未確認生物）

芦ノ湖（神奈川県足柄下郡箱根町）に棲息する巨大な魚。あるいはウナギではないかといわれている巨大水棲生物。

阿寒湖の竜（伝説妖怪・未確認生物）

阿寒湖（北海道東部）で竜を見た人がいるという。ＵＭＡ研究家・天野ミチヒロ氏の著作に報告があるが、山口敏太郎氏が行った阿寒湖町役場観光課への取材ではデータはなかった。今後の調査が期待される。

山中湖のマリモ（希少生物）

マリモが山中湖、西湖、河口湖（いずれも山梨県）で発見された。マリモは基本的に北海道の水棲植物だが、山中湖は南限だとされている。一部に琵琶湖のマリモ情報もあり、マリモの棲息域が南進している可能性も高い。

アバラボー（伝説妖怪）

山口県で捕獲された奇魚。長さが９尺（約２・７ｍ）、幅８尺（約２・４ｍ）、厚さ３尺（約90㎝）である。（参考・『日本妖怪変化語彙』日野巌、日野綏彦）

大蝦蟇（おおがま）（伝説妖怪、誤認・創作生物）

山口県岩国市の山奥に棲息。８尺（２・４ｍ）の大きさで、口から虹のような気を吐き、虫や鳥、蛇が吸い込まれたという。（参考・『絵本百物語　桃山人夜話』竹原春泉）

河口湖の巨大亀（未確認生物・巨大生物）

１９８８年５月、河口湖釣り船組合の宮下組合長が西のはずれの入り江で、巨大亀を目撃した。宮下氏の証言によると、畳半分ぐらいの大きさで、色は黒っぽく、７〜８分浮いていたという。甲羅と首があり間違いなく亀であるという。

淡水の亀では体長20㎝が限界であり、海亀サイズの淡水亀の報告は今までないらしい。なお、同年10月13日の夕方には、巨大生物らしき影が、「すーっ」と波しぶきをあげて移動するのを観光客３人が目撃したという。

サイコラー（サッシー）（未確認生物）

ミリオン出版の雑誌『ＧＯＮ！』が命名、富士五湖の西湖に出るウナギ状の５ｍぐらいの怪物がウインドサーフィン中の人によって目撃された。「サッシー」とも呼ばれる。

クッシー（未確認生物）

屈斜路湖に棲むとされる怪物であり、ネス湖の「ネッシー」にちなみ、屈斜路湖の「クッシー」と呼ばれる。アイヌ民族の伝説には、湖の中にある島まで人を運ぶ巨大な蛇の逸話が伝えられる。また、泳いでいた鹿が怪物に一口で呑まれたという伝説も語られている。

このクッシーは、モーターボート並みのハイスピードで泳ぐといわれており、普通の魚類とは考えられない。目撃談を総合的に判断すると、黒くてヌルヌルした皮膚感が印象的であり、鮮やかに光り輝くコブが特徴的である。１９７３年には集団目撃事件が起こっている。北海道北見市立中学の生徒約40名がクッシーを目撃したのだ。

また、同年9月には、湖畔にあるレストハウスの支配人が、女性客と一緒に１００ｍ先の水面に浮かぶ巨大な二つのコブを目撃している。このコブは50㎝ぐらいのサイズで、ヌルヌルした感じだったという。正体に関しては、大ウナギ説やチョウザメ説、湖面を渡るエゾシカ説が挙げられているが、謎のままだ。

モッシー（未確認生物）

本栖湖（山梨県南都留郡）にいるという怪物。１９７２年に目撃情報があった。午前5時頃、湖面が突然波立ち背びれが出た。この背びれは目撃者のいる水辺50ｍまで接近して消えた。

さらに、１９８７年にアマチュアカメラマンのNさんは、こぶを出して泳ぐ姿をカメラに収めた。その正体は、胴体の真ん中に大きなひれがあることから、巨大ウナギ説の可能性が高いようである。

なお本栖湖には、竜神伝説があり、関連が指摘されている。また、過去には湖仙荘でモッシーステッカー（５５０円）が販売されていた。

夜舟主（伝説妖怪・近代怪物）

８ｍぐらいの海蛇であり、隠岐の海で恐れられた怪物。毎年生け贄の娘を食っていた。ちょうどその頃、北条高時（たかとき）に嫌われた織部志摩が隠岐に流された。志摩には常世という娘がいたが、この怪物の生け贄にされそうになった。織部は娘の代わりに海中に飛び込むと見事、夜舟主の目玉をつぶした。そして、海中の怪物の住みかにあった北条高時の像も引き上げ、親子揃ってその功績により許された。（参考・『日本の昔話と伝説』吉澤貞、南雲堂）

由良川のサケの化け物（伝説妖怪）

大原神社（京都府福知山市）に伝わる怪物伝説。サケを干したものを売り歩く商人がいた。罠にかかったキジと持っていたサケを交換したところ、大原神社の氏子がその干しサケを由良川に放流した。当時、地元ではサケは神の使いとされていたのだ。

ところが干しサケは、怪物に変化し暴れ回った。これを聞いた干しサケ売りの商人がやってきて、杵で化け物を退治した。（参考・国土交通省河川局ホームページ）

日比谷公園の巨大魚・ヒッシー（帰化生物）

日比谷公園（東京都千代田区）の池には、「ヒッシー」という巨大魚が棲息している。これは、中国の魚である青魚が成長したものであるという。

奄美大島に漂着した謎の海洋生物（否生物・未確認生物）

謎の海洋生物が、奄美大島（鹿児島県）神の子海岸付近に漂着した。正体不明の物体で、クラゲなのか、粘菌なのか、マッコウクジラの身体の一部なのかなど諸説ある。直径は２ｍ以上、少し異臭を放ち、踏むと弾力があったという。

長崎沖の海竜（未確認生物）

２００９年10月23日、23時1分18秒、放送されたテレビ番組「金曜プレステージ・さんま&くりぃむの第4回芸能界㊙個人情報グランプリ」にて興味深い話が披露された。漫画家の蛭子能収氏の兄は、17歳の頃、長崎沖で恐竜を引き上げたことがあるという。

底引き網に、３〜４ｍの見たこともない生物の死骸がかかった。背中にトゲトゲしいひれがあり、口には巨大な牙があった。特異な生物に見えたのだが、あまりにも臭くて廃棄してしまい、写真も何も残ってない。強烈な臭いが1週間消えなかったらしい。

うんむし（伝説妖怪）

鹿児島県垂水市の海岸沿いに出る黒い牛に似た怪物。恐ろしい咆哮をあげながら出てくるという。盆後の27日に出るといわれ、その日は誰も海に近づかない。（参考・『民俗神の系譜』小野重郎）

オキナ（伝説妖怪・近代怪物）

クジラさえ呑み込んでしまう巨大魚。春夏は南下、秋は北海道沖に還る。（参考・『新北海道伝説考』脇哲）

巨大ゴイ（巨大生物）

大分県豊後高田市に住むY氏は、息子と池辺の川で巨大なコイを捕獲した。全長1・35m、重さ19kg、ウロコの直径4cmであった。（参考・『毎日新聞』昭和36年12月4日）

垂水の異魚（近代怪物）

明治5年（1872年）4月11日、上半身が獣のようで下半身が魚という異魚を浜で目撃したという人物が怪死したといわれている。（参考・『東京日日新聞』明治5年7月6日）

トッシー（未確認生物）

1946年頃から目撃されている北海道・洞爺（とうや）湖の怪物。1977年4月、湖畔のホテルの改装工事中、Kさんは湖面にうごめく生き物を数回目撃した。まるで丸太のように見える怪物が、上下左右にくねるように水面を進んでいたという。北海道伊達市の看護師Sさんも、湖畔のドライブインからトッシーを目撃している。人間ぐらいの大きさの丸太がくねくねと水面を動いていく様子を目撃した。

七本ザメ（伝説妖怪）

愛知県幡豆（はず）郡佐久島・三重県志摩に伝わる怪物。佐久島では竜神の使いといわれる。6月14日に泳ぐとこのサメに出会うといわれていた。志摩郡では七匹のサメのうち一匹を捕獲したので、祟りにより流行病が流行ったという。（参考・『綜合日本民俗語彙』民俗学研究所）

鰐魚（がくぎょ）（近代怪物）

度会（わたらい）県（現在の三重県の一部）の志摩国甲賀の浦に棲む鰐魚が船乗りを呑み込んでしまった。この鰐魚は凶暴であり、全身に海草や牡蠣（かき）がついており、暴風雨のときなども船をひっくり返したという。（参考・川崎市民ミュージアム『日本の幻獣』）

ラプシヌプルクル（伝説妖怪）

羽根が生えている魔物。洞爺湖の主とされた。アイヌの伝説に出てくる怪物であり、冬場はおとなしく、夏場は活発に活動するらしい。

姫路の大ナマズ（巨大生物）

姫路の海に大ナマズが棲んでいた。英国人のマルーソン氏が海岸で浅瀬にいる大ナマズを狙撃したが逃げられた。だが鉄砲傷がもとで衰弱し、漁師に捕獲されてしまった。大きさは3間、胴回りは9尺もあった。（参考・『東京絵入新聞』明治11年6月14日）

水ごおそう（伝説妖怪・近代怪物）
かわうそには2種類ある。普通のかわうそは「火ごおそう」と呼ばれるものであるが、中には「水ごおそう」と呼ばれるものもある。このかわうその皮は青く、燃えにくいという特徴がある。（参考・『土佐の世間話』常光徹、青弓社）

穴内川の牛鬼（伝説妖怪）
高知県南国市の山間部に吉野川の支流・穴内川（あなないがわ）の源流がある。釜ヶ淵などの景勝地があるが、この淵には牛鬼の目撃談が伝わっている。（参考・サイト「四国再発見の旅」）

山芋に化けたウナギ（伝説妖怪）
徳島県海部郡（うんべごおり）直谷（なおたに）の奥村亀之助がとった2尺ほどのウナギは、異常な個体であった。上半分がウナギで下半分は山芋であったのだ。（参考・『東京絵入新聞』明治14年5月6日）

支笏湖の巨大魚（巨大生物）
支笏湖（しこつ）（北海道千歳市）では、巨大な怪魚が度々目撃されている。釣り人や観光客に目撃者が多い。

三宝寺の主（近代怪物・伝説妖怪）
三宝寺池（東京都練馬区）には主がいる。明治8年（1875年）に目撃した人の証言に基づいた絵が残っており、ウナギに耳が生えたような姿である。明治8年9月に池で大きな音がしたので、ある人が様子をうかがっていると、この怪物が出てきたという。（参考・『練馬の伝説』石神井図書館郷土資料室、昭和52年）

井之頭池の主（伝説妖怪）
中延村（現在の東京都品川区）の名主の娘が雨のしとしと降る夜に村はずれでかごを拾い、いきなり井之頭池（東京都武蔵野市・三鷹市）まで行くと飛び込んだ。娘は大蛇となり、池に棲んだといわれている。（参考・『近世の品川・民俗編　品川の歴史シリーズ第二編』）

トクシー（巨大生物）
徳之島（鹿児島県）母間（ぼま）沖に出没した巨大魚であり、1～3トンとの目撃情報がある化け物のような魚である。1960年代には、衝撃的な事件が起きている。600kgの大きなアラがとれたので、腹を裂くと人間の服や下駄が出てきたという。つまり、人間を喰らった可能性がありうるのだ。
その魚は、「トクシー」の子供ではないのかと噂された。また、「トクシー」の海中での目撃談らしい情報もある。ある人が海の中で8kgのアブラダイを銛（もり）で突いた。だが、はらわたを出して逃げまわるアブラダイを一口で呑み込んだ怪魚がいたというのだ。この怪魚こそ、「トクシー」なのだろうか。

メガマウス（希少生物）
数メートルの巨体で巨大な口を持ち、その特徴から「メガマウス」と命名された。他にも小さな目玉、はれぼったい顔、ざらざらの皮膚を持つなど個性的なビジュアルをしている。1976年にアメリカ海軍によって発見された比較的、新しい新種のサメである。大変珍しい個体であるが、博多湾の干潟でメスの死骸が発見され、福岡県・海の中道マリンワールドにホルマリン漬けの標本が展示されている。

チュッシー（未確認生物）

中禅寺湖（栃木県日光市）には、サンショウウオに似ている巨大な怪物がいるといわれている。古い記録では、昭和46年（1971年）に某大学の調査団に所属するダイバーが湖底にて、泥の中を這う巨大なカエルのような4本足の怪物を目撃している。この怪物の正体は、オオサンショウウオ説が当時囁かれた。怪物のサイズは4mほどあり、大きな尻尾があったらしい。

また、魚群探知機には、かつて15m級の影が映ったこともあるといわれている。この怪物は、陸上にも上がることが可能だという。都市伝説では、水死体が上がらないのは、この怪物が食べているからだという。事実、同湖では自殺者の遺体はあまり上がらず、遺留品のみであるという。

ちなみに、同湖には銀色のウロコを輝かせながら泳ぐ巨大な湖の「ヌシ」の伝説がある。

横浜市ワニのような怪物（未確認生物）

1989年4月21日の夕方、緑区東方町・池辺町の間にある江川付近を主婦・Sさんが犬を連れて散歩中、怪物に遭遇した。散歩中に犬が急に立ち止まった、次の瞬間、川の向こう岸で「ぽちゃん」という音がした。音がした方向を見ると、ワニのような生物がこちらに向かって泳いできている。銀色の生物は蛇のようにも見え、手を「ぱちゃぱちゃ」させながら泳いできたという。

3か月後の7月20日、別の女性Sさんが自宅の庭（前述のSさんが目撃した現場から500mほど離れた場所にある）で、同一と思われる怪物を目撃した。その怪物は、蛙のような赤い顔、蛇に似た体、赤い手を持っていた。30分後、怪物は尻尾を使って、するすると物置の下に潜っていった。

七尋かえる（伝説妖怪）

栃木県下都賀郡大平町に伝わるカエル。「ひとひろ、ふたひろ」と数え、七尋目で「きゃー」と悲鳴のように鳴くという。同地域の城主の娘が落城の際、逃走しようと堀の幅を測っていると、七尋目で敵の矢で射殺された。その怨念が七尋かえると化したという。（参考・『下野の伝説』尾島利雄）

エイとサメが混じった怪魚（希少生物）

昭和57年（1982年）5月、和歌山県沖太地町沖にある熊野灘で定置網にかかった怪魚である。体長2・35m、重さ84kg、背は暗灰色、腹は白、頭部がエイ、体がサメのような怪物であった。同町のくじら博物館でも正体がわからなかった。既存生物の形状で表現すると、頭部はサカタザメ、胴体はシノノメサカタザメに似ているらしい。しかし、エラが腹面にある点はどのサメ類とも違っている。さらに、立派な背びれや尾がある点はエイとも違っているという。結局、正体不明のまま怪魚は廃棄されたそうだ。

近年、新種に認定されたという。

穴水町の怪魚（未確認生物・否生物）

1983年春のこと、石川県鳳至郡穴水町の前波漁港にて、500m沖合でとれた大きな骨が公開され話題となった。全長5m、太さ0・5〜1・5mの大きさで、真ん中に穴が空き、横に空いた7か所の穴とつながっていた。漁労長のT氏によると、

「こんな巨大なものの骨は見たことがない。もし、クジラだとしたら100mもある巨大なものだろう」とのことであった。

須崎市の怪物（未確認生物・否生物）

1983年高知県須崎市の漁港に異様な骨が持ち込まれた。バッチ網船「推漁丸」（竹本船長）の網にかかったものだという。サイズは縦0・9m、横1・3m、厚さ0・4mで、重量はなんと100kgもあった。大人が5人がかりでないと、持ち上げられなかった。すでに化石化していたが、頭部には目の穴、そして牙か角の痕と思える穴も二つあったという。

新島の間々下（まました）海岸の巨大魚（巨大生物）

新島（東京都新島村）で最も巨大魚が釣れるポイントである。1mものサイズがある巨大魚がまれに目撃されている。都市伝説によると、この巨大魚を見たものは幸せになるという。

奥利根湖（群馬県利根郡）**の巨大魚**（巨大生物）

巨大生物がいるという。ときおりカヌーの底を擦るように泳いでいくらしい。

アメリカカブトエビ（帰化生物）

田んぼの稲に被害を与える雑草を駆逐する人間に利益のある生物なので、人為的に広がったと推測される。

くず（伝説妖怪）

石川県加賀市動橋（いぶりはし）町に出た怪物。巨大化したカジカであり、毎年秋に生け贄をとっていた。口から火を噴くが、後に退治された。（参考・『日本の伝説（12）加賀・能登の伝説』小倉学、藤島秀隆、辺見じゅん）

伊達の巨大漂着遺体（巨大生物）

2003年7月1日、北海道伊達市に体長7mの巨大漂流物が流れ着いた。網が絡まって溺死したミンククジラが正体であるという。

巨大ハモ（巨大生物）

2004年11月7日、百石漁協所属の漁船・富竜丸が百石沖に仕掛けた定置網に巨大魚がかかった。体長約1・8m、重さ15kgの大物であった。八戸市第二魚市場に水揚げされたが、大きな話題になった。県立郷土館客員学芸員のI氏によると、巨大魚は「ハモ」か「スズハモ」とみられるが「側線孔の数や背びれなどが微妙に違うため、写真だけでは明確に判定できない」という。この大人の背丈ほどある巨大魚は仲買人や競り人の話題をさらい、魚は一匹千円で市内の業者が競り落としたとか。（参考・『デーリー東北新聞社』）

水ネズミ（希少生物）

東京・奥多摩に出る。水中をまるで魚のように移動する。このネズミが出ると不漁になる、と釣り人の間でいわれている。（参考・『西多摩郷土夜話』鈴木哲太郎、八潮書店）

へびたこ（未確認生物・伝説妖怪）

長崎県壱岐に棲息する奇妙なタコであり、外見上の目立った特徴は8本足ではなく、7本足である点である。日頃は砂中に潜んでいるといわれており、30㎝前後の大きさである。陸上や浅瀬では蛇の形状をしているが、海に入るや否や、一瞬にしてタコに変わるという擬態能力のある怪物である。

他にも数々の擬態が可能で、うつぼ、ひとで、うみへび、海藻、ひらめにも姿を変えられるといわれている。過去にテレビ番組でカメラに撮られたこともある。地元でも多くの目撃者がおり、実在が信じられている。

大畑川の古ナマズ（巨大生物・伝説妖怪）

青森県大畑町大畑川には、住民を苦しめる極悪な古ナマズが住んでいた。ある若者が古ナマズ退治に立ち上がった。若者は春日神社に古ナマズ退治の成功を祈願し、神前に供えたおにぎりを食べた。その途端、若者には不思議な力が湧き出した。神様の力を所有することができたのである。そして一躍川に飛び込み、見事古ナマズを退治したという。地元の住民は若者の勇気を褒め称え、人々は今も春日神社のお供えにおにぎりを握るようになったといわれている。

ナマズと言えば、鹿島大明神の「要石」によって「大ナマズ」が押さえつけられていることで有名である。

海狼（伝説妖怪・近代怪物）

山に潜み、牛2頭を平らげた怪物。数十人で鉄砲を撃ち込み仕留めた。毛色は黒青、顔が尖っていた。眼光は鋭く、口は耳元まで裂け、耳は短く、鼻ひげが太い。さらに、牙が3寸ぐらいあった。

その体は、砂と松ヤニで固めたようになっており、岩よりも硬い。一見、オオカミに似ているが足に水掻きがあるのが特徴である。（参考・『朝日新聞』明治16年4月13日）

ヌートリア（帰化動物）

もともとは海外の生物であり、戦争中食用、毛皮が目的で輸入され、日本に定着した巨大なネズミである。岡山県が代表的な棲息地域だが、本州の西部各県と四国の一部にも棲息している。体長は60～70㎝程度であり、体重は5～7㎏である。田畑、河川沿いなど湿地帯に穴を掘り、棲む草食動物である。一部UMAの正体とされている。

人食いザメ（伝説妖怪）

福島県・波立海岸の沖合には弁天島という島がある。現在この島には橋がかかり多くの観光客が行き来しているが、同島には「鰐ヶ淵」と呼ばれる場所があり、かつて人食いサメが出たといわれている。（参考・石狩公民館『いしかり博物誌』）

鵺魚（近代怪物）

経ヶ岬（京都府京丹後市）の沖合にて漁師が捕獲した怪魚。体長は1尺、皮膚はサメのようであり、頭は猫に似ており、頭部は鉢をかぶったように見えたらしい。鼻口はこれまた猫にそっくりで、あごが2、3寸細く尖っており、頭部に3、4寸の針があった。左右のひれはトビウオのように尾まであり、これを開けば滑空できるという。（参考・『東京朝日新聞』明治23年6月18日）

海鹿（伝説妖怪・未確認生物）

竹島（島根県）周辺の海域で、幕末頃まで頻繁に目撃された怪物である。竹島近海で漁を行う漁船を襲うといわれている。鹿のような上半身を持っていて高スピードで泳ぎ、漁船を見ると追いかけてくるという。

泳ぎながら、そのまま甲板に乗り上げ、漁師を食い殺す魔物である。海馬という妖魔を彷彿とさせるが、多くの水棲ＵＭＡが「馬のような顔」「羊のような顔」「鹿のような顔」を持つ場合が多く、このシンクロ部分に、興味をひかれる。

巨大ザリガニ（巨大生物・帰化動物）

北海道釧路管内弟子屈町には、胴体部が50㎝もある巨大なザリガニが棲息しているという、昭和の初め頃、ウチダザリガニが放流されており、「その子孫ではないか？」といわれている。北海道立総合研究機構の出先機関・中央水試験場職員であるＫさんの証言によると、１９７５年、１９８５年の二度にわたり目撃したという。友人が二度とも捕まえた個体であり、一度目のザリガニは車のタイヤにのせると尻尾の先がタイヤから出て地面についてしまった。外見的特徴は間違いなくウチダザリガニであるという。

ビワコオオナマズ（巨大生物）

琵琶湖にはビワコオオナマズという生物が棲んでいる。中には、２ｍを超える巨大な個体もおり、琵琶湖の主といわれている。

川熊（伝説妖怪）

秋田県雄物(おもの)川に棲む毛だらけの怪物。秋田藩の殿様の身内である天英院という人物が雄物川で船を浮かべて釣りをしていると、川の中から毛だらけの手が出てきて船にあった鉄砲を奪ってしまった。のちに水練の達者な者が、洪福寺渕に潜り発見し、取り戻した。新潟の信濃川では川熊が堤を切ったりしたこともあったという。

タテエボス（伝説妖怪）

新潟佐渡島の沖合に出没した怪魚。剣のようなひれを持っており、そのひれで船に穴をあけるという。正体は、現代で言うところのシャチのことであろうか。なぜか、節分の豆をまくと逃げるという。

唐人川の毒魚（近代怪物）

伊東郷（現・静岡県伊東市）和田村の唐人(とうじん)川の毒魚。全体は茶褐色で斜めに黒い線が入る。この魚は網にかかると法螺を鳴らすような声を出す。１、２町は届く大声だという。（参考・『東京日日新聞』明治16年2月12日）

四国の巨大マンボウ（巨大生物）

２００３年、高松市朝日新町の高松港にて珍事が起こった。入港してきた砂利運搬船が左舷後部のいかりに巨大なマンボウを引っ掛けたまま入ってきたのだ。残念ながら、体長が２、３ｍもあるマンボウはすでに死んでいた。瀬戸内海にマンボウは棲息しておらず、乗組員の話によると和歌山沖で投錨(とうびょう)した際に、水中を遊泳中の巨大マンボウに引っ掛かった可能性が高いという。

マツドドン（未確認生物・テレポートアニマル）

１９７２年、江戸川（千葉県松戸市付近）に出没した２ｍ近い身体を持つ怪物である。ぎょろ目、ひげ面、長い爪。黒いぬるっとした肌が特徴である。10月9日、釣り人の前に怪獣が姿を現したのが騒動の発端ともいわれており、その後2週にわたって大騒ぎになった。他にも、「体長2mで砂地に寝ていた」とか、「川の真ん中で見え隠れしてぷーっと息を吐いた」とか、様々な目撃情報があった。

怪魚タキタロウ（未確認生物）

山形県朝日村・朝日連峰の大鳥池には「タキタロウ」と呼ばれる伝説の魚が棲息するという。漫画の『釣りキチ三平』で有名になったUMA。このタキタロウという名称の由来には二つの説がある。この怪魚の発見者が瀧太郎さんという人物であったという説と、大鳥池の主である竜神タキタロウから名付けられたという説である。かつては文献上で「竹太郎」と呼称されたこともあったようである。

口は裂けていて兎に似ており、尾びれが異常に大きい、また下あごが上方にめくれ上がっているという。体長は約2mあり、イワナが主食であると推測されている。正体は不明であるが、湖に閉じ込められたイワナが独自に進化したものであるとか、イトウの亜種だとか様々な仮説が唱えられている。今や、地元の観光資源であり、いろいろな意味で期待も大きい。

ちなみに百年以上前から書物にはその存在が記録されており、明治13年（1880年）発行『両羽博物図譜』（松森胤保著）にイワナの一種として紹介されている。驚くべきことだが、戦前まではダイナマイトなどを使って捕獲し、正月などに吉魚として食べたこともあったといわれる。なお近年は、魚影の目撃例が少なく絶滅が危惧されている。

影ワニ（伝説妖怪）

島根県温泉津地方に伝わるサメの怪。海面に映る船員の影を呑むといわれており、呑まれた船員は死ぬと伝承されている。

宍道湖の怪獣（未確認生物）

宍道湖（島根県松江市・出雲市）には怪獣がいるらしい。（参考・『日本の怪獣・幻獣を探せ！』宇留島進、広済堂文庫）

荒川の怪物（未確認生物・テレポートアニマル）

東京板橋と戸田市を流れる荒川には、かつて2mの怪物が棲息していた。1983年9月20日白昼、荒川にて、体長2mで真っ黒な背びれ、尾ひれをはねあげる怪物が出没した。Wさんら数名が目撃した。水面上に見えた分だけでも2mもあったことから実際はかなり巨大な生物であるとも推測されている。午前10時～午後2時まで笹目橋を上がったり下がったりした。イルカ説が有力。

ミッシー（帰化生物）

水元公園（東京都葛飾区）に棲息する水棲のUMA。正体はヌートリアと推測されている。ミッシーという名前で呼ばれることが多いが、新マツドドンという名前で呼ばれることもある。（参考・『GON！』ミリオン出版）

イヌガエル（新種生物）

「ワンワン」「キャンキャン」と鳴く不思議なカエルである。イヌガエルとは山口敏太郎氏が命名した名前であり、地元では〝ワンと鳴くカエル〟と呼ばれている。北里大学医学部生物学教室・竜崎正士助教授（肩書きは発見当時）と熊谷氏の共同研究で判明した。

棲息地は、長野県の根羽村、売木村、阿南町であり、外見上は普通のカエルと識別できないが、染色体数が従来の26本より2本多い28本であるという。ＴＢＳの番組『クマグス』にて、Ｖ6の森田剛氏と山口氏が、野生の個体の鳴き声の録音に成功した。

琵琶湖の新種コイ（新種生物）

２００６年6月16日、琵琶湖に通常のコイに比べ、やや細身の新種のコイがいるという。ＤＮＡ鑑定したところ、通常のコイとは３％の配列の違いがあり新種の可能性もありうるらしい。今後の調査が待たれる。

オバケドジョウ（巨大生物・帰化生物）

伊香郡西浅井村（現・滋賀県長浜市）のＩ氏は、琵琶湖に仕掛けたモンドリ漁で体長80㎝、重量８㎏というオバケドジョウを捕獲した。正体は戦時中に放流されたタイワンドジョウであった。（参考・『産経新聞』昭和40年6月15日）

佐尾鼻の怪物（未確認生物）

昭和の頃にあった目撃談である。ある夜、佐尾鼻（長崎県南松浦郡）で複数の漁船が漁のために出港した。しばらく沖合で操業していると、ある漁師が船端を叩いて「助けてくれ‼」と大声をあげている。不審に思った仲間の漁師たちが2、3隻で行ってみると、その船が大きなワニのような怪物に襲われていた。

舟先にその漁師が行くと　怪物もそちらに回り、船尾に漁師が逃げると怪物も回り込む。助けに来た漁船の一人が竹竿の先に包丁をつけて、怪物の口の中に放り込んだところ怪物はどこかに姿を隠したという。（参考・「江頭源次報告ノート」『柳田國男未採択昔話聚稿』野村純一、瑞木書房）

豚尾魚（近代怪物）

西成郡野田村（現在の大阪市福島区の西部と此花区）の漁師・中村久吉が天保山の沖合にて捕獲した奇魚。形は楕円形、ウロコはなく色は淡黄に黒色を帯びている。目鼻があり頭部には豚の尾のようなものがついていた。この奇魚が獲れるのも、日清戦争開戦の影響だろうかと人々は噂した。（参考・『都新聞』明治27年8月23日）

青土ダムの怪物（未確認生物）

京都新聞によると滋賀県甲賀市土山町にある青土ダムにて、まるで巨大生物が立てるような巨大な波が立っているのが、２００6年から数回にわたって報告されているという。この巨大な波が初めて目撃されたのは２００6年7月24日昼であり、パート従業員の女性がダム湖付近を散策中、巨大な波を目撃、手前にあったブイの大きさと比較して7、８ｍほどの巨大なものであった。驚いた女性はダムの事務局長のＦさん（60）に報告し、大騒ぎに発展した。

翌25日、パートの女性と事務局長が目撃地点で待ち構えていると、再び波が発生、見事写真に収めた。この波は、その日の午後3時ごろから約20分にわたり、動き回りゆっくりと円を描くと、水中に没したという。市の公園施設・青土ダムエコーバレイにてその写真は公開されている（２００7年時点での情報）。造られて20年が経過したこのダムは魚が豊富で、80㎝の巨大ゴイが釣られたこともあるが、果たしてこの波の正体はなんだったのだろうか？

大坂城の堀の怪物（伝説妖怪・近代怪物）

１８６６年（慶応2年）、大坂城の堀から、トカゲに似た怪物の死骸が発見された。長さ7尺5寸の巨大なものであった。（参考・HP「幕末の歴史」http://www6.plala.or.jp/bakumatu/）

なめそ（伝説妖怪）

この怪魚は、瀬戸内海方面で目撃された。漁師も非常に恐れた怪魚であるらしい。サメの一種であり、この魚と舟が並んで進み、うっかりこの魚に泳ぎ越されると、なぜか舟が沈むといわれる。沈没を防ぐには鉈で斬りつけないといけない。『分類漁村語彙』によればこの「なめそ」は「海上を漂う巨大な魚類であり、蛇のような形で扁平なものという。正体はサメの一種である」とのことである。

二頭二尾の怪物（近代怪物）

松岡村の某が大野川の支流である鶴崎町（現・大分県大分市）の法心寺裏渕で網を打ったところ、頭が二つあり、頭部の形は牛で、体は犬、尾もホウキのように二つに割れている怪物の死骸を引き上げたという。（参考・『福井新聞』明治24年3月13日）

金色のサバ（突然変異・新種生物）

サバは通常青いものだが、東京湾には「金色のサバ」がいるという。『東京スポーツ』に登場したK女史の証言。

巨大ゴイ（巨大生物）

大分県豊後高田市のY氏は、息子と池辺の川で巨大なコイを捕獲した。全長１・35ｍ、重さ19㎏、ウロコの直径４㎝であった。（参考・『毎日新聞』昭和36年12月4日）

オキナ（巨大生物・伝説妖怪）

日本近海に出没した巨大な魚であり、静岡県の漁師などの間で近年まで語られた。クジラを呑み込むという巨大な口を持ち、出現すると大きな渦を巻き起こすといわれる。ちなみに『東遊記』には「このオキナが海底から浮上してくるときには雷のような轟音を出すという。風もないのに大波が起こり、クジラが逃げていくという。オキナの背びれや尾ひれは山がいくつもできたようであった」と書かれている。

蓑亀（突然変異・伝説妖怪）

福亀とも呼ばれ幸運を招くといわれた毛深い亀、カメ目ヌマガメ科に属するイシガメの一種ではないかと推測されている。通常亀は、年齢を経た個体は毛深くなり、背甲に生えた藻は蓑に例えられ、「蓑亀（みのがめ）」と呼ばれて、吉兆を呼ぶ瑞獣扱いされる。

ナミタロウ（巨大生物・帰化生物）

新潟県糸魚川（いとい）小滝の高浪の池に棲息する体長3～4ｍの巨大魚である。「タキタロウ」に因んで、「ナミタロウ」とネーミングされた。１９５０年から目撃情報があり、昭和20年代には2ｍサイズのコイが生け捕りになっている。１９８３年には巨大魚の姿が撮影され、１９８７年から目撃が頻発している。

その池の巨大魚の名前は「ナミタロウ」と呼ばれているが、その巨大魚は実は二匹いて、もう一匹は「ミドリ」と呼ばれている。正体は、巨大なコイか青魚説が有力である。

お台場の上海ガニ（帰化生物）

２００５年1月、中華高級食材である上海ガニがお台場で発見された。推測であるが、東京湾での繁殖の可能性もあるという。遺棄されたものではなく、船などに卵が付着してきたと思われる。

不忍池の大ゴイ（巨大生物・近代怪物）

明治17年（１８７４年）、不忍池（東京都台東区）で7尺（２・１ｍ）の大ゴイの骨が発見された。周辺の住民は驚き、その骨の中に子供を入れてみるなど大騒ぎが展開した。このコイの正体に迫る記録がある。安永元年（１７７２年）、下総松戸にて江戸川を堰き止めて、魚の掴みどりをやった。そのとき6尺のコイが捕れたが、殺生を嫌う僧侶の忠告で江戸川に放すことになった。

さらに同一のコイと思われるモノが捕まる。安永5年、今度は利根川で7尺もあるコイがかかった。これもまた金持ちが買い取り、上野の不忍池に放したという。明治17年に見つかったコイの白骨はこの大ゴイのなれの果てではないだろうか。（参考・『上野浅草むかし話』末武芳一、三誠社）

荒川の巨大亀（伝説妖怪）

荒川には巨大亀の伝説がある。左甚五郎が日光に行く途中、千住（現・東京都足立区）の河原で船を待ちながら、砂地に亀を描いた。その亀が荒川の主となり、度々巨大な甲羅などが目撃されたという。（参考・『荒川区民俗調査報告書一　汐入の民俗』昭和63年）

巨大ゴイあか（伝説妖怪）

荒川の町屋（東京都荒川区）八丁目付近、荒木田の原でのこと。この付近に6尺（１８０㎝）の巨大なヒゴイがいた。このコイが姿を現すと水面が真っ赤になるぐらいであったという。あるとき、花見の客に片目をつぶされ、大水を起こした。それ以来、人間の前には姿を現すことはなくなった。（参考・『あらかわの民話一』荒川区教育委員会、平成元年）

巨大ガマ（伝説妖怪）

麻布（東京都港区）に現存するガマ池。この池にはかつて巨大なガマがいたという。この池のほとりにあるとき、長者が住んでいた。この長者が池を埋め立てようとしたところ、一人の不気味な小僧が現れ、埋め立てをやめれば天災から守ると言われた。長者は小僧に蕎麦を与え帰したが、翌日使用人が池をさらってみると子犬ほどのガマが現れた。あわてた使用人がガマを打つとガマが大量の蕎麦を吐いた。あの小僧の正体はガマであったかと気づいた長者は池の埋め立てをやめ、ガマをねぎらったあと、池に放した。

その後、近所に大火事が起きたもののガマが池から現れ、口から水を吐き鎮火してくれたという。（参考・『江戸伝説』佐藤隆三、坂本書店、大正15年）

石狩川の巨大魚（巨大生物）

２００４年5月27日、北海道石狩市親船町の石狩川（河口から1㎞上流）にて、ワカサギの地引き網にダウリアチョウザメのメス（体長約２３０㎝、重さ１００㎏以上）がかかっているのを地元漁師Sさん（68歳）が発見した。Sさんの話によると、１９９３年にもチョウザメを捕ったことがあるという。なお、河口の神社にはチョウザメが祀られている。（参考・『産経Ｗｅｂ』２００４年5月27日付

記事)

大片貝(伝説妖怪)

伊佐沼(埼玉県川越市)には巨大な貝が棲むという。2、3間もある巨大な貝らしい。沼の中に島があり、そこに医王寺という寺があった。この寺が水没しなかったのは貝が島を守っているからだという。(参考・『埼玉県の民話と伝説 川越編』新井博、有峰書店)

古川沼の巨大魚(巨大生物)

古川沼(岩手県陸前高田市にあった潟湖)は水質が改善された後、1mを超える巨大魚が度々目撃されることがあったという。東日本大震災でどうなってしまったであろうか。

巨大ウナギ・うな太郎(巨大生物)

2006年10月13日、Mさん(82歳、長崎市野母崎樺島町)が所有する井戸で飼われている大ウナギ・うな太郎の年に一回の恒例になっている身長測定が行われた。Mさん宅では、祖父の時代から代々大ウナギを飼っていて、現在は8代目・うな太郎と呼ばれている。7代目までは、井戸に入り込んだ天然物であったが、8代目は1986年に鹿児島県の養殖場から取り寄せられ、飼育されてきた。肝心の測定値は、体長1・81m、体重16・6kgで昨年よりも大きく成長していたという。残念ながら2011年2月に死んだという。

ジンベイさま(伝説妖怪)

宮城県・金華山(きんかざん)沖に出る巨大な怪物。船より大きく、船の下に入っているときがある。銛で突くと沈んでいくが、これが出るとカツオが大漁になるという。(参考・『日本妖怪変化語彙』『綜合日本民俗語彙』)

牛御前(伝説妖怪)

建長3年(1251年)3月6日、武蔵国浅草に牛のような怪物が出た。浅草寺に乱入し僧7人が即死、24人が昏倒した。なお牛の怪物は対岸に玉を落としていき、それが牛島神社(牛御前社)[墨田区向島]に奉られているという。(参考・『図説・日本未確認生物事典』笹間良彦)

巨大ブラウントラウト(巨大生物・帰化生物)

岩手県大東町渋民の砂鉄(さてつ)川にて、巨大なブラウントラウト(北部ヨーロッパの魚、昭和初期にカワマスの卵に混ざって日本に定着した)が投網にかかり捕獲されたという。2004年8月28日、体長72cm、重さ3・5kgの巨大なブラウントラウトが、同町の団体職員Sさん(32)により、捕獲された。実は7年前に放流されており、2年前にも一匹捕獲されている。今回も放流された個体の生き残りだと推測されている。(参考・『岩手日日ニュース』2004年8月30日)

琵琶湖のガーギラス(帰化生物)

2002年7月8日、滋賀県・琵琶湖で、ワニのようなアゴを持つ北米産の古代魚ロングノーズ・ガーが、エリ網にかかった。体長は50cmもあった。

小笠原のダイオウイカ(希少生物)

最大で18mにもなるといわれている巨大なイカである。マッコウクジラの餌ともなるゆえ、両者の戦いはまさに怪獣ばりの南海ている。の決闘である。日本では小笠原諸島（東京都）でよくあがるとされている。

ヤマトメリベ（希少生物）

幻の生物と呼ばれる稀少な巨大ウミウシ「ヤマトメリベ」の捕獲例は少ない。２０１６年６月より、神戸市立「須磨海浜水族園」で展示されている。

アイヌソッキ（伝説妖怪・近代怪物）

噴火湾（内浦湾）［北海道南西部］に棲む怪物。上半身が人間で下半身が魚。（参考・『人類学雑誌』29巻10号「アイヌの妖怪説話（続）」吉田巌）

アツウイカクラ（伝説妖怪・近代怪物）

噴火湾（内浦湾）に棲む怪物。女の肌着が変化したという巨大ナマコの怪物。船を転覆させるという。（参考・『人類学雑誌』29巻10号「アイヌの妖怪説話（続）」吉田巌）

アッコロカムイ（伝説妖怪・近代怪物）

噴火湾（内浦湾）に棲む怪物。大タコの怪物で赤い体が水面まで反射し、わかるほどであるという。（参考・『人類学雑誌』29巻10号「アイヌの妖怪説話（続）」吉田巌）

アツイウイコロエカシ（伝説妖怪）

北海道・室蘭近海に棲む怪物。巨大な赤い身体をしており、船ごと呑み込む。（参考・『人類学雑誌』29巻10号「アイヌの妖怪説話（続）」吉田巌）

鉄魚（てつぎょ）（希少生物・突然変異）

宮城県の人里離れた魚取沼に棲息している珍しい魚である。昭和８年（１９３３年）に東北大学教授・朴澤三二博士の調査研究により天然記念物に指定された。フナが独自の発達を遂げたものといわれている。しかし、明治期に金魚が流入したという説もあり、金魚との混血種であるとする仮説もある。しかし今では混血種の仮説は否定されつつある。

新潟の巨大生物の死骸（巨大生物・未確認生物）

１９９３年８月12日、新潟県青海町市振（いちぶり）港沖で不気味な物体が発見された。体長10ｍ以上もある謎の死骸が漂流していたのだ。クジラとは思えない形状をしていたらしい。発見者の地元漁師が怪物の死骸を引き上げようとしたが不可能であり、写真撮影され背中に突出していた骨の一部が採取され、後に公表された。

ハッシー（未確認生物・テレポートアニマル）

岐阜県羽島市桑原西藪の長良川右岸にて、体長が２ｍ、幅１ｍもある謎の生物が目撃された。１９８６年６月10日、怪物が泳ぐ姿を岐阜県南中学校教頭・Ｏさん、岐阜市厚見中学校教諭・Ｍさんが発見。水面に浮き上がる黒い背びれに気がついた二人が、停車し観察すると、川の中央に焦げ茶色の巨大なエイのようなものが泳いでいたという。横腹部分が波立ち、ひれか手のようなものがあったという。しばらくすると、怪物は悠然と下流に下っていったとか。

茨城の漂着死骸（巨大生物）

２００５年11月、茨城県神栖（かみす）市日川浜の砂浜に、全長が約８ｍ

から10mになる内臓がない不気味な生物が漂着した。頭部と尾の先がない胴体部分、砂浜に散乱した小さな骨から死骸は構成されていた。この様子は、23日朝にテレビ放送され、全国から野次馬が殺到した。

アクアワールド茨城県大洗水族館海獣展示課の鑑定によると、正体は「ヒゲクジラの一種」とのこと。今後、皮膚の一部を採取し、専門機関がDNA鑑定してより正確な種類を特定する方針だという。

竜魚（近代怪物）

明治6年（1873年）、多賀郡大津浜（現・茨城県茨城市）の大黒屋勇八の網にかかった怪魚。大きさは8尺（2・4m）で五三桐、葵の紋、鶴、アゲハチョウなどの模様が出ている。吉祥魚とされた。将来起こる豊作と疫病を予言し、自分の姿を疫病よけに写すように言ったという。（参考・川崎市民ミュージアム『日本の幻獣』）

大カラス貝（巨大生物）

東京都練馬区豊島園池から大カラス貝が発見された。横40cm、縦20cm、厚さ15cm。池さらいが終わり元の池に戻された。（参考・『産経新聞』昭和40年3月13日）

海中のネズミ（伝説妖怪）

伊予国矢野保（現・愛媛県八幡浜市）の島に住む漁民が見つけた生物。海中に光るモノが見えるので網を入れて引き上げたところ何千匹ものネズミであった。そのままネズミは島に上陸、島では農作物が育たなくなったという。（参考・『「説話」大百科事典』名著普及会）

牛鬼（伝説妖怪）

西日本一帯に伝承の残る怪物。水棲で沼や淵、あるいは海中に潜むらしい。頭が牛で体が鬼、体が牛で頭が鬼、あるいは頭が鬼で体がクモなど様々な形態で伝わっている。愛媛県の宇和島では牛鬼の祭りがある。（参考・『綜合日本民俗語彙』民俗学研究所編、『日本怪談集　妖怪篇』今野円輔）

オババドジョー（近代怪物・巨大生物）

神明の森、あるいは薬師様の森に小さな川があったのだが、ここにオババドジョーという巨大なドジョウが棲んでいた。（参考・『福生市史資料編』平成3年3月）

巨大アワビ（伝説妖怪、誤認・創作生物）

千葉県御宿町岩和田海岸にいる巨大なアワビの怪物。これに触れると海が荒れるといわれている。漁師の若者に恋した女が、漁が休みになれば若者と逢えると思い、わざと触れて海を荒れさせたという。一部の研究者によると、正体は海底火山を暗示しているのではないかという。（参考・『日本伝説叢書（上総の巻）』藤沢衛彦）

太東の旦那（伝説妖怪・巨大生物）

千葉県・太東崎の沖に鬼ヶ崎という場所がある。ここを通る船は帆を下ろし、「太東の旦那」という巨大魚に敬意を表するのが習わしだった。あるとき、仙台から興津に向かう船の若い船頭は意地を張って帆を下ろさなかった。すると晴天がかき曇り、船の右手に尾ひれや背びれにこけの生えた巨大魚の姿が見えた。その後、その船は沈められたという。（参考・『夷隅地方の妖怪伝説』齊藤弥四郎）

赤えいの魚（伝説妖怪、誤認・創作妖怪）

千葉県・野島ヶ崎の漁師が難破したとき、上陸した島が実は巨大な赤えいであった。大きさは3里（12㎞）あったという。（参考・竹原春泉『絵本百物語　桃山人夜話』）

ぼんぼんサメ（伝説妖怪）

神奈川県・真鶴の沖合は難所であり、サメの夫婦が主として棲んでいたという。あるとき、サメ追い船を先頭に据えて、上方から江戸に梵鐘を3つ運搬中の船があった。その船から梵鐘を2つ落とし、主であったサメと共に海底に没した。以来、残された子供のサメが海底の釣り鐘に体当たりし、ぼんぼんサメと呼ばれるようになった。（参考・『かながわの伝説散歩』萩坂昇、暁印書館）

イクチ（伝説妖怪）

茨城県の外海に棲息する巨大なウナギに似た生物。体が長大で、これが通過するのに12刻かかるといわれている。体がぬるぬるしており、油を船内に落としながら通過するので、その油をくみ取らないと船が沈没するという。

また、八丈島の近海には、このイクチの稚魚らしきものがおり、丸く輪になって遊んでいるといわれており、この稚魚には目も口もないという。同様の怪物を「あやかし」といい、シーサーペントと関連があると思われる。（参考・『耳嚢』根岸鎮衛）

魔の布渕の怪物（伝説妖怪）

大館の長木村（現・秋田県大館市）の水沢集落には、怪物が出るという噂のある魔の布渕があった。集落の者たちが、何人も渕の怪物の犠牲となっていた。これを聞いた豪力で知られる浪岡矢出治が、果敢にこの渕に飛び込み、問題の怪物を退治した。このおかげで無事に渕の横を通れるようになったという。（参考・『秋田民話集120選』秋田魁新報社）

霞ヶ浦（茨城県南東部・千葉県北東部）**の巨大魚**（巨大生物）

青魚らしく、目撃談が多い。

上総の海坊主（伝説妖怪）

明治12年（1879年）10月7日、千葉県夷隅郡のカツオ釣り漁船の眼前に、海坊主が出現した。その頭の大きさは四斗樽を3つ合わせたようなもの。馬のような鼻面で、目玉は鏡のようにあたりを見渡していた。しばらくして海中に沈んでいった。（参考・『安都満新聞』明治12年10月20日）

巨大バショウカジキ（巨大生物）

2003年8月13日午前0時半頃、秋田県男鹿沖で会社員・Sさん（31歳、北上市在住）が、友人たちと釣りを楽しんでいた。すると、体長256㎝のバショウカジキがあがった。秋田県水産振興センターも「定置網にはよくかかるが、釣り上げたのは珍しい」と話した。（参考・『秋田魁新報』2003年8月16日）

1ｍイワナ（巨大生物・未確認生物）

福島県只見町には、1ｍイワナが棲息する沼がある。黒い巨大魚を見たという目撃談もある。実は幻で、1ｍイワナはいないという説もある。

毛見浦の海坊主（近代怪物）

三井寺（滋賀県大津市）付近には老ザルのような怪物が出て里人を脅かしていた。和歌山県・毛見浦でやっと捕獲された。大きさが7、8尺、頭髪は茶色、目は橙色、口はワニのよう、腹は魚のようで、尾はエビのようであった。目方は60、70貫あり叫ぶと牛のようであったという。（参考・『都新聞』明治21年12月26日）

海グモ（伝説妖怪）

筑紫（現・福岡県）の漁師の話によると南海で漂流したとき、ある小島に近づくと巨大なクモが現れ、糸を吹きかけたという。仲間と刀を使って切り払い、逃げのびたという。（参考・『奇談異聞辞典』柴田宵曲）

巨大イワナ（巨大生物）

吉田川（岐阜県郡上郡）にて、1・5～2m近い巨大なイワナが目撃されている。

おばけ金魚（巨大生物）

新潟県・佐渡金井町のWさんは、安養寺の溜池で体長38cm、体高16・5cm、重さ2kgのおばけ金魚を釣りあげた。金魚は県立金沢高校に寄付された。（参考・『毎日新聞』昭和28年6月20日）

浮きもの（伝説妖怪）

新潟県岩船郡粟島で目撃された怪異。春に海上を大きな魚のようなものが移動するという。近づくと見えなくなってしまう。（参考・『綜合日本民俗語彙』民俗学研究所編）

トキの餌の中に、新種のカエル（新種生物）

特別天然記念物のトキ10羽が放鳥され、野生復帰が進んでいるが、トキがカエルをついばむ田んぼで、新種のカエル40匹が元新潟大助教のS氏によって発見された。本州以南に分布するツチガエルに酷似しているが、腹部が黄色で鳴き声もツチガエルと違い、佐渡の固有種のカエルとみられている。

巨大イワナ（巨大生物）

新潟県湯之谷村（現・魚沼市）の銀山湖は大きなイワナが棲息することで知られている。中には1m近い主のような巨大な個体もいるらしい。

万歳楽（新種生物・近代怪物・伝説妖怪）

正徳2年（1712年）、江戸深川で捕獲された。長さ7尺、頭はネズミ、眼は赤く、全身に毛があり、ひげも生えており、尾はツバメのようであった。たまたま江戸城にいた公家が名前をつけた。（参考・『月堂見聞集』）

琵琶湖の怪物（未確認生物）

琵琶湖では怪獣の目撃騒動があるらしい。（参考・『日本の怪獣・幻獣を探せ！』宇留島進、広済堂文庫）

菖蒲魚（伝説妖怪）

文政7年（1824年）に江戸に出現した。菖蒲の根が魚に化けたものだという。（参考・『日本妖怪変化語彙』）

田子倉湖の巨大魚（巨大生物・未確認生物）

福島県南会津郡・田子倉湖には巨大な魚が棲息するという。

1kgを超えた巨大サザエ（巨大生物）

通常のサザエの10倍以上もある重量が1kgを超えた巨大サザエが発見された。このジャンボサザエは、重さ1・3kg、からの幅17・6cm、ふたの直径に至っては6cmもあるという。発見場所は三重県尾鷲市の磯で、素潜りの海士が水深20m地点で発見した。

玉造のみずち（未確認生物・伝説妖怪）

1988年玉造町（現・茨城県行方市）で、みずち（水の怪）のような怪物の遺体が発見された。体長30cm、子供のようで普通はきれいな水のあるところに棲んでいる。興奮して体を激しく動かすと青い液体を吐く。長い尻尾で牛などに襲いかかるらしい。（参考・『謎の未確認動物雑学事典』モンスター研究会、大陸書房）

雄蛇ヶ池のオジャッシー（帰化生物）

1981年に雄蛇ヶ池（千葉県東金市）で奇怪な生物が発見された。まるでクラゲのような生物で、身体全体がゼリー状でできている。オオマリゴケの群体であると判明したが、もともとは海外の生物で、なぜ日本に侵入したか不明であるという。（参考・『千葉県の不思議事典』森田保、新人物往来社）

亀山湖のオジャッシー（帰化生物）

雄蛇ヶ池で生まれたオジャッシーはその後、棲息域を広げている。同じ千葉県の亀山湖にも棲息していたが、駆除されてしまい、今は姿を見ることがないとか。

印旛沼の怪獣（近代怪物）

天保14年（1843年）9月2日に、勘定所に提出された報告文書によると、印旛沼（千葉県北西部）近くの弁天山近辺にある底なし沼から怪獣が出現したという。雷のような音を立てると、見廻りの役人13人を即死させてしまった。身長1丈6尺（4・8m）で鼻は低く、サルのような顔つきであった。（参考・川崎市民ミュージアム『日本の幻獣』）

祇園ザメ（伝説妖怪）

愛知県渥美地方に伝わるサメの怪。旧暦6月15日の祇園祭の日には祇園ザメという怪物が出るという。（参考・『現行全国妖怪辞典』佐藤清明）

天津沖の怪物（近代怪物）

明治10年（1877年）9月14日、房州天津沖（現・千葉県）で難破した猟師がある小島に漂着した。その島に海から這い上がる異形の者がいた。その姿は4つ足で甲羅、皿があり、水虎のような怪物であった。（参考・『かなよしみ』明治10年9月19日）

あかめ（希少生物）

高知県・四万十川に棲息する巨大魚。捕獲量が少なく、幻の魚とされている。

東浅井の池の主（伝説妖怪）

東村東浅井（現・滋賀県長浜市）において、明治の頃に発生した事件である。この村に池があったのだが、村人某の枕元に怪しいモノが立った。「この池においてくれ」という。その後、雨の降る晩のこと、異様な男が豆絞りの手拭いをかぶって、村を通り抜け、池の端で火の玉になって水中に消えたという。（参考・『愛知県伝説集』愛知教育会編、郷土研究社、昭和12年）

タコ入道（伝説妖怪）

隠岐地方（現・島根県隠岐郡）に出る怪物。漁船をひっくり返したり、猟師を海に引き入れたりする。（参考・『日本妖怪変化語彙』）

お城下の主（伝説妖怪）

かつて歩兵18連隊があった裏の川、豊川（愛知県）が折れるあたり、そこには片身をそがれた大ゴイがいる。夏になると溺れる者が多いのはそのためだという。（参考・『愛知県伝説集』愛知教育会編、郷土研究社、昭和12年）

薩摩の大タコ（近代怪物）

郡元村（現・鹿児島県鹿児島市）の士族・本田平八は帰農し、ときどき漁もやっていた。あるとき、足の長さ2丈、四斗樽ほどの頭の大タコに海中に引き込まれた。残された息子の小平太と女房は里芋を餌に大タコを待ち伏せて、見事敵をとったという。（参考・『絵入朝野新聞』明治16年8月17日）

大ウナギ（巨大生物）

静岡県賀茂郡河津町のT氏は、佐ヶ野川三養院下の滝壺で大ウナギを捕獲した。長さ1・4m、胴囲40㎝、重さ8・4kgだった。ここは明治19年（1886年）に体重26kgの大物がとれた場所である。（参考・『朝日新聞』昭和40年1月9日）

河童・半魚人

河童（伝説妖怪・未確認生物）

水辺や水中に潜み人間を引きずり込み、尻子玉を抜くなど悪戯をする謎の怪生物。伝説や昔話の類によく登場するので、日本人に最も馴染みが深い。頭のお皿が乾燥すると非力になるが、普段は怪力で大男でも敵わない。一般的に架空の生物として扱われるが、河童らしき謎の生物は現代でも目撃されており、一概に空想の産物とは言い切れない。

同種の妖怪と思われるものに、「川太郎」「ひょうすべ」「ひょうすんぼ」「川の殿」「川男」「水虎」「ケンムン」「キジムナー」がいる。なお、河童の頭、河童の手、河童のミイラというものが寺や神社などに奉納されているが、これはサルやイタチ、カワウソなどで作られた人造のものであるらしい。米国では「フロッグマン」「ドーバーデーモン」、フランスでも「半魚人」、中国では「水中の人間に似た怪物」などが目撃されており、同一のものを指している可能性が高い。また、背中の甲羅を酸素ボンベ、頭の皿を通信アンテナ、くちばしを酸素マスク、ぬめぬめした肌を宇宙飛行士の服と解釈し、河童＝宇宙人説が唱えられることもある。

対馬の河童（伝説妖怪・未確認生物）

UMAとして扱われている現代の河童目撃情報は、1985年8月1日深夜、長崎県対馬南部厳原町久田でイカ釣りから帰宅中のS氏が河童らしき生物と遭遇した事件が有名である。Sさんの視線に気づいたその怪物は、道の脇を流れる川の中へ「ボチャン」と音を立てて飛び込んだという。

遭遇した怪物の容貌は、口が尖っており、身長1m、ザンバラ髪であったという。不審に思い、翌朝、近所の人を伴い目撃現場に行ってみると、路上には、不可解な足跡が多数残されていた。足跡は三角形であり、大きさは長さ22cm、幅12cm、歩幅の間隔は50cmほどであった。警察により、足跡に残留していた分泌物が採取されたが、鑑識などで分析されることもなく廃棄処分となってしまったことが残念である。

宮崎の河童（伝説妖怪・未確認生物）

宮崎県西都市でも河童の出没事件が起こっている。1991年6月にM氏の自宅に謎の生物が侵入し、痕跡を残している。家人が外出先から帰宅してみると、居間の畳や廊下に三角形の足跡が点々と残されていた。この足跡を観察すると、3〜5本指であり、長さ12cm、幅10cmだった。足跡に残留していた黄色い液体を分析してみたところ、鉄分を含んだ湧き水に近い分析結果が出た。また、近在では12〜13年前にも打ち立てのコンクリートの上に謎の足音がつくという事件があった。なお、足跡の写真を分析したフェニックス自然動物園の竹下完副園長も、この足跡がどの動物のものか判断に苦慮したという。

ケンムン（伝説妖怪・未確認生物）

奄美大島（鹿児島県）で目撃される謎の生物、体長は1〜1・3m程度で、頭に水の入った皿があるともいわれることから河童の仲間と推測されている。体色は黒もしくは赤であり、髪はおかっぱであるらしい。ヤギに似た特殊な体臭を持ち、普通は透明な姿をしているが、霊能者や犬や馬には見える。好物は貝や魚の目玉で、ケンムンの足跡は竹筒でついた形といわれている。

最近でも目撃事件は発生しているが、戦前は目撃談が無数にあったといわれている。近年の事例を述べてみると、1986年11月16日午前7時、奄美大島龍郷町赤尾木の砂浜を散策中のSさん（当時40歳）がケンムンの足跡らしき物体を発見した。足跡の形状は直径10cmで丸くくぼみ、30cm間隔で点々と500m続いていたという。

キジムナー（伝説妖怪・未確認生物）

古木の精といわれている怪物であり、地域によってはブナガヤとも呼ばれる。ガジュマル、ウスクの木に宿る精霊といわれており、見た者は不幸に見舞われるという。

「キジムナーの火」という怪しい火を起こすといわれており、黄金色の丸い火で、キジムナーと一緒に行動し、火からしずくが落ちる場合もある。水にそのしずくが触れると「シュー」という音がする。中には、「キジムナーの火」に触れてしまい、火傷を負った人もいるといわれている。

遠野の河童（伝説妖怪・未確認生物）

明治43年（1910年）、柳田國男は、遠野（岩手県遠野市）在住の民話研究家・佐々木喜善より聞き取り調査を行い『遠野物語』をまとめた。この遠野物語では「座敷わらし」「おしらさま」など多くの妖怪談が語られており、基本的には柳田は事実談として認識していたが、表現方法には、文学的テイストが加えられている可能性が推測される。

特に「河童」は遠野物語において、トリックスターとして跳梁跋扈している。遠野の河童の大きな特徴は、全身が赤い毛で覆われている点である。また、遠野にはカッパ淵という河童伝承がある場所が複数ある。今も猿ヶ石川で釣りを行う人が、河童らしき生物を目撃しているという。

かつては、阿部与一氏という語り部がおられ、カッパ淵を訪れる者に河童談を語ってくれたものであるが、今は二代目の語り部さんが務めている。

現在、ケーブルテレビ「遠野ケーブルテレビ」は、カッパ淵を24時間監視できるウェブカメラを設置したり、河童を生け捕りにした人に賞金1000万円を進呈する企画を打ち出すなど「河童の町おこし」が盛んになっている。

魚に化ける（？）河童（伝説妖怪）

川に行くと魚がいるので取ろうとすると、逆に河童に水中に引き込まれてしまうという。（参考・『青梅市の民俗　青梅市文化財調査報告書2』昭和47年）

羽根のある河童（近代怪物）

天保11年（1840年）6月26日、櫛引町柳沢村（現・山形県東田川郡櫛引町）の沼で捕獲された河童は首を伸ばすことができ、羽根が生えていた。容貌は鳥に酷似している。（参考・『河童奇談』）

カベッケ（伝説妖怪・近代怪物）

雲ノ平薬師沢（富山県富山市）の「河北が原」は河童が化けて出ることから地名がついたらしい。このカベッケが原の河童は、特に妖怪「かべっけ」とも呼称されている。山中で「おーい」と呼ばれてついつい返事をしたり、声の方に行くと行方不明になってしまうといわれている。昭和35年（1960年）には、砂上に「カベッケの足跡」らしき痕跡が発見されたこともある。

淵猿（伝説妖怪）

天文3年（1534年）、芸州吉田（現・広島県安芸高田市）の釜ヶ淵に化け物がいた。淵猿という化け物で、子供をさらったといわれている。君主の毛利元就は退治するように部下たちに命じた。家臣の中でも武勇の誉れ高い荒源三郎元重が名乗りをあげた。

元重は7尺の体格で70人力といわれた剛の者であり、淵に行き「いざ尋常に勝負せよ」と叫んだ。するとたちまち淵が荒れ、元重の足を怪物がつかんだ。元重は逆に怪物を陸に引きずりあげ、締めあげてしまった。（参考・『「説話」大百科事典9』名著普及会）

海人（伝説妖怪）

海に棲む怪物であり、手足には水掻きがあるが、凡そは人間に似ている。腰の部分に肉皮が垂れ下がっている。人語は解せず、食べ物を与えても口にしないといわれている。（参考・『図説・日本未確認生物事典』笹間良彦）

海童子（近代怪物）

東京・羽田沖の水神棒杭という場所で停泊中の船に異変が起こった。深夜2時頃、赤子の声が聞こえてきた。よく見るとおかっぱの赤髪で、まる裸の怪物が船によじ登ってくる。勇敢な船員が棍棒で打ち据えるが、まんまとかわされ逃げられてしまった。（参考・『東京朝日新聞』明治22年1月24日）

浪小僧（伝説妖怪）

曳馬野（現・静岡県浜松市）に出た怪物。親指ぐらいの小人で、日頃は海に棲んでいる。干ばつから恩人の親子を救ったという。

海小僧（伝説妖怪）

賀茂郡南崎村大瀬（現・静岡県南伊豆町）の下流にある仏島で釣りをしていると、目のきわまで毛が生えた怪物が姿を現したという。

富田のがしゃんぼ（未確認生物・伝説妖怪）

2004年春に、和歌山県田辺市にて奇怪な足跡が発見された。富田という地域の畑にまるで一本足で飛び跳ねたような、一直線の足跡が続いているのが発見されたのだ。同地にタヌキなどの野生動物はいるのだが、いずれの足跡も左右平行な二本線の足跡であった。この奇妙な足跡は、林の方まで続いていた。

その後、謎の足跡事件は二度にわたって繰り返され、現地でも大きな話題となり、現地に伝わる一本足妖怪「がしゃんぼ」や「一つダタラ」が復活したのではないかと、『紀伊民報』などが大々的に取り上げた。

船橋の一本足（未確認生物）

2004年9月20日、千葉県船橋市内某所にて奇妙な足跡が発見され、山口敏太郎氏とスタッフが現場に急行し撮影した。歩幅は14～15㎝程度。足跡の直径は12～13㎝。奇妙な蛇行を繰り返し畑の上を歩いている。船橋ではタヌキや野犬もまれに目撃されるが、野生動物の足跡が一直線に付くことはない。まるで一本足で飛び跳ねたような足跡に謎が深まる。果たして動物か、機械の跡か、人間のいたずらか。正体が気になるところだ。

船橋市内では、最近ハクビシンの棲息数が増えている。山口氏の実弟の友人宅の庭にはハクビシンが遊びに来るらしい。問題はその足跡だ。丸い穴が点々と続く形状の足跡だという。この話で思いついたのが、「船橋の一本足事件」、「富田のがしゃんぼ事件」である。奇妙な足跡事件の大部分は、ハクビシンが正体かもしれない。

人面生物

京都の人面魚・船橋の人面魚（突然変異）

2003年、京都府舞鶴市の高野川にて「人面魚」が目撃された。放流されたコイの頭部が人の顔に似ていたのだ。船橋の体長約70㎝の人面魚は、市民が与えるパンの耳に猛然とダッシュし、仲間のコイを押し離すような食い意地を見せていたらしい。

人面魚（突然変異）

山形県鶴岡市善宝寺の池にいる人面のコイ。口先が瘤のように盛り上がり、鼻に見える。さらに左右に目玉に見える黒い点があり、人面が構成されている。因みに、この善宝寺は1100年前、妙達上人によって創建された古刹（こさつ）であり、「龍王講」というものが明治以降開催され、一時は北陸や関西まで信者が及んだといわれている。また藤沢周平の短編小説『龍を見た男』の舞台となったことでも広く認知されているお寺である。

イケメン人面魚（突然変異）

山口市滝町の山口県庁前にある堀には、約300匹のコイがいる。そのうちの1匹が「人面魚」であるという。黒と黄の模様が顔に見え、目鼻立ちのきりっとしたイケメンであるらしい。県管

財課の担当者は「まさに人面魚だ」と驚いたという。（参考・『朝日新聞』2008年4月9日）

二代目・人面魚（突然変異）

2007年6月25日発売の『東京スポーツ』によると、2代目・人面魚が出現したという。山形県鶴岡市善宝寺の池に棲息する人面魚だが、初代は2006年から姿を見せていないらしく、安否が心配されていた。あの騒動から17年の時間が経っており、初代の高齢化はいたしかたない。だが、希望の光が見えた。同じ池で待望の2代目が出現した。その顔はまさに人面、しかも四角い顔はロボットを連想させ、「人面魚がロボ化」と評判を呼んだという。

人魚（伝説妖怪・近代怪物・未確認生物）

世界中の海で見られる。上半身が人間、下半身が魚の怪物。日本をはじめ、世界各国で伝承されているメジャーな怪物である。一般的には、美女というイメージが強いが、醜悪（しゅうあく）な人相をした人魚が我が国では多い。また、性格の悪い人魚や男性の人魚もいるが、聖徳太子に供養を頼む礼節のある人魚もいる。近年でも目撃例はあるが、ジュゴンやマナティの誤認ではないかという説が強い。

10mの人魚（伝説妖怪・近代怪物・未確認生物、誤認・創作生物）

文化2年（1805年）、越中国放生渕四方浦（現・富山県婦負郡四方町）に漁船を転覆させる人魚が出没。身体は3丈5尺（10・6m）、頭部に金色の角2本、胴体には目玉が3つ、鳴き声は一里（3・9㎞）届いたという。450挺の鉄砲によって撃ち取られた。この人魚を見れば幸せになるとされた。（参考・『瓦版「人魚図」』早稲田大学演劇博物館）

チュンチライュ（伝説妖怪）

人の顔をした魚で、ときどき海上に上がってきて船を見上げる。これが出没すると必ず嵐になるという。

章魚人形（たこにんぎょう）（近代怪物）

頭部が人間に酷似しているタコの怪物。木更津沖（千葉県）で勘右衛門の網にかかった。頭は4寸、首より尻9尺、総長3尺5寸あった。（参考・『東京絵入新聞』明治18年7月3日）

大神社姫（伝説妖怪・近代怪物）

越後（現・新潟県）の浜に顔は若い女性、体は竜という怪物が出現。体長は2丈（6m）で、悪病の流行を予言、自分の姿を見た者は、災難から逃れられると予言した。（参考・川崎市民ミュージアム『日本の幻獣』）

神社姫（伝説妖怪・近代怪物）

文政2年（1819年）4月18日、肥前の浜辺で目撃された怪物。大きさは2丈で人面をしており頭部には角があった。流行病を予言、自分の姿を模写すれば安心だと言った。（参考・加藤玄悦『我衣』（わがころも））

亀女（伝説妖怪・近代怪物）

越後（現・新潟県）福島潟で夜な夜な光を放ち、人を呼ぶ声がする。手足と顔が若い女で身体が亀の怪物であった。豊作・流行病を予言し、自分の姿を朝夕見れば安心だと言った。寛永年間には佐渡にも出たという。（参考・川崎市民ミュージアム『日本の幻獣』）

入亀入道（伝説妖怪）
若狭湾（福井県・京都府）に出た頭部が人間に似た亀。これを目撃しただけで祟りがあるといわれ、網にかかった場合は酒を飲ませ海に放った。（参考・津村正恭『譚海』）

尼彦入道（伝説妖怪・近代怪物）
イリノ浜沖（宮崎県）に出た怪物。身体はウロコに覆われ、手は羽根、頭部は老人のようで、足は鳥のようなものが数本生えている。悪病を予言し、自分の姿を写して朝夕見れば安心と言った。（参考・川崎市民ミュージアム『日本の幻獣』）

ほうねん亀（伝説妖怪・近代怪物）
紀州（現在の和歌山県）の熊野浦にて捕獲された1丈8尺（5・5m）の怪物。身体は亀で頭部は人間、角が生えている。このほうねん亀の絵は疫病よけになるという。（参考・川崎市民ミュージアム『日本の幻獣』）

豊年魚（伝説妖怪・近代怪物）
淀川（琵琶湖から流れ出て大阪湾に流れ込む河川）にて捕獲された怪物。大きさは7尺5寸（2・3m）、重さは70貫目（70kg）、背中に苔が生え、姿はイタチ、目は鏡、足は亀だという。この怪魚がとれてから豊作が続いた。（参考・川崎市民ミュージアム『日本の幻獣』）

アマビエ（伝説妖怪・近代怪物）
別名・尼彦ともいう。弘化3年（1846年）4月中旬、海上に光があり、役人が調査したところに出現した怪物。くちばしを持ち、頭部に毛髪がある。人語を解し、豊作と疫病を予言し、自分の姿を疫病よけに写すように言ったという。（参考・川崎市民ミュージアム『日本の幻獣』）

くだん（伝説妖怪）
天保7年（1836年）に倉橋山（京都府）に出没。顔は人間、身体は牛の怪物。（参考・川崎市民ミュージアム『日本の幻獣』）

くだん（伝説妖怪・近代怪物）
肥前国五島の奥島（現・長崎県五島）の某農家で生まれた人面の牛、剥製となり長崎市の八尋博物館に陳列されていた。ロシアと日本の戦争を予言したという。（参考・『名古屋新聞』明治42年6月21日）

クタベ（伝説妖怪）
富山県の立山に出没する人面獣身の怪物。これから流行る病気を予言、自分の姿を写して貼っておくと魔よけになると言った。（参考・『道聴塗説』）

山童（伝説妖怪・近代怪物）
天草（熊本県）の山中に出た怪物。毛だらけで足が3本ある。豊作と疫病を予言し、自分の姿を疫病よけに写すように言った。（参考・川崎市民ミュージアム『日本の幻獣』）

犬面魚（未確認生物、誤認・創作生物）
『熊本日日新聞』に載った怪魚。地元の老人が川で犬の顔をした怪物を目撃したという。

森・山のUMA

小イタチ（未確認生物・伝説妖怪）
イタチに似ているが体長がやや小さい。尾は短く、全身に毛が生えている。水辺の石垣などに棲むといわれている。

堺市のネコヘビトリ（未確認生物）
カナダの青年が日本の学校で外国語講師をしているときに目撃した怪物であり、この青年が帰国後、カナダの新聞に目撃談を告白し、大騒ぎになった。
事件の顛末を紹介しよう。大阪府堺市新家町の自宅アパートに隣接する田んぼの中で息を潜めている不気味な生物を目撃した。その怪物の容姿は、真っ白な頸部に、二つの黒い目、猫あるいはトカゲのような足を持っており、コウモリのような翼が背中に生えていた。怪物は青年の方を見ていたが、いきなり100フィート以上、上空に飛び上がった。恐怖のためパニックになった青年は、アパートの自室に逃げ込んだが、窓から観察するとまだ怪物は上空を旋回していたという。
その後、カナダ人青年は学校の新聞にこの怪物のイラストを掲載。これを見た同僚のK先生が、この怪物を「Nekohebitori（ネコヘビトリ）」と命名した。尾が蛇の合成生物といえば、日本では「ヌエ」があるのだが……。
山口敏太郎氏は、京都で酷似した生物を目撃した老婆の話を取材したことがある。他にもエジプトの「スフィンクス」、中東の「マンティゴラ」などのキメラ生物（複数の生物が合体した生物）の伝承は、シルクロードに沿って世界中に広がっている。

チンチン馬（伝説妖怪）
愛媛県越智郡大三島に出る怪物。「首のない馬」が年の瀬に走るという。この手の「首なし馬」伝説は八王子城（現・東京都八王子市）周辺や各地に残っている。徳島では「夜行さん」という一つ目の鬼が「首なし馬」に乗って徘徊するという伝承がある。
（参考・『沿海手帖』『綜合日本民俗語彙』）

八ツ頭（伝説妖怪）
愛媛県の本川（ほんがわ）という一帯には、かつて「八ツ頭」という怪物がいた。頭が八つあり、毛だらけの怪物であり、身長が3mぐらいあったという。土佐の郷士によって退治された。（参考・『土佐昔ばなし』山田竹系、四国毎日広告社）

鉄鼠（てっそ）（伝説妖怪）
平安時代、高僧・頼豪（らいごう）が高野山への恨みに凝り固まり、妖怪化した。この「頼豪」そのものを妖怪視する傾向もあるが、このとき、付き従った妖怪ネズミのことを「鉄鼠」と称す。

アナグマの赤ちゃん（?）（未確認生物・突然変異）
2002年5月26日夕方、徳島県内の林道を車で走行中の女性が、異様な鳴き声に気づき、カラスにつつかれていた動物の赤ちゃんを発見した。女性はかわいそうに思って保護したが、体長およそ15cmで黒褐色の赤ちゃんだった。

動物病院で診てもらったが、何の赤ちゃんか判明しなかったので、高松市の栗林公園動物園に持ち込まれた。同園の園長は「アナグマの一種」と推測しているが、問題の赤ちゃんは生後わずか2週間であり、正体は判然としていなかったという。その後、栗林公園動物園は２００２年に閉園した。

伊豆の妖獣（未確認生物・突然変異）

伊豆豊川村に出現した怪物。同地は牧野家の領地であり、家臣の渡辺が事務方として駐在していた。正徳4年（１７１４年）のこと、渡辺の妻の元に毎夜怪物が来るようになった。妻はたいそう怯えていたが、最後には面皮を剥がされて死亡してしまった。

妻の死から4、5日後、曲者が屋敷に侵入、渡辺が刀で斬りつけ、翌朝見ると血の跡が4里先の栗山村の洞窟に続いていた。洞窟の中をうかがうと、広さ4～5間の洞窟から牛の吠えるような声が聞こえた。渡辺は主家の牧野家に申し出て、家士８人、足軽50人で取り囲み、鉄砲を撃ちかけ飛び出したところを槍で仕留めた。大きさは7尺8寸、形はクマ、面は人、足・腕はワシのようになっている。頭髪は赤く、全身は黄色であった。（参考・『「説話」大百科事典』名著普及会）

盆蜘蛛（伝説妖怪）

東京・高尾山に盆の時期に出たクモ、おぼれかけた子供を、糸をはいて助けたことがある。（参考・『高尾山の昔話』菊地正、京王出版）

鼻黒（近代怪物・伝説妖怪・未確認生物）

１９００年頃、篠山（ささやま）（兵庫県中東部）で語られた七不思議の一つ、川ン丁という川沿いに出た怪物。鼻の黒い妖怪だという。（参考・『多紀郷土史考』奥田樂々齋）

コヒ（近代怪物）

徳島県板野郡松茂町の観音寺では妖怪が出るという。東京から巡業に来ていた力士、緑川、小岬、小緑、若岬などが妖怪退治に出かけた。怪しい物音がしたので妖怪を追いかけ回し捕獲してみると、眼は丸く口は尖り、牙は鋭く爪は長い。全身は黒色に灰色を帯びていたという。（参考・『おばけの正体』井上円了）

かみきり（伝説妖怪）

人間の髪の毛を切るという妖怪。尖ったくちばしを持ち、両手がカニのようなはさみになっている。似た怪物に「かみきり虫」「網きり」などが伝承されている。

明治7年（１８７４年）、浅草の呉服屋に出現したという。そこの次女が髪を切られ、坊主になったらしい。結局、次女は坊主頭で嫁にも行けず、自殺したという。（参考・『謎の未確認動物雑学事典』モンスター研究会、大陸書房）

しゃんこま（伝説妖怪・未確認生物）

楠のてっぺんに棲み、子供を捕らえて食べる怪物。最初は犬などを捕らえて食べていたが、そのうち赤ちゃんを食べて人間の味を覚えた。眼は鏡のように光り、全身は毛だらけ、ムササビのように空を飛ぶ。（参考・『草津のふるさと文化』お化けの美容室さん情報提供）

野鉄砲（伝説妖怪）

北国に出る怪物。人を見ると口から小さなクモのようなものを吹きかけるという。人の目や口を塞いだ後、襲うといわれてい

る。（参考・『絵本百物語　桃山人夜話』竹原春泉）

野ふすま（伝説妖怪）
コウモリ、あるいはムササビが年を経たもので、深山などで人を襲う怪物である。（参考・『絵本百物語　桃山人夜話』竹原春泉）

猪笹王（いのささおう）（伝説妖怪）
奈良県吉野山中に出る。一本足で背中に笹が生えている。大イノシシの年月を経たものだという。腕の良い漁師に撃たれたが、人間に化け温泉に治療に来たという。（参考・『日本怪談集　妖怪篇』今野円輔）

きのこ（伝説妖怪）
奈良県吉野地方に出る。3、4歳の子供の姿をしており、木の葉を身につけている、または青い衣をつけているといわれる。山仕事中の者の弁当などを盗ったりする。（参考・『山の人生』柳田國男）

魔魅（まみ）（伝説妖怪・未確認生物）
タヌキと同一視されることが多いが、『和漢三才図会』にはタヌキとは別のモノという記載がある。山間部の穴に棲み、形はイノシシの子供に似るという。その肉は美味で病人などに非常に良いとされている。正体はアナグマであろうか。未発見の哺乳類がかつて日本にいたのであろうか。

鎌倉のラスカル（帰化生物）
人気アニメ『あらいぐまラスカル』（フジテレビ）の影響で日本ではペットとしてアライグマを飼うブームが広がった。そのアライグマがなぜか鎌倉で繁殖。その無法ぶりは地元でも顰蹙を買っていたという。因みに「ラスカル」とは、ならず者という意味である。言い得て妙である。

オボ（伝説妖怪）
群馬県利根郡利根村に出る。「イタチが化けたもの」ともいわれ、夜道で足下にまとわりつく、刀の下げ緒（お）を与えるとよいという。

やまこ（伝説妖怪）
根尾村（現・岐阜県本巣市）に住む善兵衛というきこりに「くろんぼう」というものがたいそう懐いた。毛だらけで黒くサルのようだが、人間の言葉や思っていることがわかるという。だが、子持ちの後家に夜這いをかけて撃退され、二度と姿を現すことはなかった。（参考・『享和雑記』）

山男（伝説妖怪）
高山（現・岐阜県高山市）の大川の流れに棲む。色が異常に黒く、背が高い。夜網に行った人が会ったという。（参考・『和訓栞（わくんのしおり）』）

会津の怪獣（近代怪物・伝説妖怪）
天明2年（1782年）磐梯山に潜み、子供をさらっていた怪物が退治された。天明元年頃から子供をさらっていた怪物だが、松浦三平という浪人に鉄砲で撃ち取られた。身長は4尺8寸（1.5m）、尾の長さは1丈7尺（5・1m）でヒキガエルのような容姿で、鼻はくちばしのように長く、口は裂けていた。（参考・川崎市民ミュージアム『日本の幻獣』）

オホヅキの怪物（近代怪物）

大内郡帰来村（現・香川県東かがわ市）オホヅキにいる怪物。毛は赤く猩々のようで、足の爪は牛の爪に似ている。背の高さは2尺5、6寸、サルのような顔で赤子のように泣くという。（参考・『信濃毎日新聞』明治22年5月1日）

えんのこ（伝説妖怪）

静岡県磐田郡水窪町の常光寺山に出る。子犬のような獣。毛の色は白、たまに赤い個体もいる。害はないが、猟師がこの獣を見ると、不吉なことが起こるという。

あまひこのみこと（近代怪物）

越後湯沢（現・新潟県南魚沼郡）の田の中に出た怪物。羊のような容姿で人語を解する。（参考・『東京日日新聞』明治8年8月14日）

鬼牛（伝説妖怪）

千束（せんぞく）（現・京都府京都市）に顔が鬼、体が牛の怪物が出た。千束丸という名刀がひとりでに飛んでいき、この怪物を退治したという。（参考・『三和町史　下巻』）

大里郡の怪獣（近代怪物）

埼玉県大里郡桜沢の長島安太郎が明治32年（1899年）9月16日、怪獣を捕獲した。上野動物園に鑑定してもらおうと持ち込んだが正体がわからず、飼育も拒否された。そこで都新聞に持ち込まれた。

小犬程度の大きさで背中一面に斑黒色のとげが生えている。腹は黒く、アヒルのようなくちばしがある。4本の足は黒く、土に潜ろうとする性質があるらしい。（参考・『都新聞』明治32年10月11日）

鬼熊（伝説妖怪）

木曽（現・長野県木曽郡）では年老いたクマを「鬼熊」と呼ぶ。怪力で牛馬を食べてしまう。（参考・『絵本百物語　桃山人夜話』竹原春泉）

管狐（くだぎつね）（伝説妖怪）

長野県中部に分布している憑き物の一種。竹筒に入るほどの小型のキツネであり、75匹に増えるという。他人の家から金品を集めるともいわれている。

てんまる（伝説妖怪）

群馬県甘楽郡秋畑に伝わる怪物。死体を食べにくるらしい。そこでその害を防ぐため、遺体を埋めた上に目篭を被せた。なお、東京都に伝わる「青梅のてんまる」は飛行する謎の怪物であり、この「てんまる」とは別種のようである。（参考・民間伝承、『綜合日本民俗語彙』）

巨大ダニ（巨大生物）

2002年7月4日、和歌山県南部川村の山中で、Oさんがイノシシが荒らしたと思しき地面に、黄土色の物体を発見した。はじめはキノコだと思ったが、ひっくりかえして見ると足があり、それは体長2・5㎝もの巨大なダニだった。

南紀生物同好会のあるメンバーは、このダニを「タカサゴキララマダニ」と鑑定した。この生物は、通常は5㎜ほどの大きさで、吸血して満腹になった状態になると2㎝以上の体長になるらしい。だが、これほど大きい個体はまれだという。

アラサラウス（伝説妖怪）
体毛がなく、尾が一本の獰猛な怪物。崖の穴に住むクマのような凶暴な奴。（参考・『人類学雑誌』29巻10号「アイヌの妖怪説話（続）」吉田巌）

イワサラウス（伝説妖怪）
巨大な体に無毛、6本の尾を持つ怪物。アラサラウスとも関連の可能性あり。（参考・『人類学雑誌』29巻10号「アイヌの妖怪説話（続）」吉田巌）

イワホイス（伝説妖怪）
巨大な山イタチのこと。大きな角と歯を持つ。（参考・『日本妖怪変化語彙』日野巌、日野綏彦）

イワラサンペ（伝説妖怪）
犬やキツネのように見え色が黒く、耳が長く2本の歯がある。（参考・『日本妖怪変化語彙』日野巌、日野綏彦）

イワエチシチス（伝説妖怪）
山で呼ぶ者という意味で鳥の姿だが、牛のような声で鳴くという。（参考・『日本妖怪変化語彙』日野巌、日野綏彦）

黒狐（伝説妖怪）
北海道松前町西館の玄狐（げんこ）稲荷に祀られているキツネ。全身が黒いのが特徴。松前藩によって討ち取られたが、この「黒キツネ」の祟りでニシンがとれなくなったという。（参考・『北海道の伝説』須藤隆仙、さんおん文学会）

アガネコ（伝説妖怪）
青森県青森市に出る怪物。キツネやオオカミのように人に害を及ぼす獣。（参考・『現行全国妖怪辞典』佐藤清明）

おさきつね（未確認生物・伝説妖怪）
1972年4月、加波山（茨城県）に出たという。キツネより小さく、全体的にイタチに似ており、尻尾はふさふさしている。だが尖った口はキツネに酷似している。苗木を山に探しに来ていた植木職人が呼ぶと、近寄ってきて手にかみつき、生き血を舐めて、執拗に付きまとったという。（参考・『謎の未確認動物雑学事典』モンスター研究会、大陸書房）

矢部の怪物（未確認生物）
1983年、熊本県で3本足の足跡が発見された。場所は、熊本県上益城（かみましき）郡矢部町の吹上口近くの土産物屋の店先である。夕方までは何もなかったのに、打設したばかりのコンクリート上に、翌朝不可解な足跡が付いていたのだ。宮崎県に出没した3本指の怪物との関連が指摘されている。

ミンキラウワ（伝説妖怪）
「耳無豚」のこと。奄美大島に出る豚の怪物である。永田川沿い、金久などによく出没したと伝えられている。この妖怪に股をくぐられると死ぬといわれており、遭遇した場合は足を交差しなければならない。似たような怪物「カタキラウワ（片耳豚）」も同地に出没するという。

緑色の怪生物（未確認生物・人工生物）

熊本県宇土市長浜町の海岸で発見された謎の生物の死骸。海藻店従業員が有明海に貝掘りに出かけたところ、見つけた。体長は30㎝ほどで、全体的に緑色をした四本足の怪物であり、細長い尾が印象的であり、目や鼻などの顔がついている。熊本博物館（熊本市）学芸員の鑑定によると、イタチかテンを剥製にするため薬品処理した後の死骸ではないかとのこと。

人面グモ（突然変異）

群馬県榛名町のKさん（45歳）が自宅の犬小屋付近で発見し、写真撮影した奇妙なクモ。体長は約1㎝であり、腹部に細い目、鼻、への字の口があり人面に見える。しばらく発見者によって飼われていたという。この手の人面クモは「マンフェイス」と渾名され、東南アジアの土産物として販売されている。

カイコモグラ（伝説妖怪・未確認生物）

未知動物というよりも、憑き物である可能性が高い。肉体を持っていない憑き物なのに、なぜかUMA扱いされている。

1913年、北岩神村（現・群馬県前橋市）の某養蚕農家のカイコが一夜で絶滅した。鳥や獣が原因でもなく、理由は不明であった。祈祷師が拝むと、一匹の奇妙な生物の死体が発見された。全身は柔らかい絹糸のような毛に覆われ、鼻はイノシシに似ている。尾の先は二つに裂けており、目は縦に切れていたという。（参考・『謎の未確認動物雑学事典』モンスター研究会、大陸書房）

長禅寺の大ネズミ（伝説妖怪）

千葉県旭市の長禅寺には、猫より巨大な大ネズミが棲息していた。困り果てた和尚は横根の里の猫・ミケとその兄弟猫であるトラ、マルと合計3匹を借りてきた。3匹の猫は大ネズミと格闘。和尚も槍で加勢し、天井のネズミを突き殺した。この戦いでミケは頭をかじられ死んだ。この大ネズミを突き殺した槍は、境内の池で洗われ、その池は、永く血の池と呼ばれていたという。（参考・『千葉の伝説』千葉県文学教育の会編、日本標準）

十の字ムジナ（伝説妖怪・近代怪物）

ムジナは年をとると、オスメスに関係なく、背中の毛が十字の形に白くなるという。（参考・『野田市史編さん調査報告書　第一集　今上・山崎の民俗』）

小玉鼠（こだまねずみ）（伝説妖怪・未確認生物）

秋田県北秋田郡のマタギに伝えられる怪生物。ハツカネズミを丸くしたようなネズミである。背中から裂け、ポンという音を出して破裂する。この破裂音を聞くと獲物がとれなくなるという。あるいは雪崩とか災難に見舞われるという。

イナモノ（近代怪物）

静岡県島田市内にはオルガンのような音を出す怪物の話が報告されている。

シャグマ（伝承妖怪）

静岡県磐田郡水窪町の常光寺山に出る化け物。頭部は長い毛に覆われ、背中は蓑を着たように毛むくじゃらである。（参考・『民族』三巻一号）

山川町の巨大卵（巨大生物）

１９８６年12月30日、鹿児島県揖宿郡山川町（現・指宿市）の鰻池の湖畔で発見された巨大な3個の卵。一番大きいものは、なんと直径15㎝、幅10㎝、重さは５００ｇであった。

近くに住むＦ夫妻が草刈り中に発見した。民宿「うなぎ荘」のＭさんが譲り受けたが、数日後腐臭がしたので穴を空け、緑色の中身を捨ててしまったそうである。ダチョウなど走鳥類の卵であるといわれているが、なぜ、鹿児島県にあったのであろうか。

常元虫（伝説妖怪）

近江国志賀郡別保村（現・滋賀県大津市）に元武士でその後、悪行を繰り返した乱暴な男がいた。剃髪し、常元として改名してからはおとなしくしていたが、過去の罪で自宅の柿の木に吊るされ、斬られた。遺体は柿の木の下に埋葬されたが、毎年そこから人間が後ろ手に縛られたような形の虫が湧いたという。（参考・『三養雑記』）

館山のきょん（帰化生物）

本来千葉にはいないはずの動物である。小型の鹿のような容姿で畑を荒らし、住民たちを苦しめていた。かつて勝浦市浜行川にあったレジャー施設（現在は廃園）にいた個体群が脱走し、野生化したともいわれているが、廃園時の動物リストには入っていない。ちなみに、山上たつひこ氏の漫画『がきデカ』でお馴染みのギャグである「八丈島のきょん」とはこの動物のことである。

串間の怪物（未確認生物）

１９８２年宮崎県串間市一氏の畑にてＵ氏が発見した不可解な足跡。足跡のサイズは長さ11㎝、幅４㎝、足跡の形は人間の幼児のものと似ている。丸い３本指の足跡であったという。また、ジャンプしながら歩いたのであろうか、１ｍ間隔で足跡が飛んでいたという。

イッシャ（伝説妖怪・近代妖怪）

鹿児島県徳之島に棲む小人。尻尾があり、片足でやってくる。破れ傘、短い蓑を着ている。おだてると漁などを手伝ってくれる。（参考・『旅と伝説』通巻7号、「南西諸島の伝説（上）」茂野幽孝）

ジロムン（伝説妖怪・近代怪物）

奄美大島に出る怪物。白いとも黒いともいわれ、ウサギのように跳ねる。これに出会うと股をくぐられないように足を交差しないと危険だという。（参考・『季刊民話』１９７６年、通巻8号）

白狐（伝説妖怪）

岡山県英田郡に出る白いキツネ。様々な怪異を起こす。（参考・『現行全国妖怪辞典』佐藤清行）

すねこすり（伝説妖怪）

岡山県小田郡に出る怪物。雨の降る晩、人のすねをこするという。犬のような姿をしている。（参考・『妖怪談義』柳田國男）

ニタゴン（未確認生物）

１９９６年6月23日、島根県仁多町三沢に造成された新しい住宅団地にて、ウサギのようにぴょんぴょん跳ねる動物が、散歩中の地元住民によって捕獲された。山の斜面を登る途中、首を押さえられて捕獲された。

一見カンガルーに似ているが、遺失物として三成署に届けられたという。短い体毛しかない体長は約40㎝であり、体色は茶で手足は細いという。顔は鹿か犬に似ており、口には牙状のものがあり、耳は大きく立っていた。

結局、農林振興センターに預けられた。6月25日島根県立三瓶自然館（大田市）の鑑定の結果、生後3か月目ぐらいの皮膚病に罹った子ギツネだと判明した。

手蜘蛛（伝説妖怪）

妖怪の設定としてクモの占める割合は少なくない。「女郎蜘蛛」「土蜘蛛」「水蜘蛛」などクモをモチーフにした妖怪は多く見られる。平鹿（ひらか）郡前郷村（現・秋田県横手市）には、かつて「手蜘蛛」という妖怪伝承があった。

ある夜のこと。T家の戸を打ち破り、毛むくじゃらで赤い巨大な腕が入ってきた。幸いその腕はすぐに引っこんだが、毎夜同じ時刻になると手が入ってくる。その後、旅の若い武士が妖怪を退治してやると、勇んである場所へ出かけた。その場所とは、貝蔓稲荷神社の森付近の上内町の方に通じる山道沿いの「へぐり」といわれている場所であった。

武士が隠れていると、川の向こう側から得体の知れないものが現れた。らんらんと光る目玉を持った大グモの怪物であった。大グモは武士に襲いかかってきたが、足を刀で切られ、のどに刀を刺され絶命したという。（参考・『新横手沿革史』『横手の民話伝説』）

巌鬼山（がんきさん）の鬼（伝説妖怪）

青森県弘前市の鬼沢地区には鬼神社というところがある。伝説によると、今から数百年ほど前、村人の弥十郎が岩山に棲む鬼と相撲をとり友達となった。その後、水不足に悩む弥十郎の頼みで、鬼は山の麓からたった一晩で集落まで水を引いたという。それ以来地名を鬼沢と改めたらしい。

チトリ（伝説妖怪・未確認生物）

東京都西多摩に出没した鋭い牙を持つ吸血怪物。明治時代まで西多摩に出没し人間を襲ったという。喉に食らいつき血を吸うことからこの名前がある。

小動物らしいが、姿を見たものはいない。具体的に惨殺死体が発見されたこともあった。明らかにオオカミとは違う傷痕であったらしい。「チュパカブラ」との関連性が注目され、「和風チュパカブラ」と呼んでもいいかもしれない。

川上村の珍獣（未確認生物）

1987年11月、奈良県吉野郡川上村武木（たきぎ）にて顔がクマかネズミ、体はタヌキという怪物が出没した。川上村武木の小学生が発見した怪物で、体長は80㎝程度である。

11月16日午後4時に事件は起こった。第一発見者の小学生とその母親、近所の人々が自宅の庭先で奇妙な怪物が柿を食べているのを目撃したのだ。細長い顔に白い産毛のような毛、足と尻尾は短く爪は長く、人なつっこい。正体はアナグマ説が強い。

オオミスジコウガイビル（希少生物）

1992年6月22日、高知市佐々木町において、長さ1m以上もあるヒルのような生物が発見された。会社員・A氏が自宅近くの下水路で発見した。草取りをしていたら壁にひっついていたという。当初、単なる紐かと思ったが、頭を動かし少しずつ移動していたことから生物だと認識できた。太さが5～10㎜で、全体の長さは1・1mもある。黄土色の体で、ナメクジのようなぬめりがあり、三本のしまが縦に入っている。
　神奈川県立博物館の鑑定によると「オオミスジコウガイビル」という生物の一種であり、日本では1968年に皇居で見つかって以来、数例の捕獲の例があるらしい。四国で発見されたのはこのときが初めてである。本来東南アジアに棲息する生物で、体をばらばらにされてもその肉片だけで再生が可能である。日頃はミミズやカタツムリを食べているという。

高岡市の怪物（未確認生物）
　1991年6月、富山県高岡市の山中で発見された怪物の足跡。子無川の支流を300m遡った川床で、Kさんが見つけた足跡で、岩に数センチへこむ形でついていた。十数メートルにわたり50歩ほどあったという。足跡の大きさは縦12㎝、幅10㎝、爪の尖ったような指で4～5本あるという。専門家の鑑定によると足の裏特有の肉の丸みがないので悪戯ではないかとのことだが、岩を50か所も削るような重労働の悪戯を誰がするのであろうか。

顔がブタ、足がクマの怪物（未確認生物）
　1988年6月、大分県大分市上戸次でW氏がトラックで奇妙な動物をはねた。体長は50㎝で、ブタの顔、クマの足を持っていた。珍しいのでビニール袋に入れてその動物を持ち帰ったという。翌日死んだので、そのまま捨ててしまった。

世羅町の猛獣（未確認生物）
　1996年2月下旬、広島県世羅町で夜間、3人の住民が謎の猛獣に襲われた。3人はアナグマのようだったと証言している。
　この事態を受け、町は住民の夜間外出に対し注意を促している。最初に襲われたのはW氏である。氏は2月25日夜0時半頃、トイレに行くために屋外に出たところを襲われた。幸い父親が農具で猛獣と戦い、見事撃退したので助かったが全治10日間の怪我を負ってしまった。W氏によると、猛獣の大きさは体長1・2m、体高30～40㎝、「う～っ」と唸ってかなり攻撃的であったらしい。
　Mさん夫妻は、翌日26日午後7時45分頃襲われた。最初、夫が黒っぽい獣に襲われ、助けに入った妻にも猛獣は襲いかかったという。Mさん夫妻によると、体長60～70㎝、体高30㎝とあり、証言が食い違っている部分もある。

4・5mのミミズ、2・9mのミミズ（巨大生物）
　渡辺弘之著『ミミズのダンスが大地を潤す』に、世界中のでかいミミズについて書かれている。1878年雑誌『ネイチャー』に、南アメリカのミンホカオという巨大ミミズが記されている。この体長が45・7m、胴回りが4・57mあった。
　アジアでは、925年『東国通鑑』という朝鮮の歴史書によると、21mが最高記録、日本では『和漢三才図会』によると丹波で発見された「4・5mのミミズ」、「2・9mのミミズ」といった個体が最高記録である。（参考・『ミミズのダンスが大地を潤す』渡辺弘之、研成社）

牛打ち坊（伝説妖怪）

徳島県にいる牛を殺す化け物。タヌキのような黒い生物ともいわれるが、正体は不明。牛や馬に吸いつき、血を吸い取る。多くの農家が泣かされた。牛打ち坊が襲った牛には必ず二つの牙の痕があるという。

この怪物はチュパカブラや、キャトルミュティレーションと同様の事件かもしれない。山口敏太郎氏はチュパカブラを見た江戸期の日本人が「牛打ち坊」と表現したのではないかと語る。（参考・『綜合日本民俗語彙』民俗学研究所編）

くも男（伝説妖怪）

越中（富山県）の立山の頂上に登ろうとする人がいた。登っていると「おいおい」と呼ぶ声がした。ふと見ると人か牛か判断できない真っ黒な怪物5、6匹が迫ってきた。その人は恐怖のため逃げ出したが、怪物に触られた部分には奇怪な毛が生えた。

また、麓の村によそから嫁が来たが、卵を3つ産んだ。卵の中にはたくさんのクモがいたという。どうやら、嫁は山で薪を集める作業中にこの怪物たちに手伝ってもらっていたらしい。（参考・『説話』大百科事典3』名著普及会）

クロッポコジン（伝説妖怪）

富山県東砺波郡利賀村細島に伝えられる小人。昔、村の川向こうの山頂にいた。身長は1mで小さな洞窟に棲み、鳥や獣、木の実を食べて生きていたという。（参考・『秘境 越中五箇山』岩崎直義）

イノゴン（突然変異）

京都府綾部市高津で捕獲された怪物、体長は1・8m、130kgもある。口から牙が生え、眼は薄い青色、黒いサイのような形状であった。イノシシのような怪物なので、「イノゴン」と命名された。しし肉屋で解体され食べられてしまったが、頭蓋骨は阪神パークの医長、兵庫大学の教授が鑑定している。結論としては、イノシシの突然変異で毛が抜けた特殊な個体ではないかとのこと。

1949年、静岡伊豆東海岸でも1・5m、160kgの灰色の「ゾウのようなイノシシ」の捕獲事例がある。

水かきのある奇獣（近代怪物）

三重県志原村字湊脇井付近の水田に、ネズミに似た四足に水掻きのある奇獣が出た。数千匹で田んぼを襲った。泥の中に潜んでいて、村人が手を入れるとかまれるので工夫しながら数十匹を捕獲したという。（参考・『朝野新聞』明治12年10月7日）

ガタゴン（未確認生物）

岩手県山形村に出没した怪物。1992年6月26日のこと、Kさんの妻は豆畑に獣の足跡を見つけた。長さ22cm、幅15cm、指が4本確認でき、どの動物のものとも違った。

畑から草地まで20mにわたり続いており、1本だけ突き出た指が深く食い込んでいた。村役場の動物に詳しい職員が鑑定しても不明であったが、愛知県のモンキーセンターでの鑑定でもはっきりしなかった。「ガタゴン」と命名され、町おこしに一役買っている。

犬・猫系UMA

ヤマイヌ（絶滅動物・未確認生物）

ニホンオオカミの剥製は世界に数体しか残っていない。中でもオランダのライデン博物館にあるニホンオオカミの剥製がタイプ標本と認識されているが、この剥製がニホンオオカミでない可能性がある。剥製の台の裏側にはオオカミではなく、「ヤマイヌ」と記されているのだ。

もともと、この標本は、シーボルト事件で日本から追放された医者のシーボルトのコレクションであり、シーボルトが長崎の出島で飼っていた動物を剥製にしたものだという。シーボルトは剥製の中に「オオカミ」と「ヤマイヌ」の2種類の生物があったと記している。出島にて、シーボルトが飼っていたニホンオオカミとヤマイヌを本国のオランダに運んだとき、取り違えた可能性がある。

羽犬（はいぬ）（伝説妖怪）

安土桃山時代、福岡に羽根の生えた犬がいたという。勇猛果敢な犬で九州討伐に来た豊臣秀吉軍を向こうに回し、戦ったといわれている。その羽犬にちなみ、現在でも羽犬という地名が残る。翼猫との関連が指摘される。

白犬（伝説妖怪）

徳島警察署の南の辻に数匹の群れで出没、道行く人を迷わせたという。（参考・『現行全国妖怪辞典』佐藤清行）

鹿犬（近代怪物）

イタリアより黒田清隆が輸入した珍獣。鹿と犬の中間種だという。道路で迷っているところを保護された。（参考・『絵入自由新聞』明治19年10月31日）

チリモヌ（伝説妖怪・近代怪物）

犬に似た怪物、この怪物に股をくぐられると不幸な事が起きるという。（参考・『南国雑記』）

鳥取の犬怪物（帰化生物）

島根県安来市にて出没。老婆がかみ殺された。正体は洋犬である。

和歌山のイヌガミ（未確認生物）

妖怪絵師・Sel女史のご主人が奇怪な生物を目撃した。2004年7月16日の出来事である。Sel女史のコメントを引用してみよう。「今日、ダンナが変な動物を見かけたそうですよ。30cmぐらいで細長くてイタチとかフェレットのようなんだけど、まだ細くて、猫のような虎縞な生き物が大きなムカデを咥えて走っていったそうです」

大犬の如き奇獣（近代怪物）

愛知県丹羽郡で、大きい犬のようで頭に乱髪が生え、鋭い牙を持ち、前足は4本指、後ろ足は5本指の奇獣が捕獲され、数百人の見物人が押し寄せたという。（参考・『郵便報知新聞』明治20年4月7日）

猫また（伝説妖怪・近代怪物・未確認生物）

徒然草などに恐ろしいものとして「猫また」の記載がある。巨大な猫で山中などに潜み、人間などを襲って喰らうという。富山県・猫又山や福島県・猫魔ヶ岳に伝承されている。

山猫（近代怪物）

御庄郷という高知の県境で一人の猟師が山猫に襲われた。牛ほどの大きさがある巨大猫で、猟師は木上に逃げたが追いかけてきた。その口の中に弾丸を撃ち込み、どうにか退治したという。（参考・『東京絵入新聞』明治11年5月15日）

三宅島のヤマネコ（未確認生物・巨大生物）

東京・三宅島でヤマネコの目撃が多発した。イエネコが野生化しただけだったようである。

魚津市の山猫（未確認生物・巨大生物）

1968年12月8日、富山県魚津市貝新田のY氏が山中で茶色の大猫に襲われた。たまたま持っていた2mの棒で打ち殺したが、体長68cm、尾の長さ22cmの猫だった。富山県の林政課は国立科学博物館に鑑定を依頼したが、家猫が野生化したものという結論であった。

なお、群馬・新潟の県境にある谷川岳でも1951年、肩ノ小屋（山小屋）の元経営者・Y氏が何度も山猫を目撃している。（参考・『山のふしぎと謎』上村信太郎、大陸書房）

人間の手足を持った猫（近代怪物）

福井県下吉田郡牧村、前田与右衛門の自宅の前で一匹の奇獣が大雨と共に現れた。猫のような動物であるが、手足は毛がなく人間のようで、耳の脇に若干毛がある程度。足には水掻きがあり、煤色であった。縁の下に追い込み、桶を被せて捕獲した。前田氏が2円で引き取り、見世物にしたらしい。（参考・『郵便報知新聞』明治17年4月26日）

翼猫（つばさねこ）（近代怪物・未確認生物・突然変異）

イギリス人のイカステキ氏が太宗寺（東京都新宿区）で翼猫を見世物にしてお金を取った。その帰り道、本郷の第四方面第三署前で翼猫を逃がしてしまった。ちなみに、2004年8月ロシアのクルスクにて、翼のある猫が発見されたが、悪魔の使いと解釈され、殺害された。（参考・『東京日日新聞』明治9年7月19日）

翼猫（近代怪物）

宮城県桃生（ものう）郡馬鞍の深山で山田丑蔵が捕獲した翼のある猫で、山で虎のような声で吠えていた。仲間数人で捕獲したといわれている。その後、牡鹿郡門脇の吉田清助が買い取ったという。山口敏太郎氏は、イカステキ氏が逃がした個体かもしれないという。（参考・『絵入朝野新聞』明治17年12月6日）

ヤマピカリャー（未確認生物）

沖縄県西表島に棲息しているといわれているピューマのような巨大猫。地元の方言では猫を「マヤ」と言うため、単純に「ヤママヤ」（山猫）と呼ばれることも多い。「ヤマピカリャー」とは、「山で、ぴかぴか光るもの」という意味である。

虎のような黄色い毛に、所々黒い斑点があり、木々の枝の上で暮らすのが特徴である。西表島では古くからその実在が信じられており、体長は約1～2mであり、尾長は60～80cmあるといわれる。

森林地帯の奥地に繁殖コロニーがあるという説もあり、迷い込んだ人もいるという。凶暴ではないらしく、人間を襲ったという記録はないが、戦前まではその肉が食われていたらしい。不味いという説と美味だという説がある。残念ながら捕食後、死骸を埋めたといわれている場所は水害で流されてしまい、毛皮や骨は残されていない。

西表島はイリオモテヤマネコ（1965年に発見）で世界的に有名だが、このイリオモテヤマネコの体長はせいぜい50cm程度しかなく、明らかに別の種である。生物学的に考察すると、同一地域に同じネコ科の生物が2種類棲息することは考えにくいが、「ヤマピカリャー」は枝上での生活が基本であり、「イリオモテヤマネコ」は、地面に近い場所で生活していることから、テリトリーの棲み分けは可能である。

なお、その正体は台湾などに棲息しているウンピョウの仲間であるという説と、イリオモテヤマネコの大きい個体であるという説もある。

蛇、大蛇系UMA

うわばみ（伝説妖怪）

徳島県三好郡井内谷（現・三好市井川町）できこりが十数人で作業中だった。作業後、若いきこりが休んでいくと言うので残していったところ、うわばみに呑まれてしまった。仲間が駆けつけ、うわばみの腹から救出した。若いきこりは髪も眉もひげも抜け落ち、指も溶けたが一命を取り留めた。そのうち元気になり、徳島まで飛脚として行くこともあったという。（参考・『「説話」大百科事典』名著普及会）

多鯰ヶ池の大蛇（巨大生物・未確認生物）

1986年、鳥取県鳥取市に住むNさんによって、多鯰ヶ池で2・5mのヘビの抜け殻が発見された。池に浮かぶ小島で発見したが、この池は娘が大蛇になって毎夜小島の柿木に昇るという不思議な伝説が残されている。古老の話だと、昔は3mクラスの大蛇がたくさん棲息していたという。

群馬の大蛇、柏川村の大蛇（巨大生物・未確認生物）

群馬県佐波郡赤堀にて、1992年大蛇が這った跡と思える溝（長さ約30m）が発見された。幅15～20cm、深さは1cm、桑の木の間を30mも溝が続いていた。この溝を発見したのは、Iさんである。

不気味なことだが、隣町の勢多郡柏川村でも大蛇の目撃談がある。村民が早朝丸太のような大蛇と遭遇しているのだ。また、赤堀町にも古くから大蛇伝説がある。昔あった毒島城周辺の沼に大蛇が棲息しており、城を守護していた。敵兵が石臼で毒をつくり、沼に流して、大蛇を退散させてから城を攻略したという伝承である。

影取大蛇（伝説妖怪）

神奈川県藤沢にかつて森があった。この森の近くに長者が住んでいた。この長者は大蛇を飼っており、蔵で育てていた。この大蛇の名前は「おはん」という。だが長者が死亡し、若旦那の代になると大蛇は気を遣い、森の中にあった池に潜んだ。その後、この池に映った影を大蛇が呑むと、3日以内に死ぬという噂が広がり、猟師によって大蛇は撃たれて死んだ。（参考・『かながわの伝説散歩』萩坂昇、暁印書館）

新宮の大蛇（近代怪物）

新宮（和歌山県）に相撲巡業に来た力士登竜、功、荒井川の3名は那智の観音詣でに出かけた。帰りに大蛇と遭遇し、たちまち退治してしまった。（参考・『朝日新聞』明治16年7月17日）

伊勢宮の雨蛇（伝説妖怪）

磯子村（現・神奈川県横浜市）の山に伊勢宮があった。この境内にご神木の松があり、この松に神の使いといわれる雨蛇がいた。この蛇は耳があるのが特徴で、雨が降りそうなときは鈴のような音で鳴いたとされる。神様の使いらしく、神主が湯立ての儀式をすると木の洞から顔を覗かせていた。このお宮に参拝する人も雨蛇に挨拶するのが慣わしだった。あるとき、ご神木に落雷があり、雨蛇は姿を消してしまった。（参考・『横浜の伝説と口碑　上（中区・磯子区）』）

白浜の大蛇（巨大生物・未確認生物）

1978年秋、千葉県安房郡白浜町の蔵倉山の沼。S氏と友人が沼の中央に浮かぶ黒い丸太を見つけた。S氏と友人は試しに石を投げてみたところ、その丸太がくねくねと動き出した。長さ10m、胴の太さは30㎝もあったという。同地には里見家の財宝を守るという大蛇伝説もあり、非常に興味深い。

鳥海山の夫婦大蛇（巨大生物・未確認生物）

鳥海山（山形県と秋田県にまたがる活火山）には大蛇の目撃情報がある。昭和40年代に8ミリにより撮影された（という設定の?）VTRも現存している。かつて、山口敏太郎氏も、ツチノコ研究家の神氏からメールで鳥海山の大蛇の存在に関して教えてもらったことがある。10m前後のメスとオスのつがいの大蛇がいるといわれているが、詳細は不明。

平成に入ってからも5mクラスの大蛇の目撃者（登山者）が出ており、現在も生存している可能性が高いが、地元では噴火の際、溶岩が流れるさまを大蛇として表現しただけであるともいわれている。ここ十年、具体的な目撃情報がないのだが、再び姿を現すことを期待したい。

唐津の大蛇（巨大生物・未確認生物）

佐賀県唐津市にある鏡山の山頂池には、大蛇の目撃談が多い。池は肥前風土記に「蛇池」と紹介されているところだけに、「大蛇を見た」という話は興味深い。だが、実際には、オタマジャクシの大群であるという。

狼沢の大蛇（伝説妖怪）

秋田県秋田市の聖霊女子短大裏にある空素沼には大蛇の伝説がある。かつて同地は狼沢と呼ばれ、沢水が豊富な田や畑が多い湿地帯であった。

ある年、農作業をしていた男が、沢の奥地で大蛇を発見した。男は必死に逃げたが、大蛇の毒気を浴び、3年後に亡くなった。またその頃、ある村人の枕もとに白髪の老人が立った。そして、「私は沼の主であるが、狼沢の田畑をしばらく借りる」と告げた。

すると、一夜にして空素沼が生まれたという。（参考・『広報あきた』）

上尾4m大蛇（巨大生物）

2005年9月9日午前7時半ごろ、埼玉県上尾市戸崎の鴨川の土手沿いに大蛇が出現した。通行人の通報により警察が急行したところ、体の色が黄色、体長4m、胴回り50㎝の大蛇が確保された。

種類はインドニシキヘビで、警察の包囲網に対し、大蛇は川に逃走を図った。大捕り物の結果、午前10時ごろ、上尾署の警察官が5人がかりで捕獲した。この捕り物には、さすまた、ゴミ箱などが使用されたという。この蛇は、その日のうちに群馬県太田市のジャパンスネークセンターに移され、同所で保護された。

二足の蛇（伝説妖怪・近代怪物）

宝暦5年（1755年）、和歌山県有田郡湯浅町で二足の蛇が捕獲された。色が黒く、身は肥えて、長さは2m近く、胴回り20㎝ほど、足の指はハリネズミの毛のようで尾は角のように尖っていたという。

カナワ（伝説妖怪）

佐賀県大和町川上峡（かわかみきょう）という福岡県と佐賀県の県境に出る。年老いたマムシが化けたモノともいわれるが、正体は不明。漁師が襲われるらしく、水辺に潜んでいる。（参考・『ふるさとの伝説 鬼・妖怪』監修・伊藤清司、ぎょうせい）

牛首の蛇（伝説妖怪）

羽前国西山村（現・山形県西村山郡）間澤～鶴部へ越える山路に尻（しり）無沢（なしざわ）という場所があった。ここには大蛇の主がいて、米をといでいた女房を引きずり込んだこともあった。女房を亡くした亭主は栗の杭を池のへりにそって打ち込み、大蛇が池から上がれなくした。すると大蛇は牛の首に化けてどこかに飛んでいったという。（参考・『「説話」大百科事典3』名著普及会）

雄蛇ヶ池の大蛇（伝説妖怪）

雄蛇ヶ池を7回回ると大蛇が出てくると伝えられている。（参考・『千葉県の不思議事典』森田保、新人物往来社）

3m大蛇（未確認生物・テレポートアニマル）

8月16日午後5時40分頃、秋田県横手市十文字町佐賀会（さがえ）の皆瀬川右岸の堤防で、鮎釣りに来ていた横手市の男性が、3～4mの大蛇を目撃した。ペットとして飼われていた個体が逃げ出したものではないかと推測された。

国土交通省湯沢河川国道事務所では近隣に「大蛇警戒及び情報提供」の看板を設置した。大蛇は全体が黒っぽく、体の所々に白いはちまき模様があった。（参考・『秋田魁新報』2003年8月21日）

青目寺の大蛇（伝説妖怪・工芸品）

今から970年前、蛇田山（広島県）にメスの大蛇、七つ池の大沼にオスの大蛇が棲んでいた。両者は里を荒らし回るので、ある豪傑がメスの大蛇のみを真っ二つに斬り捨てた。その後、オスの大蛇は復讐心に燃え、岩谷山青目寺（しょうもくじ）（現在の府中市にある）の住職を度々呑み込んだ。

そこで12代目住職・目道上人はわら人形を住職に見立て、人形の内部には爆薬を仕込んだ。大蛇はその人形を呑み込み、体内で爆発を起こして死んだ。その頭骨が青目寺に今も保管されている。

八面山の大蛇（伝説妖怪）

安芸（現・広島県西半部）の国境に八面山という山がある。麓の土地には草が生い茂っていたが、ここに大蛇が棲んでいた。両目がランランと輝き、見たものは正気を失ったという。（参考・『「説話」大百科事典9』名著普及会）

槇の屋のおぢ（伝説妖怪）

東京・荒川の沿岸には「槇の屋のおぢ」という大蛇がいると伝えられている。「その大蛇の姿を見るだけで死ぬ」と恐れられた。だが大蛇は心優しく、喉にささった棘を抜いてくれた少女の命を助けたという。（参考・『あらかわの民話』東京都荒川区教育委員会）

釜なめ蛇（伝説妖怪）

喜多院（埼玉県川越市）でご飯を炊いていると、お釜から出る泡をなめる蛇がいた。小僧が殺そうとしたが和尚はそうさせなかった。すると数年後、見知らぬ小僧がやってきて両親のもとに帰るので屋根のない家を建ててくれという。早速建ててやると小僧は竜となり昇天していった。（参考・『埼玉県の民話と伝説　川越編』新井博、有峰書店）

双頭の蛇（伝説妖怪）

千葉県鎌ヶ谷の内山・縄城谷で、ある人が田んぼを耕していると、すごい音が蛇谷辺りの林から聞こえてきた。よく見ると林から双頭の蛇が顔を出している。早速捕獲して、しばらくは見世物にしていたという。（参考・『鎌ヶ谷の民話』石井文隆）

双頭の蛇（伝説妖怪・突然変異）

文化12年（1815年）、現在の新潟県魚沼郡六日町に近い余川村の農民・金蔵が捕獲した。金蔵は隣家・太左衛門の垣根に双頭の蛇がいるのを見つけ、はたき落とし捕獲した。全身が黒く、中央部は色が薄く、腹は青かった。だが、テキ屋と売買の相談中、猫がくわえて逃走したという。

ノモリムシ（伝説妖怪・近代怪物）

6本足にそれぞれ6本指、桶のように太い胴、頭と尻尾は細い。ある若者が芝刈り中に襲われた。全身に巻き付いてきたので鎌で切断した。若者の父は山の神であると判断し、息子を閉め出した。結果、蛇の死体が腐り、若者も病気になったが医者から薬をもらい、入浴することで完治した。

なお、医者が言うには、これは蛇ではなく蟲の一種であるという。しかし、3年後若者は官木を切った罪で処刑されてしまった。人々は蟲の祟りではないかと噂した。

一つ目の蛇（伝説妖怪）

房総地方にはかつて一つ目の蛇がいたという。この蛇には伝説がある。かつて金持ちの娘がいたが、病気で片目が潰れていた。嫁のもらい手がなく、大金をつけて嫁に出したが、お金がなくなるといじめられ、死んでしまった。その怨念から、霊魂が一つ目の蛇になったという。（参考・『房総の民話』高橋在久編）

長山おじい、小仲野おじい（伝説妖怪）
おじいとは大蛇のこと、長山のおじいは9尺あり、めったに姿を見せない。小仲野のおじいは、現在2代目か3代目の大蛇であり、比較的よく目撃される。馬が恐怖で固まってしまったこともある。（参考・『海上郡市の昔話』海上中学校郷土研究クラブ）

高知の大蛇（巨大生物・未確認生物）
1987年1月24日、高知市久礼野の高知養鶏センター西の厩舎に出没。鶏が大騒ぎするので従業員のA氏が駆けつけると、中央付近のゲージ（2m）の上に丸太のようなものが登っている。体長は7mぐらい、胴回りは電柱ぐらいであった。何かを呑み込んだらしく体の中央に3つのコブができていた。ゲージからおりて、しばらくはとぐろを巻いていたが、まもなく姿を消した。あとで調べると5羽いた鶏が2羽に減っており、どうやら鶏を3羽呑み込んだ直後だったらしい。

大子町の大蛇（巨大生物・未確認生物）
1989年、茨城県久慈郡大子町の草むらにて、草を押し分けて進む大蛇が目撃された。胴回りは15cm、体長は3mと推測される。この大蛇は写真が撮られている。

マツカサトカゲ（?）（帰化生物）
1992年、岐阜県恵那郡付知町（現・岐阜県中津川市）の農家でビール瓶のような体、三角頭の生物の死骸が見つかった。半ミイラ状になっており、黒褐色、体長24cm、上あごに30本ほどの歯が生えている。
岐阜県立博物館の鑑定によると、オーストラリア内陸部に棲息するマツカサトカゲの仲間と判明した。ペットとして飼われていたのが逃げ出したようである。

吸血蛇（伝説妖怪）
甲州中部下条にかつて長者が住んでおり、座敷で蚕を飼っていた。ある日、蚕の世話をしていた女房が倒れているのが発見された。女房の身体を見ると一本の線が庭の坪山まで延びている。調べると坪山の洞窟の中にいる蛇の口の中まで続いていた。「これは蛇が血を吸っていたのだ」という事になり、湯を放り込んで穴から蛇を追い出そうとしたが、出てこない、そこで花火を入れたところ、たまらず蛇が穴から出てきた。その数12匹であった。なお、血を吸われた女房はそれから数か月間、寝込んでしまった。

登蛇（伝説妖怪）
信濃川の分流・西川沿いの曽根村、鈴木村の若者が目撃。二尺程度の棒のようなものが地上1丈のところで身をくねらせている。棒でつついたりしたが、その物体はどこかに行ってしまった。そのあと、たちまち暴風雨になったという。（参考・『北越奇談』）

体長2・26m、体重3・15kgのハブ（巨大生物）
ハブは奄美大島と徳之島に推定約8万匹が棲息しているが、2009年の夏、鹿児島県奄美大島住用町の山中で体長2・26m、体重3・15kgという過去最大個体が捕獲され、騒ぎになった。2mを超える個体はまれであり、この巨大なハブは、奄美観光ハブセンターにある数十年分の記録データの中でも最大個体であるらしい。

結局、このハブは数万円で販売され剥製にされたという。日食時には島中のハブが出てくると予想されており、ハブセンターではハブ取り名人を各所に配置する予定らしい。

剣山のオロチ（巨大生物・未確認生物）

徳島県剣山には、大蛇が棲息しているという。1973年5月のこと、Nさんたち3人が草刈り中に、鎌首を持ち上げた大蛇を目撃した。口は25cmぐらいあった。26日にこの3人に加え、町会議員のTさんも目撃した。首はプロパンボンベのようで、長さ10mはあったという。その後、抜け殻や通った跡も発見され、100名を超える捜索隊も結成されて大騒ぎになった。

ツチノコ（未確認生物）

日本を代表する蛇系UMAである。1970年代にブームとなり、テレビ番組や漫画『バチヘビ』などでも取り上げられ知名度が上がった。水辺で頻繁に目撃され、瞬きをする上、数メートル（数十センチという説もあり）ジャンプし、いびきをかく。外見は短く太い胴体で、斜面を転がることもあるという。本来のヘビの仲間であれば、瞬きはしないはずであり、「ツチノコ＝トカゲ説」の根拠となっている。

江戸期には妖怪扱いされており、「槌転び」などと呼ばれた。因みに、江戸時代の『和漢三才図会』に登場する「野槌蛇（ノヅチヘビ）」も、このツチノコのことだと推定されている。地域（方言）によって、呼び方が異なり、「ノヅチ」、「バチヘビ」、「タワラヘビ」などが想起される。

また、最近でも件数は減ったものの目撃証言がいくつか報告されている。まさに現在進行形のUMAである。

兵庫のツチノコ（未確認生物）

兵庫県宍粟郡千種町（現・宍粟市）でツチノコ捕獲に2億円という賞金がかけられたことがあり、UMAにかかった賞金としては日本最高金額であった。千種町では、ツチノコで町おこしを図り、1974年には「千種ノヅチ捜索隊」が山中を捜索した。なお生け捕りが2億円、死骸が1億円、写真は記念品のみ、目撃者は粗品進呈だったそうである。

岡山のツチノコ（未確認生物）

岡山県もツチノコ発見の可能性が高いエリアである。地元住民の啓蒙の意味もあり、1995年9月4日以降、岡山県英田町教育委員会が「ツチノコだより」という機関誌を発行していた。その記事によると、95年5月20日に現地キャンプ場にて、ハイキング客が体色が真っ黒で体長が70cmぐらいの不気味な蛇を目撃したという。

ツチナロ（未確認生物・突然変異）

2000年5月21日の朝8時に奇妙な遭遇事件が発生した。N氏（岡山県吉井町在住）が田んぼで草刈り作業中、ツチノコと思われる生物を見つけたが、氏が操作していた草刈り機の刃で傷を負い、水路へ逃走した。事件から3日後、現場から200m離れた水路で、同一個体とみられる蛇の死骸が確認され、丁重に埋葬された。

この生物の特徴は、体長70～80cmで、体色は灰色に近い黒、丸い頭、ビール瓶くらいの胴をしていたという。ひょっとしたらツチノコではないかと評判になり、6月5日にこの死骸が発掘されたが、すでに腐敗が進み、特定は困難になっていた。一応、鑑定結果はヤマカガシの亜種という形で落ち着いた。

ノヅチトカゲ（未確認生物・突然変異）

ノヅチトカゲは日本でも珍しいトカゲ系のUMAである。一見、ツチノコのように見えるが、前足があり、トカゲと蛇の中間種のような生物である。名前は、動物作家の故・斐太猪之介（ひだいのすけ）氏がツチノコ（別名ノヅチ）をヒントにして、「ノヅチトカゲ」とネーミングした。

トックリヘビ（未確認生物・突然変異）

ツチノコには、何種類かの形状があるといわれている。「トックリヘビ」は徳利のような形状から、その名前が生まれた。山口敏太郎氏の地元である徳島ではツチノコのことを「トックリヘビ」と呼ぶ場合もある。

Sさん（徳島県勝浦郡勝浦町）は、平成元年（1989年）にオスのトックリヘビを捕獲した。6月30日に事件は起きた。雑草を刈るために二つ森谷にある自分の畑に出た。すると、見慣れない蛇がいた。早速、捕まえようとしたところ、その蛇は突如ビール瓶のように太くなり、大きくジャンプするとミカン畑に逃走した。追跡後どうにか捕獲し、撲殺したあと死骸を自宅に持ち帰った。これこそ、伝説の「トックリヘビ」だと思っていたが、後日、写真判定の結果、「ヤマカガシの変種」と判定された。

さらに、平成2年にはメスの「トックリヘビ」を捕獲している。同年5月18日、事件のあった畑から数百メートル離れた現場で、再び同類の蛇を発見した。今度は生きたまま捕獲し、9か月間飼育したという。この「トックリヘビ」はメスであり、飼育期間中に15個ずつ2回に分けて、合計30個の卵を産んだという。

権現山の大蛇（伝説妖怪）

石灰の島・高島（長崎県長崎市）の町には大蛇がいた。島巡りの役人・田代藤左衛門は配下5、6人と共に大蛇退治にやってきたが、なかなか大蛇が発見できない。そこで寝ていると生臭い風が吹き、怪しい少女が出現した。少女は「天に昇るまで、待て」と言った。だが、田代は配下と共に権現山で白蛇を見つけ射殺してしまった。

その後、4、5年経ち田代が再び島を訪れたとき、田代は祟りで死亡したという。（参考・『われ等の長崎県民話伝説集』吉松祐一、正文社）

足のある蛇（近代怪物）

神奈川県の横須賀造船所に勤める辺見村の清水某が雇っていた使用人が、明治10年（1877年）6月20日、同村の米ヶ浜を通行中、蛇を撃ち殺した。アルコール漬けにしてあるが、全長が5尺ばかりで、下方に足のようなものがついていた。（参考・『東京曙新聞』明治10年6月28日）

七歩蛇（伝説妖怪）

京都に出没した怪蛇。体長は約12㎝であり、両耳、四足がある。体色は赤で、ウロコの間は金色であり、猛毒を持つ蛇である。咬まれたものは7歩歩くうちに死ぬことから、この名前がある。京都東山西の麓の某家に出たという。

八郎太郎（伝説妖怪）

昔、鹿角（かづの）草木（現・秋田県鹿角市）の村に、八郎太郎という名前のマタギがいた。若いが優秀な男であったという。ある日のこと、仲間のマタギと連れ立って十和田の山に猟に出かけた。その日、晩飯の準備は八郎太郎が当番となり、イワナを焼いて仲間の帰りを待っていた。しかし、あんまりイワナのにおいがおいしいそうなので、ついつい食べてしまった。すると激しくのどが渇き、焼けるような感覚に悶絶した。夢中になって水を飲み続けていると、八郎太郎の体は次第に蛇身となっていき、最後には大蛇へと変わり果ててしまったという。仕方なく八郎太郎はそこに大きな湖を作って棲みついた。これが現在の十和田湖だと伝えられている。

それから長い年月が流れた。十和田湖に南祖坊という修行者が熊野権現のお告げと称して住み着くことになった。それを良しとしない十和田の主である八郎太郎と、南祖坊との法力(ほうりき)合戦が始まった。しかし、八郎太郎は南祖坊の法力に敗れ、十和田湖を出て天瀬川に逃れた。そこで、八郎太郎は老翁と老姥に助けられた。お礼に八郎太郎はここに大きな湖を作るから、鶏が鳴く前に逃げるように二人に忠告した。しかし、忘れ物を取りに行った老姥は大洪水に巻き込まれそうになってしまった。八郎太郎は老姥を助けるために尾を使い岸辺に投げ飛ばしたが、老姥と老翁は対岸に離れ離れになってしまった。

その後、老姥は姥御前として芦崎に祀られ、一方老翁は三倉鼻にて夫殿権現として祀られた。鶏の鳴く合図で老夫婦が別れ別れになったことから、同地では鶏の卵を食べることを禁ずる習慣が生まれたという。このとき、八郎太郎が作った湖が後の「八郎潟」である。

アカマター（伝説妖怪）

沖縄の妖怪。マダラヘビ、人間に化けたりする怪物。（参考・『日本妖怪変化語彙』日野巌、日野綏彦）

和歌山・田辺の三角頭の蛇（未確認生物・突然変異）

和歌山県田辺在住の妖怪絵師Ｓｅｌさんより奇妙な蛇の目撃談が寄せられた。以下、その証言を引用する。

「7月24日、今朝は朝一の診察のため8時に家を出ました。無事診察を終え薬をもらい少し買物をしてから帰宅しました。ちょうど社宅の一番端に住んでいるお婆ちゃんの飼い猫が外に出ていたのを見かけたので車を降りると猫のところまで行きました。この猫、とても大人しくていつも撫でさせてくれたり抱かせてくれたりするのです。その猫のいる所のはす向かいに線路があり、線路脇には小溝があります。先日刈ったばかりの草がもう生い茂っていました。その茂みの中になにやら黒い物を見つけて見に行くと、五寸釘のような生物がいるではないですか！　はじめ見たときはソレが『蛇』だとは気がつきませんでした。体長は約10㎝ほど、胴回りは細く頭が三角で異様に大きかったです。色は黒く艶やかで模様等はありませんでした。ハンマーヘッドシャークのような印象でした。写メを撮ろうと携帯を出した時にソレはスルスルと小溝の中に入っていってしまいました。その時尻尾の部分だけがヘンに括れたと言うか急に細くチョロンと出ているのに気がつきました。動き的には変わった所はなく蛇そのものでした。ハブやマムシの子供なのかなとも思いますが、頭が大きすぎるような気もしますし……ツチノコにしては胴体が細いのです……。黒いエノキダケのようで、あんなにエラが張ったような頭では生活し難いだろうにと思ったほど大きい頭でした。成長すると小さくなるのでしょうかね？」

絶滅動物・幻の生物

ニホンオオカミ（絶滅動物・絶滅危惧種）

日本においてオオカミは「大口の真神（まかみ）」「おいぬさま」と称されて崇拝されてきた。農作物を荒らすイノシシやシカなどを食すオオカミは益獣であった。東京・青梅の御岳山（みたけさん）や埼玉県秩父の三峯山（みつみね）に広がる「お犬さま信仰」などがそうである。現在でも、同地域では軒先に「お犬さまの札」を貼っている家庭が多い。

しかし、江戸期から段々と個体数を減らしていき、欧米から流入した西洋犬によって持ち込まれたイヌ科の流行病、ジステンパーにより壊滅的な打撃を受けてしまった。一般的には1905年に奈良鷲家口（わしかぐち）にて捕獲された1頭が最後のオオカミだといわれている。

生物としては、大陸のハイイロオオカミの亜種という仮説と、若干外見的特徴が違うので自然野生犬といった旧世代のイヌ科の動物であった可能性もある。また、幕末にはヤマイヌとオオカミの二種が存在したともいわれている（ヤマイヌは飼い犬が山に入り野生化したものと山口敏太郎氏は解釈している）。さらに、ニホンオオカミの身体面での大きな特徴は他国のオオカミに比べ、耳や手足が短いことである。また尾の先端がわずかに黒いともいわれている。

現代でも目撃談は多い。1996年10月14日、秩父山中の林道にて撮影された写真は、ニホンオオカミの可能性が高いと思える。2000年7月8日、北九州市の高校の校長先生が、九州中部の山中にてニホンオオカミらしき動物の写真撮影に成功した。動物学者の今泉吉典氏はニホンオオカミと見られると回答したが、多くの研究家は、否定的である。

エゾオオカミ（絶滅動物）

ニホンオオカミに隠れて忘れられがちだが、エゾオオカミも絶滅動物である。アイヌによって、エゾオオカミの頭蓋骨は宗教的儀礼に使用され、聖なる存在であった。

1896年（明治29年）に絶滅したといわれているが、まれに目撃談がある。山口敏太郎氏が某社の編集者から聞いた話では、90年代に北海道の某大学キャンパスでオオカミに似た生物が度々目撃されたという。

エゾオオカミの特徴は、ニホンオオカミより小型の体格で、体毛は灰黄褐色である。明治以降、牧場の家畜を襲うため害獣扱いされ、銃によって駆除された。

ニホンカワウソ（絶滅動物）

かつては日本中に普通に棲息していた身近な生物であったが、現在ではほぼ絶望的な状況である。1979年、高知県須崎市の新荘河川口付近での目撃事例が最後の報告であるといわれている。個体数の低下理由は、河川の護岸工事による環境破壊、乱獲、水質汚染の悪影響だと推測されている。

高知県の山間部の河川では、僅かに数体が生き残っているといわれているが、もはや絶滅は時間の問題ではないかともいわれている。山口敏太郎氏の少年時代、同級生の父親が潜水夫で、何度か高知県の河川でカワウソに遭遇していたという。カワウソは異常な速さで泳ぐことが可能で、夜間川べりに立っていると河童と誤認するほどだったと証言していた。

近年の痕跡であれば、1992年に高知県佐賀町（現・黒潮町）の海岸にて、体毛入りのフンが発見されたり、94年にはタール便が発見されている。96年2月には水路にて足跡が発見された。最近、韓国のカワウソとほぼ同一の生物であることが判明したため、今後外国からの流入も検討されている。

クニマス（絶滅危惧種）

秋田県仙北市にある田沢湖にだけ棲息したサケの仲間の魚である。昭和15年（１９４０年）まで棲息していたという幻の魚。昭和15年に発電事業が行われ、水量確保のため、玉川の水を流入させた際、田沢湖の魚が大量に死んだ。玉川毒水といわれた酸性の水がクニマスも絶滅させてしまったのだ。

唯一の希望は、昭和10年に山梨県の本栖湖、西湖や琵琶湖にクニマスの受精卵が送られていることだ。そのため、クニマスとヒメマスの交配種に似ている種はまれに捕獲されるが、いまだ、純粋種のクニマスは捕獲されていない。

田沢湖の幻の魚キノシリマス（絶滅動物）

玉川毒水が田沢湖に混じり、クニマスが滅亡したとき、同じタイミングで田沢湖の固有種「キノシリマス」も死滅した。

トクノシマトゲネズミ（新種生物・絶滅危惧種）

２００６年7月11日、鹿児島県・徳之島に棲息するトゲネズミが新種であることが判明した。名前は「トクノシマトゲネズミ」。日本国内で新種の哺乳類が発見されたのは、実に8年振りであったが、すでに個体数も少なく、発見早々、絶滅の危機にある。

マルミミゾウ（絶滅危惧種）

普通のアフリカゾウより体格が小さく、人間に慣れやすい、耳が丸いことが特徴の「マルミミゾウ」。かつてはアフリカゾウの亜種と考えられていたが、近年ＤＮＡ検査で別種と判断された希少種の象である。

日本にいるマルミミゾウは、山口県・周南市徳山動物園で飼育されているマリ（メス、１９８１年動物貿易会社から購入）が、国内唯一とされてきたが、中国・上海の復旦大の米澤隆弘講師のグループがＤＮＡ検査をしたところ別種のサバンナゾウであることが判明した（マリは２０１２年2月15日に死亡）。一方、広島市の安佐動物公園や美祢市の秋吉台サファリランドにて、普通のアフリカゾウとして飼育されている3頭の象が、マルミミゾウであることも判明した。

アカマダラコガネ（絶滅危惧動物）

兵庫県の山東町で、コガネムシ科の一種で絶滅したはずの「アカマダラコガネ」が発見された。体長約2㎝、赤茶色の体色に黒い模様が入っている。２００９年、兵庫県豊岡市にある戸島湿地でも発見された。

ニホンアシカ（絶滅動物）

ニホンアシカは、江戸期までは本州、四国、九州の近海に棲息していた。海に行けば普通に見られた海獣で、日本の伝説にも姿を見せている。中には人を化かすという伝承もあり、ときには人間に捕食されたらしい。なお、かつては江戸湾にもニホンアシカが棲息していた。「１７２０年（享保5年）以降、毎年冬季には幕府役人によって、江戸湾のアシカ狩りが行われた」という記録もある。

「ニホンアシカは、カリフォルニアアシカの亜種ではないか」と推定されているが、確証はなく、まったくの別種という可能性もありうる。主食が魚類で、イカ・タコなど軟体動物が大好物であるという。1900年代に入ってから個体数が減少を始め、ついには絶滅してしまった。絶滅の原因は不明である。敢えて推定するならば、もともと個体数が少ない上、毛皮目当ての乱獲が祟ったとのことである。この乱獲は、日本と韓国の両国の猟師によって行われたという。

なお、現在も棲息しているとの情報もある。特に北朝鮮の沿岸に生き残っているという説がある。他にも、1972年、1975年の2件の目撃事件が起こっており、生存の可能性がないわけではない。1940年（昭和15年）に撮影された「ニホンアシカの8ミリフィルム」が確認され、1992年に世間に公表された。

ゴードン・スミスのスミスネズミ（絶滅危惧種）

六甲山（ろっこうさん）でゴードン・スミスが102年前に発見し、大英博物館に標本を送り新種と認定された野ネズミが、17年ぶりに発見された。ある人物が、自らの飼い猫が珍しいネズミを捕獲したと「人と自然の博物館」（兵庫県三田市）に連絡を入れた。そのネズミを鑑定したことから今回の発見に至った。

北海道のチョウザメ（絶滅危惧種）

北海道の河川にはチョウザメが産卵しにきていた可能性が高い。一部の目撃談によると昭和初期（30年代説が強い）までは、多数の個体が産卵に来ていたのではないかといわれている。戦後、北海道中川郡美深町の天塩川で体長40㎝ほどのチョウザメの幼魚が捕獲された。現在でも標本が残っているが、この個体を最後に日本の河川でのチョウザメの確認が途絶えた。だが、実際にはときどき遡上しているようだ。（参考資料・北海道電力総合研究所）

ミヤコショウビン（絶滅動物）

この鳥は新種に認定されたものの、その後捕獲されず、絶滅動物になってしまったという珍しい生物。1887年（明治20年）2月5日、植物学者・田代安定によって宮古島にて採集されたといわれている。だが、採集された標本が一つしかなく、色が変色しており種類の判断が困難であった。唯一、目の上の白い斑点が特徴的であった。

その後、この鳥をめぐってドラマが動いていく。1919年に黒田長禮（ながみち）氏の研究によって、この鳥は、「ブッポウソウ目カワセミ科の新種の鳥類である」と認定され、ミヤコショウビンと名付けられ新種の仲間入りをした。しかし、以来まったく捕獲事例がない状態が続いている。唯一の標本は、山階鳥類研究所に所蔵されているが、生態も不明な上、絶滅原因も謎のままである。

ひょっとすると、捕獲されたものが最後の一羽であった可能性もある。また、ポリネシア、インドネシア、メラネシアに棲息するナンヨウショウビン、グアム島に棲息するアカハラショウビンと外見が似ており、これらの鳥が日本に迷い込んだ可能性もある。

メガロドン（絶滅動物）

今から一万年前に絶滅したといわれている古代のサメ。現在のホオジロザメの3倍もの体長があった中新世の巨大サメで、体長が15～30ｍもあったらしい。だが、20世紀の初頭、太平洋の海底でこのサメの生存の証拠が発見された。なんとサイズが10㎝のメガロドンの歯が発見されたのだ。もちろん、化石ではなかった。

さらに、1918年のある日、複数の猟師たちがオーストラリア・ニューサウスウェールズの沖合にて、巨大なサメを目撃している。彼らは、水面下に35m以上もある巨大サメを見ているのだ。あまりの恐怖のため、漁師たちは、しばらく海に出られなかったらしい。メガロドンは現在でも棲息しているのではないだろうか。

九州のツキノワグマ（絶滅動物）

福岡県那珂川町でクマに似た動物を見たという目撃事例は2006年5月23日と6月2日の2回にわたった。1987年を最後に、九州のクマは絶滅したといわれていた。

ツシマヤマネコ（絶滅危惧種）

現在絶滅の危機にあるツシマヤマネコに対し、環境省は、繁殖計画の後、野生への「再導入基本構想」を発表した。2007年11月に、富山市ファミリーパーク、九十九島動植物園、東山動植物園、盛岡市動物公園、沖縄こどもの国、京都市動物園と分散飼育を実施する園館を増やしていた。しかし繁殖の停滞と飼育下繁殖個体の高齢化が問題となったため、環境省は2013年に繁殖の可能性が高い年齢の個体を拠点となる園へ集約し、2014年に福岡市動植物園及び九十九島動植物園で5年ぶりに繁殖に成功させた。

将来的には対馬自然保護官事務所厳原事務室の野生馴化施設に動物園での繁殖個体を収容し、野生復帰をさせる計画がある。

四国産のニホンカモシカ（絶滅危惧種）

広島安佐動物公園にて四国産のニホンカモシカが繁殖している。本州のニホンカモシカとは違い、四国のニホンカモシカは、亜種に近い固有の特徴があることが判明した。四国のニホンカモシカは今、絶滅の危機にある。

対州馬（絶滅危惧種）

日本在来馬「対州馬」は、長崎県対馬原産の古い日本の馬であり、体高が僅か約125cm足らずの小さな馬である。原産地である対馬にも30頭ぐらいしか存在しないという。長崎県立島原農業高等学校ではこの馬の繁殖に努めており、2009年1月13日午前6時頃、対州馬ヒミコが出産した。

四国のツキノワグマ（絶滅危惧種）

現在、四国のツキノワグマは徳島から高知にかけて十数頭から数十頭が棲息するのみである。発信機などをつけて活動範囲などの監視は始まっているが絶滅が危惧されている。

2008年、小池裕子・九州大教授（古生物学）らの分析によると、四国のツキノワグマは、本州のツキノワグマと異なる独特の遺伝子型を持つことが判明した。5万年前に分化したとみられている。

オオカミの末裔！　幻の川上犬（絶滅危惧種）

長野県南佐久郡川上村に伝わり、和犬の一種でオオカミの血が流れているとされるのが川上犬である。長野県の天然記念物に指定され、全国でも300匹前後しかいない。犬に愛着があり、寒冷地で十分な土地のある人だけに配布され、血統書も手書きであるという。

また勝手な交配を認めず、生まれた子犬も血が濃くなることを恐れ、一度村に返された後、全国の飼育希望者に送られる。第二次世界大戦中、撲殺命令が出たが、一部の生き残りと山間部に隠れていた個体が発見され、どうにか復活できた。

シロマダラ（絶滅危惧種）

２００９年９月17日、北区立自然ふれあい情報館のビオトープで、職員が講座で使用するコオロギを捕獲中に、奇妙な蛇を発見した。体長は70㎝、茶色と黒の縞模様。写真を撮影し、自然環境研究センターに写真鑑定を依頼したところ、レッドデータブックAランクに位置する幻のヘビ「シロマダラ」であると確認された。

日本沿岸のラッコ（絶滅危惧種）

２００９年２月11日、珍客の到来に北海道が沸いた。北海道の釧路市内を流れる釧路川に、野生のラッコが出現した。かつて日本の沿岸にはラッコが棲息していたが、一度絶滅したあと、北海道の周辺で再度定着しつつある。２０１４年８月には根室市の沖合にある無人島・モユルリ島の周辺海域にラッコの親子が棲息しているのが確認されたというニュースが流れた。

トキの尾の付け根に棲みつく「トキウモウダニ」（絶滅危惧種）

２００９年３月、トキの尾の付け根に棲みつく「トキウモウダニ」は、尾脂腺から分泌される脂や羽のくずを食べ物としており、トキの野生種の絶滅にともない国内でも絶滅していたとみなされていた。このダニは、現在環境省から絶滅危惧種の指定を受けており、トキを固有の宿主とするが、放鳥されたトキの体に付着しているのが確認された。中国から譲渡されたトキに付着していたとみられるが、今後国内での復活が楽しみである。

幻のリュウキュウエビス（絶滅危惧種・希少生物）

２００７年11月28日、和歌山県白浜町富田沖にて、リュウキュウエビスが捕獲された。京都大学瀬戸臨海実験所の元職員・A氏が１９６２年に確認して以来、和歌山県内では45年ぶりの快挙となる。捕獲した漁業従事者はカサゴ漁の網にエビスダイに似た見慣れない魚がかかっていることから、元高校教諭に鑑定を依頼した。このリュウキュウエビスだが、最大体長は21㎝になり、紀伊半島から沖縄、インドにかけて分布している。

ハッチョウトンボ（絶滅危惧種）

１９９２年に発見され、和歌山県古座川町直見の大谷湿田（約１４７０平方メートル）を中心に棲息している、世界最小といわれる「ハッチョウトンボ」の保護活動が、「古座川トンボの会」を中心に盛り上がっている。

ハッチョウトンボは体長約２㎝で、個体数の減少が心配されていた。環境省指定標昆虫で、県も準絶滅危惧種に指定している。一番危ない時期だった２００２〜２００４年には１日に数匹しか飛ばず、絶滅が心配されたが、２００６年春には70匹を確認、２００７年春は１００匹以上確認された日もあった。

ミヤコタナゴ（絶滅危惧種）

２００７年10月、環境省は、大田原市羽田（はんだ）において、国天然記念物で絶滅危惧種であるミヤコタナゴの棲息状況調査を行った。ミヤコタナゴは１９９５年の調査では１８４匹を数えたが、その後減少が続き、２０００年には95匹が見つかり、やや回復したものの、２００１年の14匹を最後に、１匹も確認されない状態が続いた。２００２年から絶滅状態となったのを受け、環境省などによる協議会が栃木県大田原市羽田を保護区に指定し、2013年に2回に分けて1000匹、翌年に700匹を農業用水路に試験放流した。

パリーズ（絶滅危惧種）

沖縄や奄美地方に棲息し、畑の大豆と呼ばれ昭和の頃まで頻繁に食べられていたオキナワキノボリトカゲが、宮崎県の日南市油津港の津の峰で繁殖していることがわかった。一部のマニアが放した個体が繁殖したものといわれている。沖縄県や奄美では絶滅危惧2類に登録されている希少動物のトカゲで、現地ではパリーズと呼ばれる場合もある。

小笠原の新種の貝（絶滅危惧種）

2011年に世界遺産登録を果たした小笠原村では、小笠原の南硫黄島の調査活動で、新種の陸産貝類キバサナギガイ属など4種類が確認されている。日本のガラパゴスと呼ばれるだけあって、まだまだ珍しい生物がいるのであろうか。なお小笠原には、固有種クロウミツバメなども棲息している。

ヤシャゲンゴロウ（絶滅危惧種）

福井県南越前町の夜叉ヶ池の固有種、ヤシャゲンゴロウ。この夜叉ヶ池のみで棲息する絶滅危惧種の昆虫だが、2006年に「ヤシャゲンゴロウを育てる会」が設立された。石川県ふれあい昆虫館、福井県自然保護センター（大野市）、越前松島水族館（同県坂井市）などが飼育と繁殖を目指す。

珍種！　ヒクラゲ捕獲（絶滅危惧種）

『紀伊民報』によると、2005年に和歌山県白浜町東白浜のMさん（当時67歳）が船に乗って貝を捕獲中、奇妙なクラゲが海面に浮いているのを発見した。早速捕獲し、町内の京都大学フィールド科学教育センター瀬戸臨海実験所に持ち込み鑑定を依頼した。すると珍種「ヒクラゲ」であることが判明した。瀬戸内海や紀伊半島沿岸などで冬に出現する種類で、刺されると火傷のような痛みが走るのでこの名前がある。捕獲例はほとんどないという。

アマミミナミサワガニ（絶滅危惧種・新種生物）

2004年、奄美大島と徳之島近海に棲息するサワガニの一種アマミミナミサワガニが、新種であると判明した。サワガニの新種発見は9年ぶり。今まではミナミサワガニ属に分類されていたが、東京都立大研究生の遺伝子研究と、琉球大研究員・琉球大教授の生殖器の形状による分類で、新種と認定された。なお命名は、奄美の伝説の女神アマミクにちなみ「アマミクサワガニ属」とされた。

謎の生物！　ハテナ発見（絶滅危惧種・新種生物）

2005年10月、筑波大の研究グループが和歌山県の砂浜にて、謎の生物を発見した。30マイクロメートルの単細胞のべん毛虫の一種。同じ生物なのに、細胞分裂すると、一方の個体は藻の性質を受け継ぎ緑色をしており、光合成を行うが、もう一方は口が発達しており、藻を捕食する性質となる。半動物半植物という奇妙なモノ。

名前は「ハテナ」と呼ばれている。海洋微生物から植物への進化の途中に位置する生物として話題になった。

ハマグリの新種が沖縄で発見！（絶滅危惧種・新種生物）
2005年9月20日、ハマグリの新種が発見された。沖縄県八重山郡竹富町西表島のトゥドゥマリ浜（別名・月ヶ浜ともいう）やフィリピンの一部に棲息するトゥドゥマリハマグリが、名古屋大学大学院環境学研究科教授の研究により、新種であることが判明した。このハマグリは体長が平均4㎝前後と小型だが、今まで研究の対象になっていなかった。またこのハマグリは戦前までは本島にも棲息していたが、今は、西表島にしか棲息していない。今回の発見で日本在来のハマグリ属の種としては3種類目の報告となった。

タネズミ（絶滅動物、誤認・創作生物、突然変異）
1847年（弘化4年）、新種に認定された。しかし、その後個体の捕獲事例がないため、新種ではなく突然変異であった可能性が高い。海外の学者が日本から送られてきた「ネズミの標本」をもとに鑑定し、新種と認定した。
その標本は、イギリス人が青森と山形で捕獲した2体のみであった。大きさはクマネズミとハツカネズミとの間。耳は長く卵のように丸い形、毛は短い、頭から背にかけては錆色、体は灰茶色、腹は白っぽいという。

テレポートアニマル

茨城のカンガルー（テレポートアニマル）
2004年フジテレビ『こたえてちょーだい！』にて某女性が報告した目撃例。ペット（?）だったと思われるカンガルーが野生化し、茨城某所に棲息するという。

東京駅の屋根猿（誤認・創作生物、テレポートアニマル）
昭和50年（1975年）2月から3月にかけて起こった事件。立正大学の学生が地下街を歩いていると、地下街の屋根板がはずれ、一瞬だけ奇妙なものがぶら下がり、引っ込んだという不思議な体験をした。また、この付近のコーヒーショップ「アラビア」の店長もここ数か月、奇妙な声を聞いていたと証言した。東京駅は調査をしたが、天井の踏み板が外れたのは、修理員が入ったためで、ぶら下がった怪物はゴミという結論であった。

石神井のワニ（テレポートアニマル）
1993年8月に、東京都練馬区石神井（しゃくじい）にワニが住んでいると目撃者が名乗りをあげ、ワイドショーなどを巻き込み大騒動になった。ペットのメガネカイマンが逃げたとも、捨てられたともいわれ、調査が行われたが、結局ワニは捕獲できなかった。事件当時、山口敏太郎氏も現地調査に行ったが痕跡すら発見できなかった。

ニワヒル（テレポートアニマル）
石神井公園に出た鶏に似た怪鳥。正体は外国産の珍しい鳥らしい。名付け親は不明。（参考・『GON！』ミリオン出版）

荒川のスナメリ（テレポートアニマル）
1964年、体長1～2ｍのスナメリが東京湾から荒川に乱入、荒川の放水路にて捕獲された。

荒川の怪物（未確認生物・テレポートアニマル）
1983年9月20日白昼、東京・板橋と埼玉県戸田市を流れる荒川にて体長2m、真っ黒な背びれを持ち、尾ひれをはねあげる怪物が出た。数名が目撃。水面に見えた分だけでも2m。午前10時～午後2時まで笹目橋付近の水中を上がったり下がったりしたという。正体はイルカ説が強い。

夏見の大コウモリ（テレポートアニマル）

山口敏太郎氏により2004年の初夏に目撃された巨大なコウモリ。ペットが逃げ出しテレポートアニマルになったと思われる。ちょうど、千葉県船橋市の夏見付近にて、バイクで信号待ちをしていたところ、右方上空からゆったりゆったり翼を動かしながらコウモリが飛来。その大きさにしばし目が釘付けになったが、時間は夜の19時少し前であった。

3連の信号機の上を飛行していったが、その大きさは翼長で信号機の幅と同じぐらいであった。外国産のコウモリが帰化した可能性が高い。

江戸川のエディー（巨大生物・テレポートアニマル・帰化生物）

江戸川には、2m近い巨大魚が棲息しているという。尾びれを水面から出して泳ぐ巨大魚、大きな魚影など目撃事例は多い。なお、地元の自然観察クラブでは「ネッシー」と「江戸川」にちなみ、「怪物エディー」と命名した。

その正体は、アオウオやソウギョ、レンギョと推測されるが、複数の種の巨大魚が棲息している可能性はある。これらコイ科の巨大魚は、戦争中に食糧対策として、中国大陸から持ち込まれた。各地の河川に放流されたが、中国の川のようにゆったり流れる川である利根川水系や霞ヶ浦などだけで繁殖し、日本に定着した。有力なのはソウギョ説だが、河川での棲息比率は0・02%と低く説得力に欠ける。

だがエディーらしき巨大魚の捕獲例はあり、江戸川の下流では1998年に、釣り人が5人がかりで体長1・8m、胴回り80㎝の超大物を捕獲した事実もある。「江戸川自然観察クラブ」の機関誌『セイタカシギ』には何度か巨大魚エディーらしき写真が掲載されている。

脱走トド（テレポートアニマル）

1966年6月、東京・中央市場から捕獲されていたトドが脱走。そのまま隅田川、荒川に侵入し、追跡の漁船を相手に泳ぎ回った。麻酔銃も効かなかったという。

日本のライオン（テレポートアニマル）

1971年から翌年にかけて和歌山、舞鶴、京都に出たライオンらしき生物。山西署新和歌浦駐在所の警察官もパトロール中に目撃している。茶色い動物が口の周りをこする様子を確認、本署に連絡し捜索したが発見できなかった。現役警察官のUMA目撃事例は大変貴重なサンプルである。

警官の目撃事件から3か月後、鳥を撃ちに山に入ったハンターが、山中にて体長が1・5m、100kgぐらいの猫のような怪物を目撃している。また、1972年、京都から来た中学生がオリエンテーリング中に300m先の丘にライオンのような怪物を目撃。メスライオンのようで跳ねたり転がったりしていたという。友達が来ると林に隠れた。

大沼のサイ（テレポートアニマル）

さんおん文学会によると、『報知新聞』の主筆を務めた栗本鋤（じょ）

雲が幕末、函館に居住しているときに、医師・森立之への手紙の中で、「駒ヶ丘に異獣が出る。額に一本角あり鹿部川を遊泳したりする。英国人、フランス人も目撃し、サイと証言した。吉良左馬之助が鉄砲で狙っているが、吉報はまだない」と記述している。大沼・駒ヶ岳周辺にはサイが棲息していたのであろうか。

（参考・『北海道の伝説』須藤隆仙）

北海道の謎のイノシシ（テレポートアニマル）

明治14年（1881年）に森町で北海道にいないはずのイノシシが捕獲された。その生物の体長は167cm、体重100kg超、茶色の体毛に覆われ、立派な牙を持っており、どう見てもイノシシであった。結局、90年近く経ってから、学者たちは「野生化した豚」という結論を出した。函館市立博物館にはこの「イノシシモドキ」の剥製が展示されているという。

水元公園のワニ（テレポートアニマル）

1986年10月、東京都葛飾区・水元公園でワニが目撃され、大騒ぎになった。

青森のツキノワグマ（テレポートアニマル）

青森県今別町では2002年6月に入ってからクマらしき生物の目撃例が相次いでおり、70年前に津軽半島から絶滅したとされるツキノワグマが再び定着している可能性が高まっている。

同年6月13日、JR津軽線沿いの県道を走行していた会社員が、道路わきを歩く体長およそ1・2mの黒い動物を目撃、体型と歩行様式からクマだと推定された。町役場や警察、消防署が現場を調査したが、足跡やフンは発見されなかった。同県道付近ではその1週間前にも同様の動物が目撃されている。また、翌14日、国道280号線わきで、体長1・5mほどのクマを会社員が目撃した。

本州のヒグマ（テレポートアニマル）

基本的にヒグマは北海道におり、本州で目撃されるクマは、「ツキノワグマ」とされている。しかし、最近では東北でヒグマの目撃例があり、本州にヒグマが棲息しているのではないかと話題になっている。

一部の情報では北海道から本州に向かって泳いでいるヒグマを見たという話もあり、北海道から泳ぎ着いた可能性もある。

渋谷ザル（テレポートアニマル）

2008年8月20日に渋谷駅をパニックに陥れたのが渋谷ザルである。噂によると、小平、新宿、渋谷と移動してきた結果、渋谷駅に出現したという。駅の騒動の後は表参道で目撃されたといわれているが、他にも、原宿に逃走したとか、明治神宮や代々木公園に逃げたともいわれている。昭和の頃、東京駅の地下街を歩いていた人物が天井の板を踏み破って落下してきたサルを見たというが、東京駅の屋根猿に続き、渋谷ザルの行方が気になる。

徳島の淡水エイ（テレポートアニマル）

2007年頃、徳島市を流れる新町川（河口から約3kmの地点）にエイが姿を見せるようになった。鮮魚店の人間が切り身などを与えているうちに定着し、一時期は30匹に増えたという。体長1m20～1m30cmであるが、徳島大学教授らが観察を開始、その様子を「水中ライブinとくしま」としてネット公開した。川でのエイの目撃といえば、近年では長崎の例が想起される。

長崎市の淡水エイ（テレポートアニマル）

２００９年４月５日、長崎市・浦上川（河口から３km上流）にてアカエイが長崎ペンギン水族館の職員によって捕獲された。捕獲されたアカエイは体長約１・３m、体重約12kgであった。

佐鳴湖のワニ（テレポートアニマル）

１９９５年、静岡県浜松市の佐鳴（さなる）湖にワニがいると噂が立った。具体的な目撃例もあったらしく、１m近いワニが棲息していたらしい。

日本人が海外で遭遇したＵＭＡ

オラン・イカン（未確認生物）

人間に似た海中の生物。東南アジアにおいて半魚人や人魚伝説のモデルとなったと推測されている。インドネシアのカイ諸島で伝えられる海中に棲む伝説の怪物。マレー語でオランは「人間」、イカンは「魚」を意味するらしい（因みに、オランウータンは森の人という意味）。

日本人によって確認されている貴重な海外ＵＭＡである。長い頭髪と人間に似た容姿は、人類が海底の浮力で二足歩行に成功し、手を使うことで進化を遂げたという〝人類渚進化説〟ともリンクする。つまり、このとき、海中に活路を見出した一部の類人猿がいたと推測されているのだ。

第二次世界大戦中、この怪物を日本軍人が目撃している。１９４３年３月、オーデルタウン監視隊の軍曹・堀場駒太郎氏の証言によると、堀場氏は島民たちに捕獲された謎の生物オラン・イカンの遺体を村長宅にて目撃している。このときは部下も一緒だったらしく、幻覚などではない。

その後、堀場氏は生きて動いているオラン・イカンを２回にわたって目撃している。１回目は浜辺で親子と思われる２頭が戯れているところであり、２回目は海を平泳ぎのように泳いでいくところだった。公的立場にいる氏が嘘の報告をしたとは思えない。堀場氏は確かに「半魚人＝オラン・イカン」を目撃したのであろう。

なお、山口敏太郎氏が関西のラジオ番組でこのＵＭＡを紹介したところ、妙な人気が爆発、Ｔシャツも作られるブーム（地域限定）になった。

ギアナ高地のサリサリ（未確認生物）

ギアナ高地で生物の研究をしている人に密着したＮＨＫのテレビ番組で、現地では「サリサリ」という名前の怪物が紹介された。人を食うとき、「サリサリ」という音を出すらしい。

ニューネッシー（未確認生物）

「ニューネッシー」とは、１９７７年４月25日、日本漁船・瑞洋（ずいよう）丸が引き上げたプレシオザウルスに似た10ｍぐらいの死骸のこと。ニュージーランド沖で引き上げられたが、腐敗臭が強烈であったため、写真とサンプルを採取した後に海中に廃棄された。真に残念な結果ではあるが、近年、遺棄された死骸はロシアが海底をさらって引き上げたという都市伝説も流布されている。

マスコミによってイギリスの「ネッシー」を参考に、「ニューネッシー」と命名され、恐竜（当時の一般マスコミは海竜と恐竜を混同していた）の生き残りではないかと大騒動になった。東京医科歯科大学のある教授はサンプルのタンパク質の分析から、この死骸の正体は「ウバザメの仲間ではないか」と判断しており、現在もっとも有力な正体とされている。

　だが、異論も出されている。現場に立ち会った船長や船員は、通常の魚の腐臭との違いや、サメにはない後ひれ（あるいは生殖器？）が体の後方にもあったと証言している。

東シナ海の海坊主（未確認生物）

　政財界の大物フィクサーだった某氏が目撃した海坊主。日中戦争勃発の少し前、某氏は渤海（東シナ海）で海坊主に遭遇したという。朝鮮半島・仁川沖で朝鮮人の老漁夫を雇い、釣りに興じていた。しかし突如、天候が悪化し、黒雲が発生、急遽引き返したが、沖には霧のような雨がかかり遠望が利かなくなった。すると漁夫が悲鳴をあげ、頭を抱えてうずくまった。

　某氏が漁夫に聞くと震える手で指をさす。その方向には1丈（3・3m）の高さ、胴回りは大人4人分もある怪物が水面に立っていた。某氏も恐怖を感じたが漁夫を励まし、どうにか仁川まで帰港することができたという。（参考・『海の奇談』野村愛正、大陸書房、昭和43年）

南極のゴジラ（未確認生物）

　1958年2月13日午後7時、南極観測船「宗谷」は、米国のバートン・アイランド号の先導で、昭和基地から日本に向かっていた。松本船長が前方洋上に黒い物体が浮上するのを目撃した。違う船が遺棄したドラム缶ではないかと推測されたが、よく見ると馬のような顔で毛が生えている。さらに観測すると大きい目と尖った耳が確認された。この怪物の様子は複数の船員が見ている。

　仰天した機関長は、慌てて私室へカメラを取りにいったが、写真撮影は間に合わなかった。時間にして30秒ぐらいであった。その後、目撃者全員が観測隊の吉井博士に聞いてもらい、結論を出すつもりだったが、怪物の正体は不明なままだった。この怪物は、船員たちによって「南極のゴジラ」と命名された。

カバゴン（未確認生物）

　1974年4月28日の午後、漁船金平丸の船長以下26名の船員が目撃した怪物。1・5mほど海上から出ていた頭部には15㎝ほどの目玉に、でかい鼻があった。カバに似た印象だったので「カバゴン」と命名した。船が30mぐらい近づいた時点で海中に姿を隠した。正体は不明のままだが、カバは淡水にしかいない。また、セイウチのメスとも似ているが、正体はいったい何だろうか。

中国の不死生命体・太歳（未確認生物）

　まったく死ぬことがない伝説の存在が「太歳」である。地中から掘り出されることが多いが、この「太歳」の出現は動乱や天災など異変の前兆であるという。なお異説であるが、この物体は粘菌の一種ではないかという意見も寄せられている。都市伝説レベルの話にすぎないが、この「太歳」を掘り出した日本軍の隊が全滅したという話が流布されている。

ギアナ高地の怪鳥（未確認生物）

　1985年、作家であり登山家であった上村信太郎氏は、ギアナ高地の秘峰・ロライマを探検した。3月5日登攀開始から11日目、上村氏と小野崎隊員は、雨の中、岩を登り続けていた。すると突然奇妙な鳥が岩棚から飛び出した。一度後方に飛び去った怪鳥は、その後再び舞い戻ってきて威嚇した。2m近い翼長に「カッキーン、カッキーン」という金属音に似た鳥の鳴き声。怪鳥は古代のプテラノドンにそっくりであったらしい。

工芸品

鬼の首・鬼の胴（工芸品）

村田町歴史みらい館（宮城県柴田郡）に所蔵されているミイラ。鬼の頭は35cmと巨大である。さる旧家より寄贈されたものだが、地元の伝承では渡辺綱（つな）が斬り落としたといわれている。

鬼婆の頭蓋骨（工芸品）

安達ヶ原の鬼婆の頭蓋骨だという。東光院（宮城県角田市）に所蔵されていたが、廃寺になってしまったらしい。

河童の手（工芸品）

佐野子の宇八という男によって引き抜かれた河童の右手。もともと桜川の満蔵寺に納められていたが、昭和初期に寺が焼失。今は茨城県土浦市佐野子町の公民館に保管されている。この河童の手は動かすと洪水が起こるといわれており、迂闊に動かすことができない。

鬼のミイラ（工芸品）

明治21年（1888年）11月19日『東京日日新聞』に掲載された記事。浅草公園池之端において、鬼のミイラを見世物にしている広告が載っている。（参考・『変態広告史』伊藤竹酔、昭和2年）

河童のミイラ（工芸品）

東京都内在住の個人蔵である。文化12年（1815年）、廻船問屋が肥前国呼子（現・佐賀県唐津市呼子（よぶこ）町）の浦で遭難した船乗りを助け、そのお礼にもらったという。（参考・川崎市民ミュージアム『日本の幻獣』）

天狗の爪、竜のあご（工芸品）

埼玉県・秩父三十四か所観音霊場の30番札所・瑞竜山（ずいりゅうさん）法雲寺には「天狗の爪」「竜のあご」が納められている。爪の長さは4cmほど、鑑定の結果、メガマウスの歯といわれている。全長が20cm程度の「竜のあご」の骨も、実はサメなどの類であるといわれている。

天狗のひげ・詫び証文（工芸品）

静岡県・海光山佛現寺に所蔵されている。このひげは約10cm、「オン・アビラ・ウンケン・ソワカ」と3度唱えるとひげが動き、未来を占える。ひげの先が動けば吉、根元が動けば凶であるという。

なお同寺には、長さ3m13cm、幅38cmの「天狗の詫び証文」がある。解読不能な天狗文字が記載されている。江戸初期、伊東から修善寺にかけての柏峠に出た天狗が山伏に退治され、そのときに上空から落ちてきたものだという。一説には宝物の場所を示しているといわれている。

人魚のミイラ（工芸品）

静岡県富士宮市の天照教には人魚のミイラが保管されている（非公開）。

雷獣のミイラ（工芸品）

新潟県長岡市の天平5年（７３３年）創建の古刹・西生寺には雷獣のミイラが残されている。由来などはまったく不明であり、体長35cmほどの猫に似たものである。

三面鬼（工芸品）

三面鬼のミイラ。石川県金沢市天神町の善行寺に伝わる。春の彼岸に公開されている。同寺は観応2年（１３５１年）に開かれたが、ミイラは江戸中期に住職によって土蔵の中から発見された。

正面に二つの顔、右が男っぽく、左が女っぽく見える。正面の目は三つしかないが、鼻・口はそれぞれ二つある。後頭部には河童のような口のとがった顔がある。

竜の頭部（工芸品）

琵琶湖の東岸が飢饉に襲われたとき、長命寺（滋賀県近江八幡市）の住職が琵琶湖の松ヶ崎に祭壇をつくり雨乞いをした。すると、琵琶湖から竜が出現し、天を駆け巡り水面に落下した。竜は体が釣り鐘になり、頭蓋骨はそのまま残った。

人魚のミイラ（工芸品）

滋賀県近江八幡市の観音正寺には人魚のミイラがある。漁業の業により人魚に生まれてしまい、聖徳太子に助けを求めた。聖徳太子は、観音正寺を建てて人魚の成仏を祈ったという。現在は焼失してしまった。

人魚のミイラ（工芸品）

和歌山県の仁徳寺（高野山の麓）には人魚のミイラがある。体長45cm、尾ひれを伸ばせば約60cm程度、推古天皇時代に蒲生川で捕獲されたものだという。

カラス天狗のミイラ（工芸品）

厨子の中に保管されているカラス天狗のミイラ。体長35cmで日蔵上人が修行中にさずかったカルラ像だという。（和歌山県御坊市歴史民俗資料館・蔵）

河童、人魚、竜（工芸品）

これらの妖怪のミイラは、大阪府大阪市の瑞龍寺に納められている。河童は江戸初期の元和2年（１６１６年）、堺の豪商・万代屋四郎兵衛が輸入したものとも、堺の浜に漂着したものともいわれている。

竜の手（工芸品）

大阪府貝塚市の水間寺に所蔵されている。竜の手の部分（竜掌）で、かなり大きい。３本の爪を広げて立てた状態で保存されている。

河童の頭（否生物）

現在、明石市立文化博物館の所蔵となっている。１９７３年、島根県沖ノ島沖で操業中、海底から引き上げられた。非常に小さく子供のこぶし大ほど、クジラの背骨の一部という説が強い。

竜の下あご（伝説妖怪・工芸品）
源平合戦の頃、乗福寺（山口県山口市）に全長16ｍの竜が住み着いた。この竜により、犠牲者が多数出る事態となった。領主・大内盛房は、大勢の部下を退治に行かせたが、効果がないので、息子の弘盛を派遣した。翌日、弘盛は竜を退治して凱旋した。

牛鬼の手（伝説妖怪・工芸品）
福岡県久留米市の観音寺に納められている。康平5年（1062年）、筑後国に牛の顔をした鬼が出現、周辺の住民を苦しめていた。武士さえも尻込みする中、観音寺の僧侶が名乗り出た。見事法力で鬼を倒し、鬼の首は都に、耳は耳納山に、腕は寺に残った。直径15㎝、指は5本あったといわれているが、現存する鬼の手には指が3本しかない。手首から直接指が生えたようにも見える。全体に毛に覆われ、爪が3㎝ほど出ている。

河童の手（伝説妖怪・工芸品）
福岡市八田家所蔵。木屋兵左衛門の子孫に伝わる。黒田長政の旗下に木屋兵左衛門という怪力無双な武士がいた。あるとき、筑後の田中兵左衛門のもとに使いに出たが、千年川が増水して舟が出ない。そこで木屋は自力で泳いで渡った。そのとき、邪魔した河童の手がこのミイラだという。

河童の手（伝説妖怪・工芸品）
福岡県久留米市田主丸町では河童出没の記録が多く残る。江戸期、田口長衛門という侍が馬を水中に引きずり込もうとした河童の腕を切り落としたもの。河童資料館・蔵。

河伯（かはく）の手（伝説妖怪・工芸品）
福岡県北野天満宮所蔵。901年に菅原道真が大分県筑後川で暗殺されかかったとき、道真を救った筑後川の河童の親分・三千坊の右手と伝えられている。水かきもあり4本指で1㎝ほどの爪が生えている。手の大きさは12㎝。

河童の全身ミイラ（伝説妖怪・工芸品）
昭和28年（1953年）、松浦一酒造を営む田尻家が屋根の葺き替え工事を行ったとき、梁の上で発見された。体長約40㎝、頭頂部には皿、後頭部には髪が若干残る。

怪物館の怪物たち（工芸品）
かつて別府八幡地獄には、怪物館というところがあり、河童、くだん、鵺、人魚などのミイラを展示していた。

鬼の全身ミイラ（伝説妖怪・工芸品）
座ったサイズで1・4ｍ、立ち上がれば2ｍ。頭部には約2㎝の角がある。人間（女性）の骨を一部使用しているともいわれている。手足の指は3本で、膝を抱える感じで座っている。大分県十宝山・大乗院所蔵。

捕獲された河童の詳細図面（伝説妖怪・工芸品）
寛永年間（1624～1644）豊後国肥田（現在の大分県日田市）で河童が捕獲された。頭の皿には蓋があり、皿の深さは3㎝。歯は亀に似ており、奥歯上下4枚は尖っている。背中も腹も亀のように見える。脇腹には柔らかい起立筋がある。手足は甲羅の中に入り、尾は5㎝で生臭いと記載されている。（参考・川崎市民ミュージアム「寛永年中豊後肥田ニテ捕候水虎之図」）

鬼の子（工芸品）

大分県羅漢寺にあったが、昭和18年（1943年）の火災で焼失してしまった。同時期に鬼の子のミイラの由来を記した「鬼之記」も消失した。伝承によると、もともとは鹿児島県で発見され、同寺に納められたという。

河童の左手（伝説妖怪・工芸品）

岩崎家所蔵。1987年8月のお盆時期に熊本県の岩崎さんが、仏壇を整理中に発見した。5本指の左手であるが、全長が10㎝と小さく、水掻きのようなものがある。鋭利な刃物で切断されており、河童の手ではないかといわれている。

河童の手（伝説妖怪・工芸品）

熊本県天草郡・志岐八幡宮に河童の手のミイラがある。志岐川に棲み、悪さをする河童の手を八幡宮の宮司が切り落とした。この手で撫でれば病気が治るとされている。

根来寺の牛鬼（伝説妖怪・工芸品）

香川県高松市の根来寺には退治された牛鬼の角がある。角は現在非公開。他にも牛鬼の像や絵が境内にある。

完全に創作、あるいは誤認されたＵＭＡ

寒河江の大トカゲ（伝説妖怪）

かつて山形盆地は「藻が湖」という名の湖であった。湖は船舶の往来で賑わっていたが、あるとき、湖から「大トカゲ」が出現して船を破壊し、付近の村々の家屋を襲った。逃げまどう人々は長岡山に退避したが、人々の窮地を見かねた松の聖霊が大蛇に変化して「大トカゲ」を退治してくれた。

それ以来、寒河江（現・山形県寒河江市）の人々は、長岡山の松の木を大切にしたらしい。この松は、今も長岡山の頂上にある陸上競技場の入り口にあり、「大トカゲ退治の大蛇松」と市民に呼ばれ、親しまれているという。なお、この伝説は昭和に創作されたものである。（参考・『さがえの昔ばなし』寒河江市教育委員会）

ヤッシー（未確認生物）

大阪府の大和川に棲息するという怪物。もともと雑誌『ＧＯＮ！』の三行広告で有名になった。大和川に巨大生物が棲息するとは思えず、都市伝説ＵＭＡである可能性が強い。（参考・『ＧＯＮ！』ミリオン出版）

池田の怪物（誤認・創作生物）

大正13年（1924年）、静岡市の池田という場所で、毎夜のように「うぉーうぉー」という奇怪な鳴き声が聞こえた。人が近づくと鳴き声が大きくなる始末。次第に見物人が集まり、出店や自転車預かり所までできた。

大騒動となったが、結局正体は外国産の食用ガエルだった。池田の旧家が獣医からもらった個体が逃げ出したというのがことの顛末であった。

スクリュー尾のガー助（誤認・創作生物）

アメリカ・モンタナ州のフラットヘッド湖に棲むといわれてい

る怪物である。カモノハシのようなくちばしを持ち、湖を猛スピードで泳ぎ、気味の悪い声で鳴くといわれている。地元の住民たちは「スクリュー尾のガー助」と呼んでいる。

もちろん、「スクリュー尾のガー助」とは日本で名付けられたものであり、公開されている写真も、不自然であり合成の可能性が高い。因みに、ネイティブ・アメリカンの伝承には、体長が4m以上の水棲動物について語られているという。

なお、この原画であるが、パチモン怪獣カードの画像であるとか、アメリカの恐竜本のイラストだとかいわれているが、未だ不明である。

広沢池の怪物（誤認・創作生物）

京都市右京区にある広沢の池に怪物がいるという。生物というよりは心霊的存在の可能性が高い。あるいは、個人によって創作され、噂が広げられた都市伝説UMAの可能性が高い。（参考・サイト「妖怪王」投稿）

鎌倉湖の大蛇（伝説妖怪、誤認・創作生物）

神奈川県鎌倉市の鎌倉湖にはかつて大蛇が棲息していたという。だが、具体的な目撃談や伝承がない。実は周辺の子供たちが、水害に遭わないように教訓として創作された大蛇談である可能性が高い。（参考・サイト「妖怪王」投稿）

ゴッシー（誤認・創作生物）

岩手県盛岡市の人造湖・五所湖にいるといわれる怪生物。盛岡市在住の会社員によって撮影された写真がネットで流布された。会社員が曇天の日に、湖水に浮かぶ1mぐらいの生物を目撃し、撮影したらしい。だが五所湖は、近年造られた人造湖であり、冗談で写真が合成されたという説が強い。

遠野のやらせ河童（誤認・創作生物）

2002年末、『東京スポーツ』に「河童」の写真が送られてきた。岩手県・遠野の某小学校付近の川辺にて撮影されたというショットであった。残念ながら投稿者の名前はなく、『東京スポーツ』は現地の噂話や調査を交えて記事にした。だが、遠野の河童は本来、赤色であるべきなのに緑色の体色をしていた。

その後も、小学生が河童を見たとか、様々な話が飛び交っていたが、実際は日本テレビで放送されていた『電波少年』という番組の〝やらせ企画〟であった。若手芸人が河童の扮装をして寝泊まりしていたのだ。調査してみると、河童の扮装をした人物が携帯電話で話をしていたとか、河童とテレビスタッフらしき人物が車を運転していたなど、仰天情報が多数入ってきた。その後、番組は数々のトラブルを起こして終了した。

ゴンボネズミ（誤認・創作生物）

1925年、北海道・北見営林署の管内でネズミの被害が続出した。地元でそのネズミはゴンボネズミと呼ばれていた。3年後、その害獣がやっと罠にかかったが、ネズミの一種と思われていた害獣・ゴンボネズミの正体はウサギであった。これがナキウサギの発見であり、同時に害獣・ゴンボネズミの存在は消えてしまった。（参考・『不思議ビックリ世界の怪動物99の謎』實吉達郎、二見書房）

新宿猿ジーラ（誤認・創作生物）

「ショック映像　怪奇生物の世界」は、エンタメ精神に溢れた、遊び心のわかるＵＭＡ映像である。その中で「東京巨大マウス」などと共に活躍した「新宿猿ジーラ」ではないかというサル（つまり、着ぐるみ）がいる。ジーラはもともと金持ちのペットで、飼い主だったビルのオーナーが死んで、住んでいた屋上から逃げ出したという噂がある一方、「現在は有名ホストに拾われて店の看板ザルとして働いている」という説もある。

人工的に創られた生物、突然変異

イルカ金魚、ウインク金魚（人工生物・突然変異）

奈良県大和郡山市は金魚生産量が日本一だが、「中野養鯉場」では7年間交配を繰り返し、２００８年に水平の尾びれを持つ「イルカ金魚」の開発に成功した。なお尾びれは水平だがイルカのように縦には振れない。

また、三重県志摩市のＴさんのお宅の金魚（オランダシシガシラ）は、毎朝8時に餌をあげるときにウインクをする。ある金魚研究家によると「頭、及び目の下までしっかり発達した肉瘤に覆われ、黒目が見え隠れする様子がまばたきをしているように見える」という。

ウシカ（突然変異）

千葉県の成田ゆめ牧場で、牛柄の子ヤギが誕生した。黒ヤギと白ヤギの両親から生まれたのだが、体の柄は完全に牛の紋様である。来客の中には、ホルスタインの仔牛と間違える者もいるという。名前は公募の結果、ウシカ（牛か？）になった。いまや牧場の人気者である。

雌雄同体クワガタ（突然変異）

広島県御調町の山林で、Ｈさんが、奇妙な姿をしたミヤマクワガタを捕まえた。Ｈさんは、左側のハサミが折れていると思っていたが、昆虫好きの彼の長男は、これを見てすぐに、身体の左半分がメスだと看破した。

広島県森林公園こんちゅう館のスタッフも写真を見て、身体の左右がメスとオスになっている「雌雄嵌合型」の個体だと鑑定した。この種の個体はまれだが、同県内では１９８４年に記録されているという。Ｈさんの長男は、この珍しいクワガタを宝物にしたいと語った。40代以上の人にとっては、「阿修羅男爵クワガタ」とでも呼びたい個体であった。

双頭のヤモリ（突然変異）

香川県坂出市の民家で、尻尾の代わりにもう一つの頭がついている「双頭のヤモリ」が発見された。ヤモリらしからぬ鈍い動きであり、主婦によって割りばしでたやすく捕獲された。どうやら、尻尾に生えている頭部に後ろ足が邪魔されていたように見えたという。

このヤモリを持ち込まれた白峰中学校校長は、後ろの頭らしきものは、トカゲ同様に尻尾を切った痕が変形したものだと鑑定し、チグハグな動きは尻尾がないために歩きにくかったのではないかと推理した。

ニジマスしか産まないヤマメ（人工生物）

東京海洋大の吉崎悟朗・准教授の研究チームは２００７年９月、ニジマスの精巣の細胞により、ニジマスしか産まないヤマメを作り出すことに成功した。このチームは、他にもサバ科の魚にクロマグロの稚魚を産ませるなど、絶滅危惧種の保全や漁獲資源の確保に大きな可能性を開いた。

名古屋のミステリーゴート（人工生物・突然変異）

名古屋に謎の珍獣が出現したことがあった。２００４年5月30日、名古屋市緑区鳴海町の公園内で、奇妙な動物が発見された。30cmの角の生えたヤギに似た動物で、全身が黒と白の毛で覆われていた。

目撃した女性が通報、愛知県警緑署員が6月1日までに捕獲、拾得物として保護、その後県内の牧場に引き取られた。各地の動物園や、名古屋税関に問い合わせたが、種類は不明であり、ヨーロッパのヤギと沖縄のヤギを掛け合わせたものではないかと推測されているという。

後ひれのあるイルカ（突然変異）

２００６年10月28日に、和歌山県太地町の沖合からの追い込み漁によって捕獲された１１８頭のバンドウイルカの中から、１頭だけ腹びれが付いている先祖返りの個体が発見された。その後、その個体は２０１３年まで「太地町立くじらの博物館」にて飼育されていた。

黄金の亀（突然変異・近代怪物）

麹町区（現・東京都千代田区）上六番21番地の斯波(しば)正造の飼い犬はお腹が空くと石をくわえてきてワンワンと吠える。あるとき、石の代わりに亀をくわえてきた。直径4寸ぐらいの大きさで、甲羅が金色で透き通っている珍しい亀であったという。（参考・『東京日日新聞』明治13年8月6日）

馬の角（突然変異）

ありえないものの代表として、馬やウサギの角がよく挙げられる。ところが、馬の角は実在するらしい。山口敏太郎氏が横浜にある馬の博物館の職員さんから聞いた話によると、岩手大学に馬の角があるという。事実、何万頭かに一頭、額に突起（つまり、角）を持つ馬がいるという。当然、それは奇形であったり、皮膚や骨の異常であるが、馬の角は実在する。ユニコーン伝説は、どうやら実話をもとにしているようだ。

馬角さん（突然変異）

馬の角は岩手大学以外にも存在する。和歌山県海南市の冷水浦(しみずうら)では、馬の角が信仰の対象になっている。「馬角(ばかく)さん」という〝馬の角のご神体〟が今も残されているという。しかも、明治末から毎年3月に、この「馬角さん」を使った大漁と漁業安全を祈願する神事（潮まつり）が開催されている。

そもそも、この角の由来は、寛文10年（１６７８年）に紀州藩士・石野重延が馬の角を神社に納めたことに始まる。初代藩主・徳川頼宣から馬を拝領した石野は、あるとき、馬の額に長さ約3cmの角が生えているのを発見した。奇異に感じた石野は、馬の角を神社に奉ることにした。

すると、地元の漁師たちより「馬角さん」として信仰を集めるようになった。その後、「馬角さん」は大漁を呼び込む神様とみなされるようになった。事実、船に積んで漕いで回ったところ、魚の大群が現れたという。まさに日本版ユニコーンであり、真に縁起がよい。なお、馬の角は岩手大学、海南市の他にも、沖縄、九州などで保管されているという。

白いヒグマ（突然変異）

２００９年10月22日～26日の５日にわたり、北方４島における専門家交流の一環として、北大名誉教授や日大専任講師ら、日本人の研究者グループとロシアの現地研究家が野生動物の現地調査を実施した。23日、自動撮影装置を使って、国後島にて白いヒグマとみられる動物の撮影に成功した。国後島のヒグマの約１割が白いと推測されており、天敵のオオカミがいないために他の地域では少ない白い個体群が生き残ったと推測されている。

白いズワイガニ（突然変異）

２００８年福井県沖の日本海（若狭湾沖の海底で水深約３００ｍ）で身体が白色のズワイガニ（オス）が捕獲された。年齢は10歳ぐらい、大きさは足を伸ばした寸法が約80㎝、甲羅の大きさが約14㎝、重さが約11kg。

この奇妙なカニは２００８年11月と２０１０年２月に越前松島水族館（福井県坂井市三国町崎）で一般公開された。

琵琶湖の黄金ナマズ（突然変異）

２００６年１月19日、琵琶湖で黄金のビワコオオナマズが発見された。アルビノの個体だと思われるが、黄金のナマズということで縁起物扱いされている。

大鶴湖の黄金ナマズ（突然変異）

２００２年７月２日、鹿児島県大口市の大鶴湖（おおつるこ）で、黄金ナマズが釣り上げられた。コイやブラックバスを狙っていたが、約５分間かけて釣り上げたのは、体長およそ55㎝もある巨大なナマズであり、コイと勘違いするほど鮮やかな金色をしていたという。その後、黄金ナマズは菱刈（ひしかり）町の菱刈小学校に教材として寄贈されたという。

白いイノシシ（突然変異）

『西日本新聞』によると、白いイノシシが２００５年２月８日、大分県佐伯市下堅田（しもかただ）の山裾で捕獲された。体長は約60㎝で、オスの子供の個体だという。白いイノシシが生まれるのは、10年に１頭、千頭に１頭の確率だといわれている。

イノシシは田畑を荒らす乱暴者だが、今回のアルビノ個体は、米ぬかを餌にした鉄格子の罠にかかった。捕獲したのは会社員（56歳）で、狩猟歴32年のベテランだが、驚きを隠せないという。

白ウナギ（突然変異）

２００６年７月、鹿児島県鹿屋（かのや）市串良町（くしらちょう）で養殖されているウナギの中に、丑の日にアルビノのウナギが発見されたという。

ど根性魚（人工生物・突然変異）

２００９年、和歌山県立自然博物館にいる尾びれがなくなった「ど根性魚」が人気を博した。この魚は、尾びれがなくなった状態で、胸びれだけで必死に泳ぎ、他の魚の食べ残しを必死に食べている姿が感動を呼んだ。同館で飼育されている約１００匹のスズメダイ科の魚のうち、１匹が細菌に冒され、尾びれが欠損したと推測されている。

探検隊番組のUMA

百歩蛇

１９８２年（昭和57年）7月28日「恐怖の死闘！　猛毒ハブ異常大群団の謎を台湾秘境洞穴に見た!!」衝撃！　幻の超毒蛇〝百歩蛇〟▽決死の毒ハブ大捕獲▽発見！　大卵集団……が川口浩探検シリーズとしてテレビ朝日系で放送された。

幻の魔獣・バラナーゴ

１９８３年（昭和58年）7月27日「驚異！　幻の魔獣〝バラナーゴ〟をスリランカ奥地密林に追え!!」蛇かトカゲか!?　伝説の巨大獣地底洞窟▽死の猛毒！　ハ虫類急襲!!……が川口浩探検シリーズとしてテレビ朝日系で放送された。

巨大獣人

１９８４年（昭和59年）1月25日、川口浩探検隊シリーズ「衝撃！　魔境ボルネオ島奥地に幻の巨大獣人を追え!!」（テレビ朝日系）が放送された。

巨大怪鳥ギャロン

１９８５年（昭和60年）1月16日、川口浩探検隊シリーズ「恐怖の巨大怪鳥ギャロン！　ギアナ奥地落差１０００メートルの大滝ツボ洞穴に原始怪獣を追え!!」（テレビ朝日系）が放送された。

原始恐竜魚・ガーギラス

１９８５年（昭和60年）7月24日、川口浩探検隊シリーズ「ワニか怪魚か!?　原始恐竜魚〝ガーギラス〟をメキシコ南部ユカタン半島奥地に追え!!」ワニの頭ウロコの胴体▽今明かす巨大魚の謎

同年7月31日、川口浩探検隊シリーズ「ワニか怪魚か!?　原始恐竜魚〝ガーギラス〟をメキシコ南部血塗られた伝説の湖に追え!!完結編」遂に捕らえた生きた化石巨大魚の実体（テレビ朝日系）がそれぞれ放送された。

猿人ジュンマ

２００２年（平成14年）12月25日、「今夜復活!!　伝説の探検隊が帰ってきた　アマゾン奥地１５００キロ！　テラプレータの密林に謎の猿人ジュンマは実在した！」（テレビ朝日系）が「藤岡弘の探検隊シリーズ」として放送された。

人食いヅォンドゥー

２００３年（平成15年）4月9日「藤岡弘の探検隊シリーズ第2弾　ベトナム奥地ラオス国境密林地帯に呪われた竜の使い人食いヅォンドゥーは実在した」（テレビ朝日系）が放送された。

地底人クルピラ

２００３年10月1日「藤岡弘、探検シリーズ第3弾!!　失われた大地…南米ギアナ高地の洞穴に謎の地底人クルピラは実在した！」（テレビ朝日系）が放送された。

密林の恐怖イプピアーラ

２００４年（平成16年）9月8日「藤岡弘、探検隊シリーズ第5弾　アマゾン縦断６０００キロ！　密林の恐怖イプピアーラ！これが半魚人伝説の真実だ」（テレビ朝日系）が放送された。

野人ナトゥー
２００５年（平成17年）３月19日「藤岡弘探検隊シリーズ！ミャンマー奥地３０００キロ伝説の野人ナトゥーを追え」（テレビ朝日系）が放送された。

交雑生物

那須サファリパークのゼブロイド（交雑生物）
「那須サファリパーク」（栃木県那須郡）には世界的にも珍しい交雑生物がいる、父がシマウマ、母がロバのシマウマロバである。なお、シマウマと他のウマ科動物との交雑種をゼブロイドという。（参考・『人民網日本語版』２００３年８月29日）

レオポン（交雑生物）
ライオン（メス）とヒョウ（オス）の混血動物がレオポンである。かつては各地の動物園にいたが、好奇心から混血動物を作るのは道義的に問題となり、今は姿を消した。

ライガー（交雑生物）
オスのライオンとメスのトラの交雑種であり、外見はメスライオンと酷似する。

イシダイとイシガキダイの交雑種（交雑生物）
２００８年１月、長崎県長崎市の「長崎ペンギン水族館」に、奇妙な魚が持ち込まれた。長崎県南部の漁師が「これは珍しい」と持ち込んだもので、来館者の注目を集めている。実は、この魚はイシガキダイとイシダイの交雑種であり、本来イシガキダイとイシダイの繁殖の時期が違うため非常に稀有な例だという。両種の特徴である斑点と縦じま模様が体に浮き上がっているという。

都市伝説

牛女（誤認・創作生物）
牛女は兵庫県の六甲山の道路、あるいは西宮にいるといわれており、車などを猛スピードで追いかけてくるらしい。かつて、牛のような顔を持つ娘が、兵庫の大空襲の際、座敷牢から逃走することに成功したといわれている。なお、「くだん」は、身体が牛で顔が人面で、牛女とは逆のビジュアルであり、別途の妖怪である。

この牛女は災いを予言するとか、車をハイスピードで追ってくると噂されており、その出現場所として西宮のＪ寺、六甲の某神社が噂された。その後、まったくのデマであるとわかったが、Ｊ寺に立てられた噂はひどいもので、同寺の荒神の祠を３回回ると牛女が出てくるとか、八大竜王を奉っている洞窟に棲んでいると も噂された。

その後も、深夜に訪れる者が後を絶たず、困り果てた同寺では「牛女は引っ越しました」と貼り紙を貼った。すると、意外にもこの冗談のような手法に効果があったようで深夜の来訪者は大幅に減ったという。

人面犬（誤認・創作生物）
日本各地で噂になった都市伝説の怪物。顔が人間、身体が犬で、「ほっておいてくれ」「勝手だろう」など、憎まれ口を叩くといわれている。某大学の遺伝子工学を使って作られたとか、時速

100㎞で車を追いかけてくるとか、噂には様々な尾ひれがついた。一部で某ライターや某俳優が創作した化け物ともいわれるが、実際には江戸期より伝わっている。

ゴム人間（誤認・創作生物・怪人）

日本各地で目撃されている怪人系UMA。長い頭部と柔らかい体を持ち、神社仏閣などに現れる。2007年1月には、明治神社に現れたゴム人間の姿が撮影されている。芸能人が多く目撃しており、的場浩司氏、石坂浩二氏、疋田紗也さんなどが目撃者として知られている。

江戸川の半魚人（誤認・創作生物）

21世紀初頭、江戸川から半魚人が上陸し、江戸川区を徘徊したという情報があった（異説では荒川から上陸したという話も）。『ウルトラQ』のケムール人を連想させるが、潜水スーツを着たダイバーの誤認説や、悪戯説が根強く、都市伝説的なUMAと思われる。なお1987年5月2日、フランス、ビスケー湾レ・サブレ・オロンの南数キロの海岸に、体長1・2mの半魚人が上陸したという記録もある。（参考・『東京スポーツ』）

クネクネ（誤認・創作生物）

主に2ちゃんねるなどインターネットによる情報交換で広がった怪物。東北や北関東での目撃例が噂されている。畑などに出る怪物で、全身を「クネクネ」とくねらせることから、この名前で呼ばれている。遠目に見る分には問題ないが、近くで見た者は精神が破壊されてしまうらしい。一説によると、クネクネは脳内映像であり、それが見えるということは精神的疾患の予兆であるともいう。

南極ニンゲン・ヒトガタ（誤認・創作生物）

これも主に2ちゃんねるなどネット関連で噂になった怪物である。南極の海に棲む水棲の怪物であり、クジラの一種ともいわれている。日本の捕鯨調査船などにより確認されているが、発表するとパニックになるため、公表されていないという。

上半身がまるで巨大なニンゲンのように見える怪物なのでその名前がある。また、ニンゲン2体が重なったような姿をしている場合もあるという。人語を解し、人間にテレパシーで語りかけるといわれている。南極や北極において目撃されるニンゲン、ヒトガタという怪物の正体に関して、山口敏太郎氏は奇形のクジラではないかという見解を持ってきたが、実際に水頭症のクジラの実在が報告されている。

15㎝のメダカ（誤認・創作生物）

雑誌『．net 実話アングラー』（晋遊舎）に掲載されていた「アングラーNEWS」によると、利根川支流の某所で巨大なメダカが棲息しているという。体長は15㎝ほどであり、塩焼きにすると美味しいらしい。

淀川の怪生物（誤認・創作生物）

山口敏太郎氏が運営するサイト「妖怪王」に投稿された怪物。都市伝説の範疇の存在であろう。山口氏が西淀川図書館や、淀川のシジミを食べられるまでに再生させた功績を持つ「あおぞら財団」などに問い合わせしたが、その存在の裏づけはとれなかった。（参考・サイト「妖怪王」）

（注・以上、『U SPIRITS』辰巳出版発行に掲載の「日本のUMA250種全解説!!」を一部最新の情報を加えて再掲しました）

ときに笑顔を交えながら、熱い議論を交わす３人。下の写真の一番左に写っているのは見学に来ていた作家・脚本家・UMA研究家の中沢健氏

實吉 達郎（さねよし たつお）

1929年生まれ。東京農業大学卒業。三里塚御料牧場、野毛山動物園に勤務。1955～1962年までブラジルに渡航。アマゾナス州その他で動物研究。帰国後、数年のサラリーマン生活を経て自由業に転ず。ラジオ・テレビ出演、ノンフィクションライター、自由ヶ丘アカデミア元学院長及び青山ケンネルカレッジ元講師。

著書に『もの知り博士の動物行動おもしろ事典』（日本実業出版社）、『動物興亡ミステリア進化史』（ビジネス社）、『豪傑水滸伝』『三国志V　武将ファイル』（光栄）、『封神演義大全』（講談社）、『世界空想動物記』『古代猛獣たちのサイエンス』（PHP研究所）、『不思議ビックリ世界の怪動物99の謎』（二見書房）、『UMA解体新書』『UMA/EMA読本』『おもしろ動物学者実吉達郎の動物解体新書』（新紀元社）など多数。賢夫人との間に四子、四孫あり。

山口 敏太郎（やまぐち びんたろう）

作家・漫画原作者、編集プロ、芸能プロである㈱山口敏太郎タートルカンパニー代表取締役。お台場にて「山口敏太郎の妖怪博物館」を運営中。また町おこしとして「岐阜柳ケ瀬お化け屋敷・恐怖の細道」「阿波幻獣屋敷」のプロデュースも行っている。

レギュラー番組は、テレビ東京「おはスタ645」、読売テレビ「上沼・高田のクギズケ！」、広島ホームテレビ「アグレッシブですけど、何か?!」、テレビ朝日「ビートたけしの超常現象（秘）Xファイル」、ポッドキャスト「山口敏太郎の日本大好き」。そのほか、「緊急検証！」シリーズ（CSファミリー劇場／不定期放送）にレギュラー出演中。テレビ・ラジオ出演歴は300本を超える。

主な著作は『大迫力!　日本の妖怪大百科』『大迫力!　世界の妖怪大百科』（西東社）、『未確認生物 超謎図鑑』（永岡書店）、『本当にいる日本の「未知生物」案内』（笠倉出版社）、共著に『人生で大切なことはオカルトとプロレスが教えてくれた』（KADOKAWA）、『超陰謀論』『超嫌韓論』（青林堂）、『タブーに挑む!　テレビで話せなかった激ヤバ情報暴露します』『同②』『同③』『公安情報から未解決事件を読み解く！テレビで話せなかった激ヤバ情報暴露します』（文芸社）など120冊を超える。

天野 ミチヒロ（あまの みちひろ）

1960年、東京出身。小１からUMAに興味を持ち、ギャンブル場ガードマン、身辺警護などを経て1990年に「怪獣特捜U - MAT」を結成、国内外のUMAを調査するうち２年ほどホームレスに。趣味は昭和特撮作品の鑑賞、怪獣ソフビ収集。ボクシング、空手、総合格闘技（観る、する）。

著書に『放送禁止映像大全』（文春文庫）、『本当にいる世界の「未知生物」（UMA）案内』（笠倉出版社）など。

タブー討論　このUMAは実在する⁉

2017年２月６日　初版第１刷発行

著　者　實吉 達郎／山口 敏太郎／天野 ミチヒロ
発行者　瓜谷 綱延
発行所　株式会社文芸社
　　　　〒160-0022　東京都新宿区新宿１－10－１
　　　　　　　　　　電話　03-5369-3060（代表）
　　　　　　　　　　　　　03-5369-2299（販売）

印刷所　図書印刷株式会社

ISBN978-4-286-17794-6

「タブーに挑む！」シリーズ好評既刊書

タブーに挑む！テレビで話せなかった激ヤバ情報暴露します③

台風人間・八咫烏のヤバすぎる正体から最新宇宙人情報まで

飛鳥昭雄／山口敏太郎／中沢健・著

四六判並製・本体1500円

第3次世界大戦が近づく世界情勢の読み解きから天皇家の裏情報、秘密結社八咫烏の最新分析やヤバすぎるUMAの正体等、マスメディアが決して報じないタブー情報をすべて暴露します。パート3から『初恋芸人』の著者・中沢健氏が参戦！

瀬織津姫(せおりつひめ)システムと知的存在MANAKA(マナカ)が近現代史と多次元世界のタブーを明かす

中山康直／澤野大樹・著

四六判並製・本体1500円

麻の研究をベースに、臨死体験をきっかけにつながった知的生命体からの情報を発信する探究者と、情報誌『INTUITION』プロデューサーによるタブー破り対談。アラハバキ、聖徳太子、本能寺の変、明治維新、伊勢神宮、皇室祭祀、シリウス、反キリスト、666……隠ぺいされてきた「真実」がついに暴かれる！

タブーに挑む！テレビで話せなかった激ヤバ情報暴露します

八咫烏・裏天皇情報から危険すぎるUMAの正体まで

飛鳥昭雄／山口敏太郎・著

四六判並製・本体1500円

裏天皇家・八咫烏のトップシークレットとは？　内閣府職員謎の死の真相から、サンカとアメリカの対日霊的攻撃の関係、東日本大震災の霊的解釈、世界のインテリジェンス戦争の裏側等、マスメディアが決して報じないオカルト情報、陰謀情報をすべて暴露します！

文芸社刊